普通高等学校网络工程专业规划教材

无线局域网项目教程
（第2版）

胡云 王可 主编

清华大学出版社
北京

内容简介

本书结合无线局域网工程项目实例，介绍无线局域网的技术标准、通信协议、组网拓扑、设备功能、设备类型、安装规范、网络规划、网络配置、监控优化、安全应用、故障排除等方面的主要理论与关键技术，突出无线局域网与有线网络的依存关系，使读者掌握设计和构建无线局域网的知识与技能。

全书共10章。主要内容包括无线网络概述、构建Ad-hoc无线网络、构建SOHO无线局域网、构建WDS无线局域网、构建小型企业无线局域网、构建中型企业无线局域网、构建安全无线局域网、构建漫游无线局域网、构建桥接无线局域网以及构建智分无线局域网。

本书可作为高等职业院校计算机网络技术、通信技术及物联网技术等专业的教材，也适合从事无线网络组建与管理工作的工程技术人员和无线网络爱好者学习、参考。

图书在版编目(CIP)数据

无线局域网项目教程/胡云，王可主编. —2版. —北京：清华大学出版社，2019
（普通高等学校网络工程专业规划教材）
ISBN 978-7-302-52425-0

Ⅰ. ①无…　Ⅱ. ①胡…　②王…　Ⅲ. ①无线电通信－局域网－高等学校－教材　Ⅳ. ①TN926

中国版本图书馆CIP数据核字(2019)第042155号

责任编辑：张　玥　战晓雷
封面设计：常雪影
责任校对：胡伟民
责任印制：刘海龙

出版发行：清华大学出版社
网　　址：http://www.tup.com.cn，http://www.wqbook.com
地　　址：北京清华大学学研大厦A座　　**邮　　编**：100084
社 总 机：010-62770175　　**邮　　购**：010-62786544
投稿与读者服务：010-62776969，c-service@tup.tsinghua.edu.cn
质量反馈：010-62772015，zhiliang@tup.tsinghua.edu.cn
印 装 者：清华大学印刷厂
经　　销：全国新华书店
开　　本：185mm×260mm　　**印　　张**：16.5　　**字　　数**：406千字
版　　次：2014年9月第1版　2019年7月第2版　　**印　　次**：2019年7月第1次印刷
定　　价：45.00元

产品编号：078789-01

第 2 版前言

本书第 1 版自 2014 年出版以来，得到很多兄弟院校师生和广大读者的关注。无线局域网技术在不断发展与进步，体现技术进步的新设备、新产品不断推出。为适应无线局域网技术的新发展，摒弃过时、落后、已被淘汰的技术内容，融入技术创新带来的新理念、新技术、新设备、新应用，我们对第 1 版在结构和内容方面都做了较多修改，主要归结为以下 3 个方面：

(1) 调整结构。智分无线局域网主要是利用多天线 AP 实现小范围、多区域无线覆盖的新技术。本书新增第 10 章以反映这一新技术。将第 2 章介绍的无线网卡调整到第 1 章，以作为无线上网实训的无线设备基础。将第 5 章内容调整为构建小型企业无线局域网，以满足小型企业组网应用的需要。

(2) 修改内容。在第 2 章，对 Ad-hoc 无线局域网结构做了更合逻辑的阐述。在第 4、5 章中对 AC 或 AP 设备使用 Web 页面方式配置，在第 7～10 章中则使用命令行配置 AC 或 AP 设备，这样能使读者更加全面地掌握无线局域网配置方法和具体配置内容的作用与意义。相应地对附录 B 的内容也做了调整。本书介绍了大量新一代无线局域网设备并将它们分散到各章中。

(3) 充实习题。根据内容的更新，对大多数习题做了修改，增大了基本知识、技能的覆盖面，并使易、中、难题目保持适宜的比例。

本书建议学时数为 64 学时，理论学时与实践学时之比为 1∶3。构建各种无线局域网时，设备是核心，建议在教学中讲授各种无线局域网的构建技术时，以需要的设备为主线，根据配置设备的需要学习相应的理论知识。

本书第 4～10 章和附录由重庆电子工程职业学院胡云教授编写，第 1～3 章由重庆电子工程职业学院王可副教授编写。胡云教授负责全书的统稿。

本书在编写过程中参阅了同行的相关资料，得到编者所在学院、相关企业的大力支持和帮助，在此向有关同行和单位表示衷心感谢。

无线局域网技术日新月异，高等职业教育蓬勃发展，这些都对教学提出了更高的要求。恳请广大读者一如既往地关注本书，对书中的缺点和错误多加指正，以便编者不断改进本书。

编　者
2019 年 5 月

第1版前言

无线局域网是有线局域网的扩展和延伸，具有有线局域网无法比拟的灵活性。近几年来，人们在有线网络的基础上，不断拓展无线网络，无线网络技术迅速发展。随着中国移动、中国电信、中国网通等电信运营商纷纷开通无线局域网业务，无线应用越来越广泛。

本教材在建立最新课程标准的前提下，突破了以知识传授为主要特征的传统学科教材模式，转变为以工作任务为中心组织教材内容。注重摒弃无线网络发展过程中过时、落后、淘汰的技术内容，融入技术创新带来的无线网络新理念、新技术、新设备、新应用等内容。力求以全新的视野，使本课程具有全面性、科学性、实用性、先进性。

本教材没有按部就班地介绍深奥、枯燥的无线网络技术，而是围绕无线局域网工程的实际，设计了系列、连贯的工程项目和工作任务作为本课程的学习情境，力求使学生在完成工作任务的过程中，不但能掌握职业所需的无线局域网的核心知识和构建技能，还能获得用人单位最感兴趣的要素——实际工作经验和动手能力。

本教材总体设计思路是基于行动导向和技能导向的职业技能教育，致力于培养学生组建无线局域网的实用技能，在教学中注意体现以下特色：

(1) 注重高职高专职业技能教育特点，坚持少理论、重实践的基本理念，把握理论内容必需、够用的基础，突出实践环节的主导作用。在完成项目任务的过程中，通过"边学边做、学中求做、做中求学、学做结合"，达到"学以致用"的效果。

(2) 以完成项目工作任务为教学主线，围绕项目工作任务展开知识体系，教会学生如何完成工作任务，重点关注"要做什么?"和"怎么做?"。突出以学生直接实践的形式来掌握融于各项目工作任务中的知识、技能和技巧。

(3) 让学生融入实际工程，模拟职业团队、职业角色思考问题、完成工作任务，强调职业团队的协作配合和职业角色的主观能动性，有效培养学生的沟通、协作能力和个体效能，为将来从事职业工作、承担职业职责打下坚实的基础。

本教材注重由简单到复杂，循序渐进的认知过程。先组建规模较小、设备

FOREWORD

较少、配置较简单的无线局域网，逐渐组建规模较大、设备较多、配置较复杂的无线局域网，突出在各种应用需求和应用环境中组建无线局域网的技术特点。

本教材共9章：第1章主要介绍无线网络的起源与演进、无线网络的特点、无线局域网与有线网络的连接关系等；第2章主要介绍Ad-hoc无线网络概念和使用无线网卡构建简单无线局域网的技术；第3章主要介绍SOHO无线局域网的组建技术，突出应用无线路由器构建家庭办公室和小型办公室的无线局域网技术；第4章主要介绍WDS无线局域网的概念，突出应用多个无线路由器扩展无线局域网覆盖范围的技术；第5章主要介绍使用WLC和AP构建小型企业无线局域网的技术；第6章主要介绍基于WLC和AP构建中型企业无线局域网的技术；第7章主要介绍构建安全无线局域网的各种技术；第8章主要介绍构建漫游无线局域网的技术；第9章主要介绍构建桥接无线局域网的技术。

组建无线局域网，设备处于首要地位。本教材主要介绍锐捷公司设备的使用，同时兼顾思科公司的设备。

本教材建议学时为64学时。其中第1章用5学时，第2章用5学时，第3章用8学时，第4章用6学时，第5章用8学时，第6章用10学时，第7章用10学时，第8章用6学时，第9章用6学时。

本教材由重庆电子工程职业学院胡云教授编著，在编写过程中得到学院、相关企业的大力支持和帮助，参阅了同行相关资料，在此向对本教材编写提供支持和帮助的单位、企业和同行师生表示衷心地感谢。

由于本教材是编写职业教育教学改革教材的尝试和探索，难免存在错误和不当之处，恳请同行赐予批评匡正。

编者

2014年6月

CONTENTS

目录

CONTENTS

CONTENTS

CONTENTS

CONTENTS

CONTENTS

第1章　无线网络概述

本章的学习目标如下：

- 理解无线网络概念。
- 了解无线网络的起源与演进。
- 理解无线网络的优势。
- 理解无线局域网。
- 了解无线城域网。
- 了解无线广域网。
- 了解无线个域网及其主要应用。
- 认识无线网卡，会安装无线网卡驱动程序。

众所周知，有线网络使用双绞线、同轴电缆或光缆传输数据，在缆线铺设方面普遍存在铺设费用高、施工周期长等问题。在某些特定的区域或环境中还存在缆线铺设困难或工程成本高的难题，限制了有线网络的覆盖面。人们在建筑物内使用有线网络，通常会受到信息点位置或数量的限制，而在建筑物外的广大区域，由于没有设置有线网络的接口，基本不能使用有线网络。人们希望随时随地并且移动地使用网络，有效的解决办法是建设无线网络。

无线网络是指使用电磁波作为传输介质，以实现终端设备间数据传输的网络。无线网络的电磁波可以覆盖室内和室外的广阔空间，方便用户的接入。无线网络与有线网络的最大不同点是传输数据使用无线介质——电磁波。图1-1是无线网络的示意图。

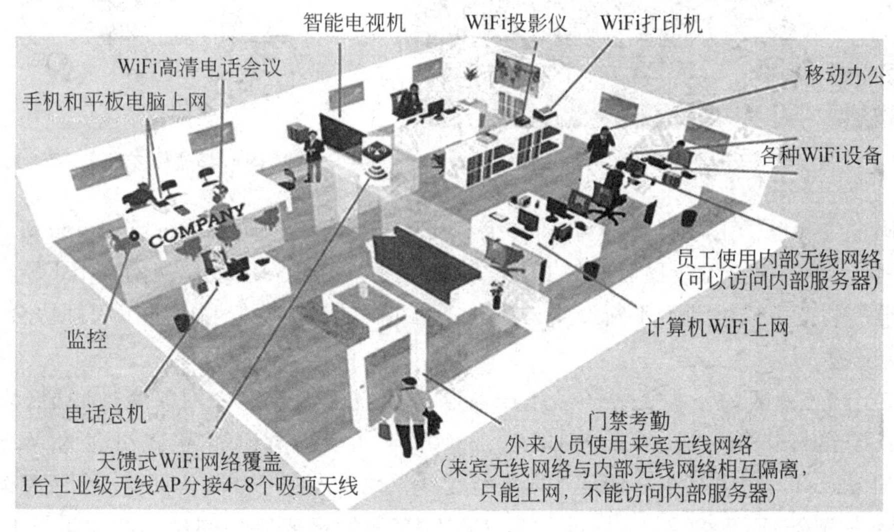

图1-1　无线网络

随着无线网络技术的快速发展与逐渐成熟，无线网络在传输性能、覆盖范围、建设成本等方面已经可以和有线网络相媲美，并且在某些方面已经超过有线网络。现在，无线局域网的传输速率已达到300Mb/s以上,完全能满足人们快速传输文字、语音、图片、图像和视频等网络数据的要求。无线网络能提供灵活、便利的应用接入,备受人们追捧。

1.1 无线网络的起源与演进

无线网络的初步应用可以追溯到第二次世界大战时期,当时美国陆军研发了一套高强度加密的无线电传输技术,使用无线电信号进行资料的传输。这项技术让许多学者得到了灵感。1971年,夏威夷大学(University of Hawaii)的研究员创造了第一个基于封包式技术的无线电通信网络。这个网络被称作ALOHAnet,它连接了7台计算机,中心计算机放置在瓦胡岛(Oahu Island,图1-2)上,采用双向星形拓扑,实现了夏威夷4座岛屿间的无线传输。从那时开始,无线网络正式诞生,这也是最早的无线局域网(Wireless Local Area Network,WLAN)。

早期的无线网络技术是各个生产商研发的专有技术,只能提供低速无线传输,而且建立在相互竞争的专有标准基础上。

无线局域网技术的应用始于20世纪80年代中期,它是由美国联邦通信委员会(Federal Communications Commission,FCC)为工业、科研和医学(Industrial Scientific Medical,ISM)频段的应用授权而产生的。这项政策使各大公司和终端用户不需要获得FCC许可证,就可以应用无线产品,从而促进了无线局域网技术的应用和发展。图1-3是FCC的标志。

图1-2 夏威夷瓦胡岛

图1-3 美国联邦通信委员会(FCC)的标志

美国电气和电子工程师协会(Institute of Electrical and Electronics Engineers,IEEE)在1997年发布了关于无线局域网的IEEE 802.11标准,随后,无线局域网在IEEE 802.11x系列标准的规范下或推动下不断发展与演进。图1-4是美国电气和电子工程师协会主席霍华德·米歇尔。

1999年,工业界的一些无线产品生产商联合成立了无线以太网兼容性联盟(Wireless Ethernet Compatibility Alliance,WECA)。2002年10月,WECA正式更名为WiFi联盟(WiFi Alliance)。它主要在全球范围内推行无线网络产品的WiFi认证与WiFi商标授权,致力于解决符合IEEE 802.11标准的产品的生产和设备兼容性问题。图1-5是IEEE和WiFi联盟的标志。

2004年7月,美国费城首次提出建设基于WiFi(IEEE 802.11b/g标准)的无线Mesh网络,也叫"无线费城计划",随后无线城市建设的浪潮开始席卷全球(图1-6)。

图 1-4　美国电气和电子工程师协会主席霍华德·米歇尔

图 1-5　IEEE 和 WiFi 联盟的标志

图 1-6　重庆无线城市奠基仪式

近十年来，我国无线局域网的建设和应用逐渐普及，这主要是由于以下几个原因：

- 无线局域网标准逐渐完善。
- 无线局域网安全问题基本解决。
- 无线局域网能够实现高带宽与低成本。
- 笔记本电脑逐渐普及并内置无线网络适配器。
- 无线应用产品设备种类增加，性能提高。
- 无线应用越来越多，出现数据、语音和视频应用。
- 无线局域网技术越来越成熟。

• 组织机构、企业和个人的无线应用需求逐渐增长。

1.2 无线网络的优势

近几年来,无线网络技术以其无可比拟的优势迅速普及并应用于各行各业。无线网络带给人们一种新的联网方式,人们不需要像有线网络那样考虑接口的位置和连接网线的长短。在不能接入有线网络的地方,只要有无线网络覆盖,就可以满足人们随处上网的愿望。无线网络安装方便,性价比高,成为当今网络发展和普及应用的趋势。

构建和应用无线网络的优势主要体现在以下几个方面:

(1) 布局容易,扩充方便。

无线网络的建设主要在于布局无线接入点(Access Point,AP),以增大无线信号覆盖范围。单个AP可以使30~50台无线终端设备同时接入网络。要满足更多无线终端设备接入网络的需求,只需要相应增加AP的数量即可。无线网络布局简单,扩充方便,打破了有线网络在组网结构方面的局限性。

(2) 减少布线,降低成本。

对于已经拥有有线网络的企业来说,新建的无线网络可以方便地接入有线网络,因此无线网络可以理解为有线网络的延伸和扩展。无线网络在接入点和无线终端之间不需要进行烦琐的网络布线,也无须改变已建成的有线网络的结构;无线网桥可以连接相距几千米到几十千米的多个网络,不需要光缆布线。无线网络减少了大量的布线工程,从而减少了网络的建设和管理成本。

(3) 配置简单,易于建设。

建设无线局域网,只要将AP布置、安装、连接在适当的位置,不需要在无线终端与接入点之间进行网络布线。在设备配置方面,只要配置好AP或无线局域网控制器,就能实现无线局域网的控制和管理。因此,无线网络配置简单,易于建设。

(4) 具有可移动特性,提高工作效率。

由于摆脱了线缆的束缚,无线终端具有可移动的特性。只要在接入点无线信号覆盖范围以内,无线终端就可以自由移动,同时能保持与网络连接不中断。无线覆盖漫游技术可以使用户随时随地方便地使用网络资源,极大提高了网络应用的工作效率。

(5) 支持多种终端接入。

无线网络可以支持多种类型的无线终端的接入,包括笔记本电脑、台式机、支持WiFi的手机、无线打印机、无线音箱等设备,具有广泛的连接对象和应用需要。

1.3 无线网络与有线网络的连接

有线网络是先于无线网络建设与发展的,无线网络的建设是对有线联网方式的一种扩展和补充,无线网络与有线网络在技术和应用上有着千丝万缕的联系。

1.3.1 无线局域网

1. 无线局域网

无线局域网(WLAN)指支持IEEE 802.11无线连接技术的终端与通信设备,通过电磁波实现数据传输的网络。无线局域网的工作站和接入点设备通常能实现在几百米内的无线连接，桥接设备更是可以支持在几十千米内的无线连接。

2. 构建和管理无线局域网

在我国，通常由组织单位、企业、家庭等根据需要构建、管理和使用无线局域网。另外，我国三大通信公司——中国移动、中国联通、中国电信除了建设 4G、5G 移动通信网络以外，还建设了各自的无线局域网，为手机终端和 PC 提供城市公共区域的无线移动接入（或称 WiFi 接入）互联网服务。图 1-7 为中国移动、中国联通、中国电信的无线局域网接入服务。

图 1-7　中国移动、中国联通、中国电信的无线局域网接入服务

中国移动无线局域网的标识是 CMCC，中国联通无线局域网的标识是 ChinaUnicom，中国电信无线局域网的标识是 ChinaNet。

三大通信公司的无线局域网仅覆盖部分热点区域（如高校、火车站、体育馆、咖啡馆等公共区域）。图 1-8 是安装在户外的 WiFi 热点。三大通信公司的无线局域网接入有线城域网。

图 1-8　户外 WiFi 热点

3. 无线局域网连接有线网络

无线局域网能方便用户移动接入有线网络，但无线局域网本身缺少应用资源。各地有线网络中的服务器有着丰富的应用资源。无线局域网接入有线网络，既能充分发挥无线接入的优势，又能有效利用众多的有线网络资源，降低网络建设与运营的成本。

无线局域网是计算机网络技术与无线通信技术相结合的产物，使联网的计算机具有可移动性，能快速方便地解决使用有线方式不易实现的网络接入问题。如图 1-9 所示，无线局域网现在广泛地应用于家庭、企业、组织机构以及商务区、校园、机场等公共区域。

🕮 GPRS 是通用分组无线服务（General Packet Radio Service）的简称，是 GSM 移动电话用户可用的一种移动数据业务。GPRS 和以往连续在频道传输的方式不同，是以封包（packet）方式传输数据的，因此使用者所负担的费用是按其传输数据量（流量）计算的，并非使用其整个频道，理论上较为便宜。GPRS 的传输速率可达 56～114kb/s。

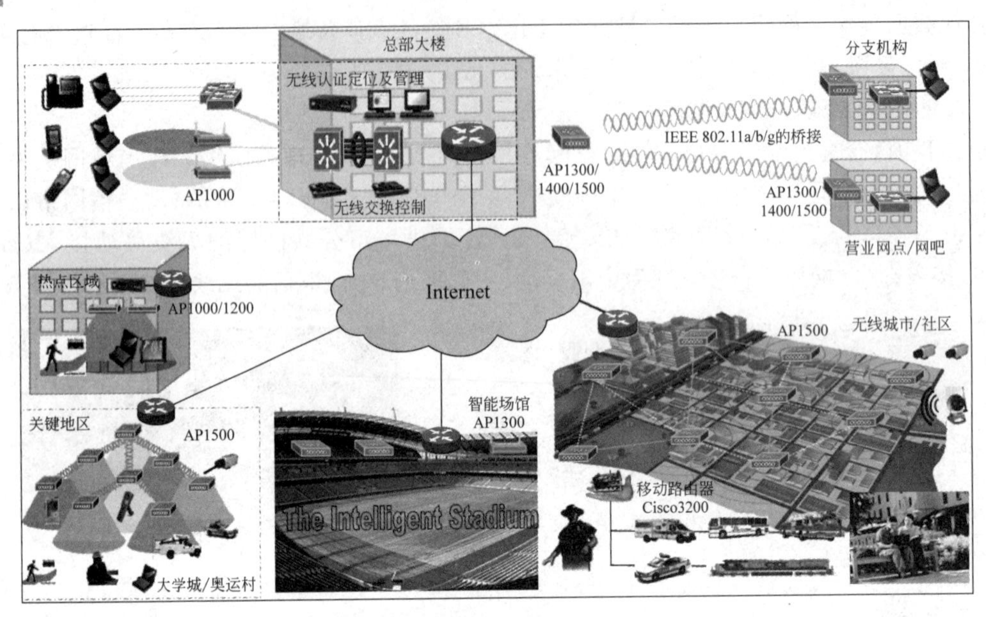

图 1-9　无线局域网应用

📖 4G是第四代移动通信技术的简称,是3G之后的新一代移动通信技术的代名词。由于4G标准是面向更高的带宽、更小的时延、更灵活的接入、更高的服务质量保障等设计目标提出的,因此能够更好地满足高速移动互联网时代的用户体验。4G手机最高下载速率达到100Mb/s,现在4G已实现商用,进入了普通人的生活。

📖 5G是第五代移动通信技术的简称。5G网络的峰值理论传输速度可达每秒数十吉位(Gb),这是4G网络的传输速度的数百倍。

1.3.2　无线城域网

无线城市的发展已经形成世界潮流。近10年来,风靡全国的无线城市建设(图1-10)浪潮助推了我国无线网络的快速发展,各地的“宽带中国”战略正在加速推进。例如,重庆市提出的“光网·无线重庆”目标是:到2020年,实现城市家庭用户宽带平均接入能力超过100Mb/s,农村家庭用户宽带平均接入能力超过50Mb/s。

图 1-10　一些无线城市的标识

无线城域网(Wireless Metropolitan Area Network,WMAN)指覆盖主要城市区域的无线网络。无线城域网主要是由城市主要区域、场所的若干无线局域网热点通过有线(光缆)方式连接到IP城域网而形成的。

无线城市可以理解为现阶段的无线城域网。用户在热点无线信号覆盖区域内，使用无线终端设备接入无线局域网热点，进而接入IP城域网，实现使用无线终端设备共享城市网络资源。

无线城市聚合了互联网、移动互联网和物联网等信息应用平台，为市民的通信联系、交往、购物、出行、教育、学习、保健等方面提供便利服务，为企业的销售、宣传、管理等方面提供有力工具，为政府的政务公开、监督、城市管理等方面提供有益帮助。市民可以利用各种无线终端或无线技术享受随时、随地、随需、快速、安全、便捷的信息服务，提升了城市的信息化程度。

受无线传输技术的限制，无线局域网终端接入距离通常只有几百米，无线设备桥接距离也只有几千米至几十千米。因此，现阶段在一个城市范围内并不存在更远距离的无线传输网。

中国电信、中国移动和中国联通等电信运营商在各地构建了自己的无线局域网，这些无线局域网接入IP城域网，是无线城市的重要组成部分。

1.3.3　无线广域网

无线广域网（Wireless Wide Area Network，WWAN）可以理解为跨越城市和省甚至覆盖全国的大范围的无线接入网络，它的结构分为末端系统（两端的无线局域网及用户）和通信系统（中间的有线广域网链路）两部分。

在有线网络中，局域网接入城域网，城域网接入广域网。在无线网络中，无线局域网接入园区网、企业网、校园网等有线局域网，有线局域网接入城域网，城域网再接入广域网。无线用户在获取广域网资源的过程中，真正实现无线接入的只是在无线局域网的小范围内（无线终端设备与接入点或热点之间），在城域网、广域网大范围内进行数据传输的不是无线方式，而是通过光缆进行有线传输。图1-11是中国移动无线局域网接入城域网、广域网的示意图。

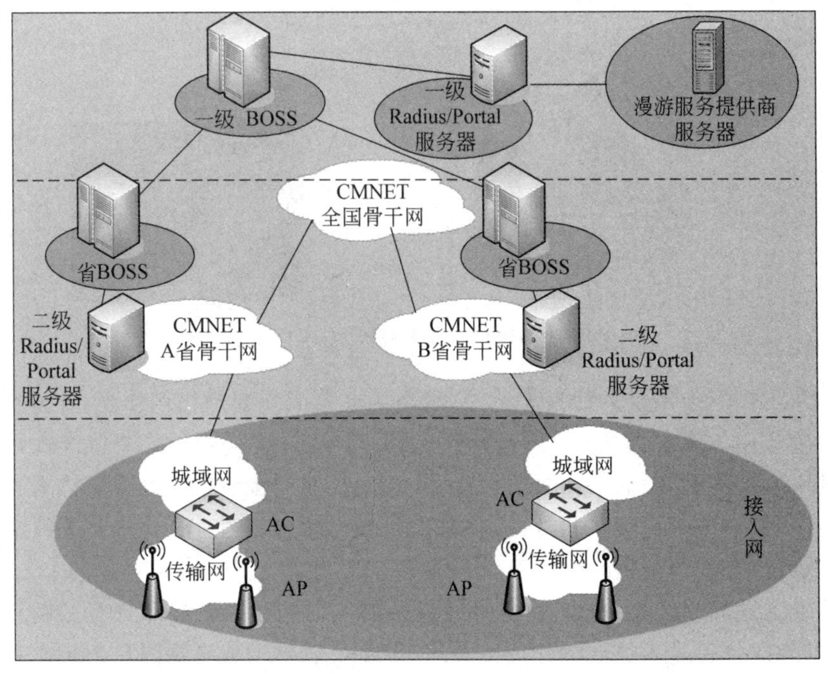

图1-11　中国移动无线局域网接入城域网、广域网示意图

1.4 无线个人区域网

无线个人区域网(Wireless Personal Area Network,WPAN)简称无线个域网,是在小范围内相互连接数个无线设备所形成的网络。

WPAN是为了实现活动半径小、业务类型丰富、面向特定群体、无线无缝连接而提出的无线网络通信技术。IEEE 802.15工作组是负责制定WPAN标准的机构。

WPAN技术包括红外线(Infrared)、蓝牙(Bluetooth)、ZigBee、超宽带技术、RFID等。WPAN设备具有价格低、体积小、易操作和功耗低等优点。

1.4.1 红外线传输技术

红外线是电磁波,是非可见光,无法穿越不透光的物体。它的波长范围为0.76～1.5μm。红外线传输是使用红外线波段的电磁波来进行较近距离的传输。

红外线数据协会(Infrared Data Association,IrDA)成立于1993年,它致力于建立红外线连接的全球标准。IrDA拥有160个会员,参与的厂商包括计算机及通信硬件、软件及电话公司等。红外线传输技术的主要优势如下:

(1) 无须专门申请特定频率的使用执照。

(2) 具有移动通信设备所必需的体积小、功率低的特点。

(3) 传输速率已经从最初的4Mb/s提高到最新的16Mb/s。接收方向角度也由传统的30°扩展到120°。由于采用点对点连接,因此数据传输所受的干扰较少。

红外线传输技术有广泛的应用,如红外线遥控器与电视机、空调机、遥控开关等设备间的控制信号传输。图1-12是使用红外线传输技术的电视机、空调机的遥控器和遥控开关。

图1-12 使用红外线传输技术的电视机、空调机遥控器和遥控开关

教学演示中广泛使用红外线激光笔,它发出的红色激光起到指示作用,红外线起到翻页控制信号传输作用。图1-13是红外线激光笔和USB红外线接收器。

微机的一些无线键盘和鼠标也使用红外线技术。无线键盘或无线鼠标内置一个红外线发射器,当使用键盘或鼠标输入指令时,将其信号转变为红外线信号,并发送到主机上的红外线接收器(或红外线适配器)。

红外线设备之间的连接原理是:红外线设备的发射端和接收端都具有调制和解调的功能,当两个红外线设备进入彼此的作用区域后,设备可以自动或者通过用户请求检测其他设

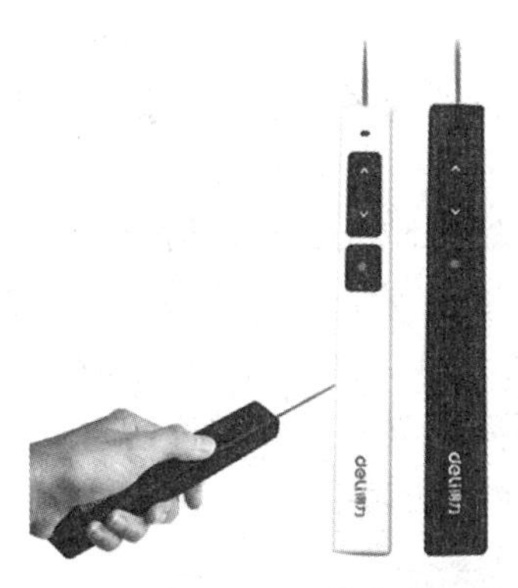

图 1-13 红外线激光笔和USB红外线接收器

备，并向其他设备发送连接请求(包括地址、数据速率和其他功能信息)。响应的设备充当辅助角色，并返回包含地址和功能的信息。接着，发送方和接收方将数据速率和连接参数更改为由初始信息传送定义的公用设置。最后，发送方向接收方再发送信息，确认连接成功，然后开始数据传输。在两个红外线设备间发生红外线数据连接传输时，连接上的所有传输均从主(发送)设备到辅助(接收)设备。

红外线传输也有很多大规模的应用。例如，位于北京奥林匹克公园中心区的国家会议中心是国内最大、最先进的会议中心。其能容纳5500人的大会堂(图1-14)使用了数字红外无线会议系统。其同声传译系统采用红外辐射传输，在天花板上安装30个HCS-5300红外辐射板或吸顶式数字红外收发器，在座位上使用红外接收机接收同声传译信号。HCS-5300是一种具有超强红外发射能力的辐射板。可选择多种发射功率，距离可达50m(25W)。它与主机连接，可实现红外语音发射功能。红外线无法穿透墙壁或天花板，保证了会议的私密性。

(a) 能容纳5500人的大会堂

(b) 天花板上安装的红外辐射板

图 1-14 使用数字红外线会议系统的国家会议中心大会堂

1.4.2 蓝牙无线技术

蓝牙是一种支持设备无线连接的技术，运行在2.4GHz频段。2016年，蓝牙技术联盟(Bluetooth Special Interest Group，简称Bluetooth SIG)提出了全新的蓝牙技术标准——蓝牙5.0。蓝牙技术的发展经历了9个版本，分别为1.1、1.2、2.0、2.1、3.0、4.0、4.1、4.2、

5.0。从蓝牙4.0标准起,有效通信范围扩大到100m(4.0以前的版本为10m),最大传输速率达到24Mb/s。蓝牙5.0的主要优势在于传输速率更快、传输距离更远以及使用功耗更低。

蓝牙连接分两种情况。一种情况是两台设备都带有蓝牙功能,开启蓝牙功能即可完成配对连接,如带有蓝牙功能的手机和蓝牙耳机或蓝牙音箱的连接。另一种情况是带有蓝牙功能的设备与计算机的连接,需要在计算机的USB接口安装蓝牙适配器(也称为蓝牙接收器)。蓝牙适配器是计算机与各种蓝牙产品无线连接的接收设备,具有无线信号的接收和发送功能。图1-15是蓝牙耳机、蓝牙音箱和蓝牙打印机。

图1-15　蓝牙耳机、蓝牙音箱和蓝牙打印机

蓝牙鼠标、蓝牙键盘、无线激光翻页笔等和计算机连接时,都需要在计算机的USB接口安装蓝牙适配器。图1-16是蓝牙适配器、蓝牙鼠标和蓝牙键盘。

图1-16　蓝牙适配器、蓝牙鼠标和蓝牙键盘

使用2.4GHz频段电磁波的无线激光笔也是一种蓝牙设备。它有无线控制翻页和激光指向两种功能。USB接收器安装在计算机的USB接口上。激光笔和USB接收器构成信号传输的双方。当按动激光笔的翻页按钮时,就能够无线控制PPT投影屏幕的翻页;当按动激光开关按钮时,激光源的红色激光可指示观看点。图1-17是无线激光笔。

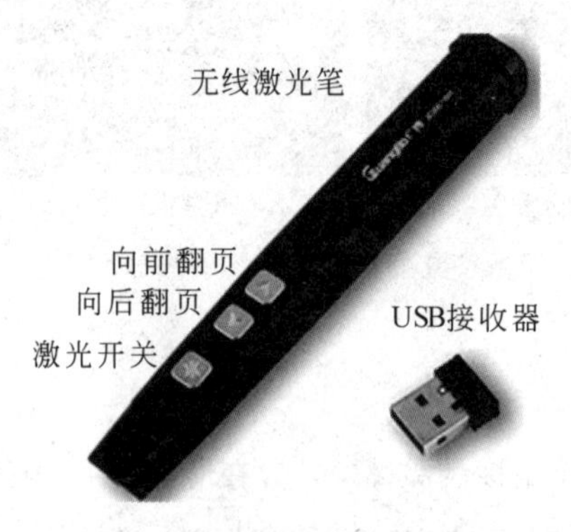

图1-17　无线激光笔和USB接收器

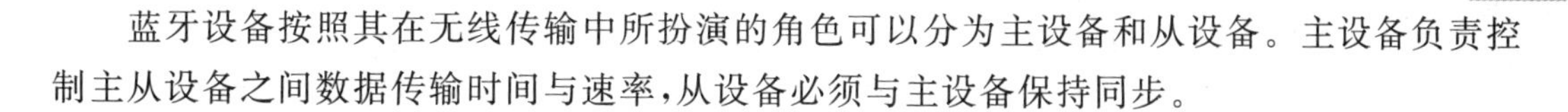

蓝牙设备按照其在无线传输中所扮演的角色可以分为主设备和从设备。主设备负责控制主从设备之间数据传输时间与速率，从设备必须与主设备保持同步。

1.4.3 ZigBee无线技术

1. ZigBee无线标准

ZigBee无线标准由ZigBee联盟与IEEE 802.15.4工作组共同制定。ZigBee设备运行在2.4GHz频段，共有27个信道，数据传输速率为20～250kb/s，传输距离为10～75m。

2. ZigBee网络设备

ZigBee技术主要用于构建近距离、低传输速率无线数据传输网络。ZigBee网络使用协调器、路由器（主设备）和终端（从设备）3种类型的设备，如图1-18所示。

(a) ZigBee协调器

(b) ZigBee路由器(F8633)

(c) ZigBee终端(F8914)

图1-18 ZigBee设备

ZigBee协调器是整个ZigBee网络的核心，负责启动和配置网络，产生网络信标（beacon），控制网络拓扑的形成与协调各网络成员的流量。ZigBee路由器支持关联设备，能够将数据转发到其他设备。ZigBee网格或树状网可以有多个ZigBee路由器。ZigBee终端连接需要与其通信的设备，并不起转发器、路由器的作用。

📖 ZigBee路由器（F8633 ZigBee ＋CDMA2000 1X＋EVDO）采用高性能的工业级32位通信处理器、工业级蜂窝无线模块和工业级ZigBee模块，以嵌入式实时操作系统为软件支撑平台，提供1个RS232（或RS485/RS422）、4个以太网、1个WiFi和1个ZigBee接口，可同时连接串口设备、以太网设备、WiFi设备和ZigBee设备，实现数据透明传输功能和路由功能。

3. ZigBee网络拓扑

ZigBee网络有星状网、树状网、网状网3种拓扑结构，如图1-19所示。一个ZigBee网络可以容纳最多一个主设备（ZigBee协调器或中心设备）和254个从设备（或ZigBee终端设备）。一个区域内可以存在200多个ZigBee网络，多达65 000个节点。

ZigBee星状网不支持ZigBee路由器。如果某个终端设备需要传输数据到另一个终端设备，它会把数据发送给中心设备，然后由中心设备依次将数据转发给目标终端设备。

4. ZigBee应用

ZigBee无线连接技术主要解决低成本、低功耗、低复杂度、低传输速率、近距离的设备联网应用。ZigBee无线技术在实时定位、远程抄表、温湿度监控、安全监视、汽车电子、医疗电子、工业自动化等无线传感网络中有非常广泛的应用。图1-20展示了ZigBee无线技术

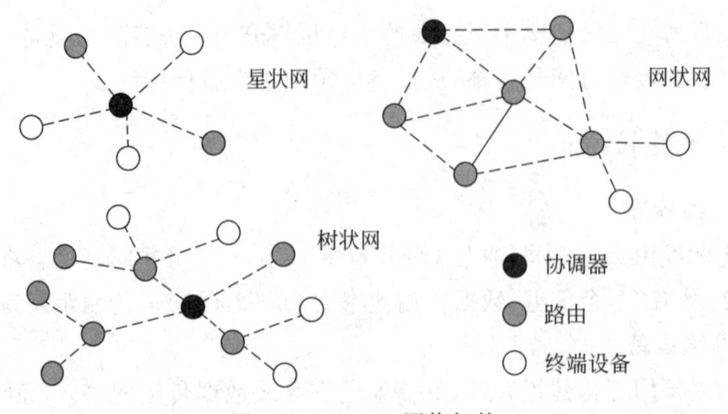

图 1-19 ZigBee 网络拓扑

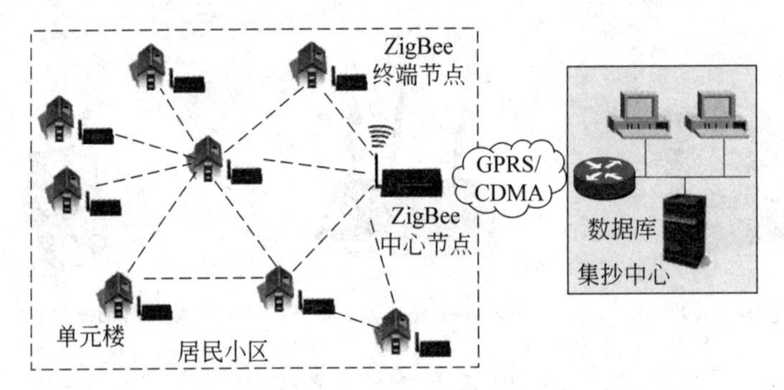

图 1-20 应用 ZigBee 无线技术的远程抄表系统

在远程抄表系统中的应用。

1.4.4 超宽带技术

超宽带(Ultra Wide Band,UWB)是一种无载波通信技术。美国联邦通信委员会规定,UWB 的工作频段为 3.1～10.6GHz,最小工作频宽为 500MHz。其传输距离通常在 10m 以内,传输速率可以达到几百兆位每秒(Mb/s)。UWB 不采用载波,而是利用纳秒至皮秒级的非正弦波窄脉冲传输数据,因此,其所占的频谱范围很宽,适用于高速、近距离的无线个人通信。

为了满足无线数字视频的要求,家庭无线互联产品需要更高的传输速率。以无线高清晰度数字电视(WHDTV)为例,如果采用 MPFG2HD 数据格式,则视频数据流的速率高达 25Mb/s。

图 1-21 是具有超宽带功能的电视机。超宽带天线内置在电视机中,用户看不到。数字媒体服务器外观与标准的 DVD 播放机相似,具备了个人视频播放器功能、DVD 回放功能,并内置调谐器和 UWB 解决方案,最远可以放在距离高清晰度电视机 20m 的位置,用于将媒体流通过无线方式发送到高清晰度电视机。

今天的网络电视技术已取代超宽带技术。图 1-22 是支持无线 WiFi 连接的网络电视机顶盒与网络电视盒。

图1-21　具有超宽带功能的电视机

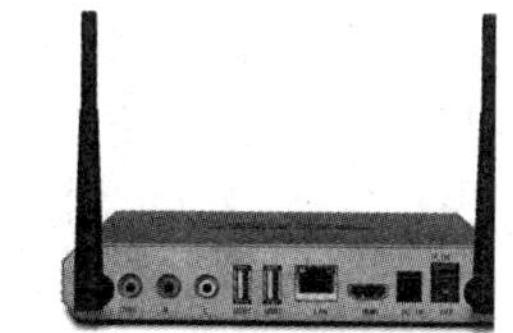

图1-22　无线WiFi网络电视机顶盒(左)和网络电视盒(右)

来自无线路由器的网络电视数据信号以有线或无线方式(WiFi)传输给网络电视机顶盒,再由网络电视机顶盒传输给电视机。图1-23是网络电视机顶盒与电视机和WiFi网络的连接。

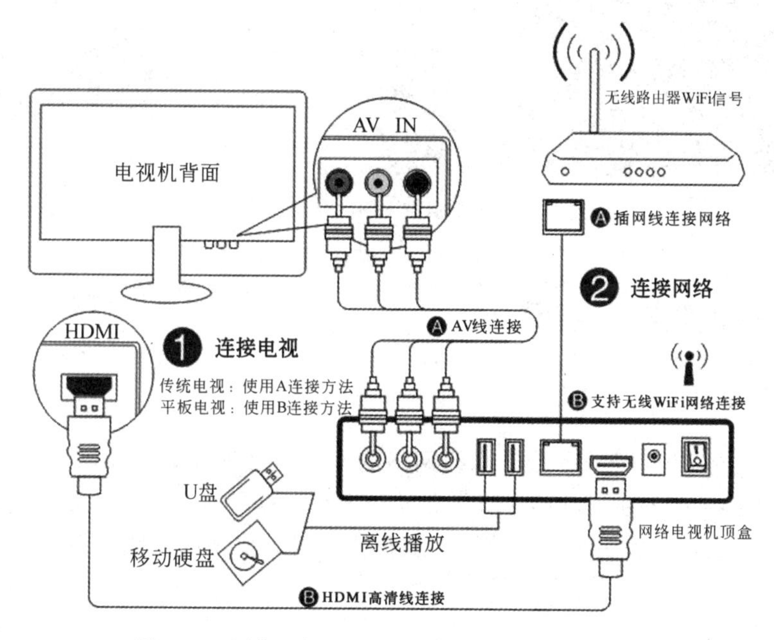

图1-23　网络电视机顶盒与电视机和WiFi的连接

网络电视盒也叫智能电视盒,是一个连接电视机与互联网的设备。电视机通过网络电视盒连接互联网(通过有线或无线方式),收看由网络传来的电视节目。

1.4.5　RFID技术

射频识别(Radio Frequency Identification,RFID)技术是20世纪90年代兴起的一种自动识别技术,射频识别技术利用射频信号通过空间耦合(交变磁场或电磁场)实现无接触信息传递,并通过所传递的信息达到识别目的。

🕮 射频或无线电频率(Radio Frequency,RF)表示可以辐射到空间的电磁波的频率,频率范围为300kHz～30GHz。

RFID是一种简单的无线系统,由阅读器(reader)、应答器(transponder,也称为电子标签)及应用软件3个部分组成。RFID的工作原理是:阅读器发射一个特定频率的无线电波能量给电子标签,用以驱动电子标签电路将内部的数据送出,此时阅读器便依序接收并解读数据,送给应用程序作相应的处理。

🕮 在实际应用中,读卡机就是阅读器,射频卡就是电子标签。

图1-24是智能感应RFID会议签到系统。参会人员每人佩戴一张RFID电子卡,安装在会场入口位置的读卡设备能够快速、准确地识别每张电子卡,并传入系统,从而实现对参会人员的自动签到、身份显示、自动计时、自动统计、查询、打印等功能。

图1-24　智能感应RFID会议签到系统

1.5　认识和安装无线网卡

1.5.1　无线网卡

计算机和支持WiFi的设备接入无线网络的基础是必须安装无线网卡(也称为无线网络适配器)。无线网卡的主要功能是收发和处理无线数据信号,是计算机的无线信号接口。安装了无线网卡的计算机在无线局域网中被称作无线工作站或无线终端。图1-25是几种常用无线网卡。

(a) USB接口无线网卡

(b) 笔记本电脑PCI接口无线网卡

(c) 台式机PCI接口无线网卡

图1-25　几种常用无线网卡

无线网卡按其接口类型主要分为USB和PCI两种。笔记本电脑通常在主机板上安装了PCI接口无线网卡,台式机也可以在主板上安装PCI接口无线网卡。有USB接口的笔记本电脑或台式机都可以安装USB接口无线网卡。

部分台式机主板带有无线网卡,支持WiFi的手机、打印机等设备都内置了无线网卡功能模块。图1-26是内置无线网卡功能模块的台式机主板。图1-27是内置无线网卡功能模块的 WiFi 打印机。

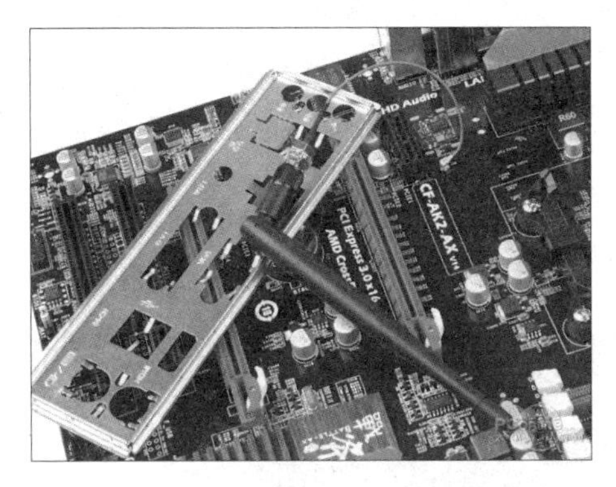

图 1-26　内置无线网卡功能的台式机主板　　图 1-27　内置无线网卡功能的 WiFi 打印机

有的无线设备上安装的无线网卡支持 Soft AP(软接入点)功能,这样的无线设备能为笔记本电脑、平板电脑、手机等其他无线设备提供个人 WiFi 热点服务。

在选择无线网卡时,主要关注它的工作标准、接口类型、支持的传输速率、接收与发送电磁波的频段。无线网卡支持的传输速率和接收与发送电磁波的频率是依据 IEEE 802.11 标准确定的。

1.5.2　安装 USB 接口无线网卡

现在的笔记本电脑通常内置无线网卡,从而支持无线网络连接。而没有配置无线网卡的台式机或笔记本电脑需要安装外置的无线网卡,以实现无线网络连接。

独立无线网卡需要安装到计算机上,还要安装它的驱动程序才能正常工作。

1. 安装无线网卡及驱动程序

下面以在计算机上安装 Tenda(腾达)W311MI 无线网卡为例,介绍无线网卡的安装过程。

1) 安装无线网卡

将 Tenda W311MI 无线网卡(图 1-28)插入计算机正常可用的 USB 接口上。

图 1-28　Tenda W311MI 无线网卡和计算机

2) 安装无线网卡驱动程序

在 Tenda 官网 http://www.tenda.com.cn/下载 Tenda W311MI 无线网卡的驱动程序。完成无线网卡安装后,在计算机上找到 Tenda W311MI 无线网卡驱动程序的安装程序 Setup.exe,如图 1-29 所示,双击它运行安装。

图 1-30 是 Tenda W311MI 无线网卡驱动程序安装过程界面。等待安装进度到了 100%,安装页面消失(注意:安装过程中如果 360、电脑管家等软件提示发现风险文件,请选择"允许所有操作"),驱动程序即安装完成。

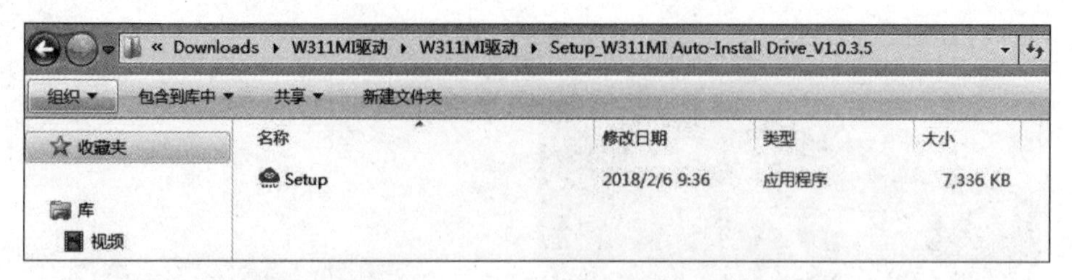

图 1-29　Tenda W311MI 无线网卡驱动程序的安装程序 Setup.exe

图 1-30　Tenda W311MI 网卡驱动程序安装过程界面

3）查看已安装的无线网卡

在 Windows 7“设备管理器”窗口中的“网络适配器”中可以查看计算机已安装的无线网卡，如图 1-31 所示。

2. 连接无线网络

在 Windows 7 系统中安装了无线网卡驱动程序后，在需要连接无线网络时，单击任务栏右边的无线网络图标，弹出如图 1-32 所示的当前可以连接的无线网络列表，选择要连接的无线网络名称进行连接即可。

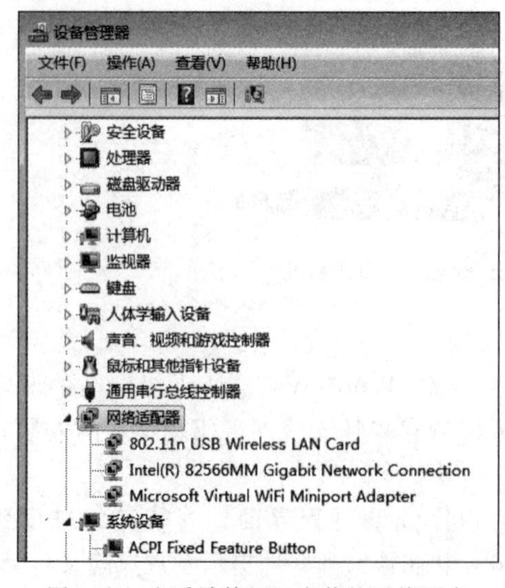

图 1-31　查看计算机已安装的无线网卡

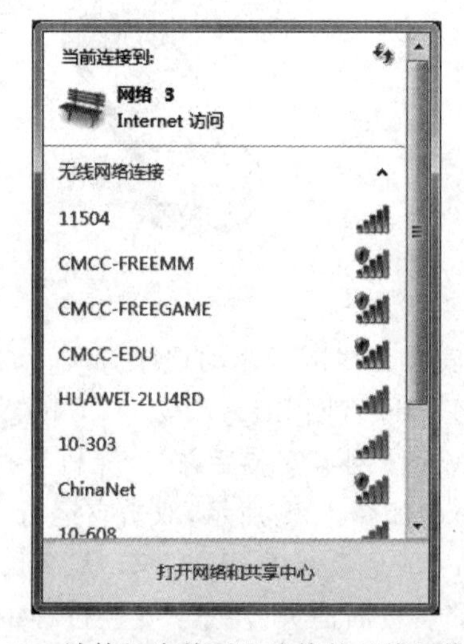

图 1-32　计算机当前可以连接的无线网络列表

1.6 无线局域网体验实训

1.6.1 使用中国移动无线局域网

中国移动提供的城市无线局域网标识是 CMCC(CMCC-EDU 是其面向校园的 WLAN 标识)。CMCC 通过 WLAN 热点(接入点)覆盖城市主要办公场所、城区核心商圈、酒店、学校等主要公共场所和企事业单位。在 CMCC 无线网络热点信号覆盖的区域均可实现随时随地接入互联网,最高无线接入网速可达 54Mb/s,真正为用户带来"网络随身、世界随心"的便利。

1. 实训目的

(1) 知道中国移动建设的 WLAN。

(2) 知道中国移动 WLAN 标识是 CMCC(面向社会公共场所)和 CMCC-EDU(面向校园)。

(3) 学会在校园或其他有线网络不能接入的地方使用中国移动 WLAN 上网。

(4) 体会 WLAN 的便捷性和实用性。

2. 实训设备

本实训需要安装了 Windows 7 系统的 PC、支持中国移动手机卡和 WiFi 的智能手机、平板电脑以及 IEEE 802.11b/g 无线网卡。

🕮 WiFi 是 WiFi 联盟发布的业界术语,中文译为"无线保真"。它是一种短程无线传输技术,能够在数百米范围内支持互联网接入的无线电信号。WiFi 也是 IEEE 802.11b/g 的别称。

3. 实训步骤

(1) 开通业务。例如,开通重庆移动 WiFi 服务(如重庆移动的 WLAN 校园套餐)或体验服务,编写短信发送至 10086。

🕮 WLAN 校园套餐:表 1-1 是重庆移动给出的 WLAN 校园套餐资费标准,该服务仅限在有 CMCC-EDU 网络标识的热点区域使用。当使用 CMCC-EDU 网络时,也只能选择 WLAN 校园套餐,无法使用其他 WLAN 套餐。

表 1-1 重庆移动 WLAN 校园套餐资费标准

套餐档次	资费	包含校园指定区域 WLAN 上网时长/h	超出套餐外资费	短信办理方式
10 元	10 元/月	40	校园内指定区域超出套餐部分按 0.02 元/分计费;校园外按 0.1 元/兆字节计费	6181
20 元	20 元/月	100		6182
40 元	40 元/月	250		6183

说明:获取 WLAN 校园套餐介绍,发送 6180 至 10086;取消 WLAN 校园套餐,发送 6184 至 10086(取消套餐会立即生效)。

(2) 使用 Windows 7 系统的 PC,需要安装好无线网卡及其驱动程序。

(3) 连接 CMCC-EDU。在 Windows 7 系统中,设置自动获取 IP 地址。当需要连接无线网络时,就单击任务栏右边的无线网络图标 ,在弹出的无线网络列表中选择网络标识为 CMCC-EDU 的无线网络,如图 1-33 所示。

图 1-33　选择网络标识 CMCC-EDU 接入无线网络

连接成功后,在浏览器输入网址,如 www. baidu. com,将自动转入无线宽带登录页面,如图 1-34 所示。

图 1-34　无线宽带登录页面

(4) 输入登录认证信息。根据页面上介绍的申请方式开通适合自己的套餐后,输入手机号码和密码即可登录。登录成功后,注意不要关闭登录成功页面(图 1-35)。打开浏览器的新标签页,才能进行上网操作。

图 1-35 登录成功页面

(5) 上网浏览自己感兴趣的网页。

1.6.2 使用中国电信无线局域网

中国电信提供的城市无线局域网标识是 ChinaNet，在成功连接到这个网络后，就能使用天翼 WiFi 上网业务。

中国电信无线宽带业务采用 IEEE 802.11b/g 的 WLAN 技术，通过热点设备实现用户 10～150m 范围内的无线方式宽带接入。它是中国电信有线宽带接入的延伸和补充，可充分满足宽带用户对上网便利性、个性化的需求。中国电信无线宽带用户可使用带 IEEE 802.11b/g/n 无线网卡的计算机、智能手机、平板电脑、游戏机等终端，在中国电信 WLAN 热点覆盖区域快速访问互联网。

1. 实训目的

(1) 知道中国电信建设的 WLAN。

(2) 知道中国电信无线局域网标识是 ChinaNet。

(3) 学会在校园或其他有线网络不能接入的地方使用中国电信 WLAN 上网。

(4) 体会 WLAN 的便捷性和实用性。

2. 实训设备

本实训需要安装了 Windows 7 系统的 PC、支持中国电信手机卡和 WiFi 的智能手机、平板电脑以及 IEEE 802.11b/g/n 无线网卡。

3. 实训步骤

(1) 检查上网环境。在使用中国电信 WLAN 业务前，请先确认计算机或手机等设备是否已经配置了 IEEE 802.11b/g/n 无线网卡（WiFi 网卡）以及中国电信 WLAN 是否已经覆盖了准备上网的区域。

(2) 开通业务。先为自己的中国电信手机号码开通中国电信 WLAN 业务功能。编写短信 KTWLAN ＃和 8 位数字密码，发送到 10001，即可免费开通中国电信 WLAN 业务，账号为手机号码，密码为短信中设定的密码。

(3) 连接 ChinaNet。在 Windows 7 系统中,设置自动获取 IP 地址。当需要连接无线网络时,就单击任务栏右边的无线网络图标,在弹出的无线网络列表中选择网络标识为 ChinaNet 的无线网络,如图 1-36 所示。

图 1-36 选择网络标识 ChinaNet 接入无线网络

连接到 ChinaNet 后,打开浏览器输入任意网址(也可以输入网址 http://wlan.ct10000.com/),就会打开中国电信无线宽带登录页面,如图 1-37 所示。

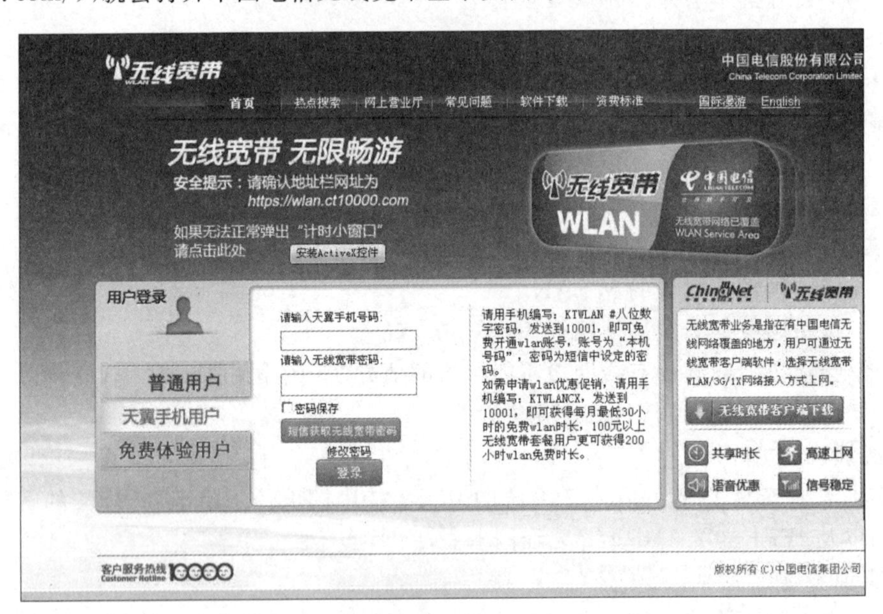

图 1-37 中国电信无线宽带登录页面

(4) 输入登录认证信息。在登录页面中选择用户类型(申请开通的套餐),输入相应的用户名(天翼手机号码)、无线宽带密码后,单击"登录"按钮,完成登录认证。

(5) 上网浏览自己感兴趣的网页。

1.6.3　使用中国联通无线局域网

中国联通无线局域网基于 IEEE 802.11 系列技术标准，可以在热点覆盖区域提供媲美固定宽带和 WCDMA 4G 业务的无线接入速率，满足用户高速、自由地体验丰富的互联网世界、观看网络视频的需求。

1. 实训目的

(1) 知道中国联通建设的 WLAN。

(2) 知道中国联通 WLAN 标识是 ChinaUnicom。

(3) 学会在校园或其他有线网络不能接入的地方使用中国联通 WLAN 上网。

(4) 体会 WLAN 的便捷性和实用性。

2. 实训设备

本实训需要安装了 Windows 7 系统的 PC、支持中国联通手机卡和 WiFi 的智能手机、平板电脑以及 IEEE 802.11b/g/n 无线网卡。

3. 实训步骤

(1) 检查上网环境。使用 Windows 系统的 PC，请先确认计算机或手机等设备是否已经配置了 IEEE 802.11b/g 无线网卡(WiFi 网卡)以及中国联通 WLAN 是否已经覆盖了准备上网的区域。如果确认已经具备了上述两个条件，就可以开始使用中国联通 WLAN 业务，高速畅游互联网络。

(2) 开通业务。注册中国联通 WLAN 免费友好体验，发送 TYWLAN 到 10010 申请中国联通 WLAN 业务。

(3) 连接 ChinaUnicom。在 Windows 7 系统中，设置自动获取 IP 地址。当需要连接无线网络时，就单击任务栏右边的无线网络图标，在弹出的无线网络列表中，选择网络标识为 ChinaUnicom 的无线网络，如图 1-38 所示。

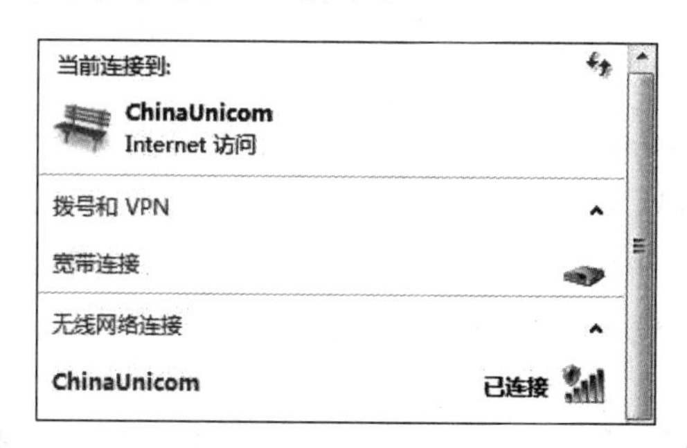

图 1-38　选择网络标识 ChinaUnicom 接入无线网络

打开浏览器，输入任意网址，便可自动打开中国联通 WLAN 用户登录页面，如图 1-39 所示。

(4) 输入登录认证信息。在登录页面输入用户号码和服务密码，单击“登录”按钮，完成登录认证。

(5) 上网浏览自己感兴趣的网页。

图 1-39　中国联通 WLAN 登录页面

1.7　本章小结

本章主要介绍了无线网络的概念、无线网络的起源与演进、无线网络的优势、无线局域网接入有线网络的意义和两者的关系,从应用角度介绍了无线个域网技术以及无线网卡的功能和安装。

(1) 无线网络是指使用电磁波作为传输介质,以实现终端设备间数据传输的网络。无线网络可以覆盖室内和室外的广阔空间,它与有线网络的最大不同点是传输数据使用无线介质——电磁波。

(2) 无线网络的优势主要是:减少布线,易于建设,配置简单,方便接入,支持多种终端接入。

(3) 无线局域网指支持 IEEE 802.11 无线连接技术的终端与通信设备,通过电磁波实现数据传输的网络。

(4) 无线局域网以有线的方式接入有线局域网、城域网和广域网。

(5) 无线个域网是在小范围内相互连接数个无线设备所形成的无线网络。无线个域网技术包括红外线、蓝牙、ZigBee、UWB、RFID 等。

(6) 无线网卡的主要功能是收发和处理无线数据信号,是计算机无线信号的接口。计算机要连接无线网络,必须安装无线网卡。

使用无线网卡时,主要关注它的工作标准、传输速率和接收与发送电磁波的频段、接口类型等。

1.8 强化练习

1. 判断题

(1) 无线网络是指使用电磁波作为传输介质,以实现设备间数据传输的网络。 (　　)

(2) 无线网络与有线网络的最大不同点是传输数据使用无线介质——电磁波。(　　)

(3) 现在无线网络的传输速率已达到100Mb/s。 (　　)

(4) 1971年无线网络正式诞生。 (　　)

(5) 无线广域网是跨越城市和省甚至覆盖全国的大范围无线接入网络。 (　　)

(6) 无线城域网指覆盖主要城市区域的无线接入网络。 (　　)

(7) 无线城市是指在城市各个地方能通过无线方式获取各种信息。 (　　)

(8) 中国电信提供的城市无线局域网标识是ChinaNet。 (　　)

(9) 中国移动提供的城市无线局域网标识是CMCC。 (　　)

(10) 无线局域网指采用IEEE 802.11无线技术构建的网络。 (　　)

(11) 通常无线终端接入距离为几百米,无线桥接距离可达几千米。 (　　)

(12) 无线局域网是计算机网络技术与无线通信技术相结合的产物。 (　　)

(13) 无线个域网是在小范围内相互连接数个无线设备所形成的网络。 (　　)

(14) IEEE 802.15工作组是制定WPAN标准的机构。 (　　)

(15) WPAN的技术包括红外线、蓝牙、ZigBee、UWB、RFID等。 (　　)

2. 单选题

(1) 支持蓝牙4.0的设备数据传输速率达到(　　)。

A. 5Mb/s　　B. 10Mb/s　　C. 24Mb/s　　D. 100Mb/s

(2) 在无线个域网技术中,按传输速率比较,最快的是(　　)。

A. 红外线　　B. 蓝牙　　C. ZigBee　　D. UWB

E. RFID

(3) 关于无线网卡,以下说法中正确的是(　　)。

A. 无线网卡能接收有线信号

B. 无线网卡也称为无线网络适配器

C. 使用无线网卡不需要安装驱动程序

D. 无线网卡只能安装到计算机的USB接口

(4) 选用无线网卡不应当关注它的(　　)。

A. 收发数据速率　　B. 收发数据频率

C. 外观颜色　　D. 接口类型

3. 多选题

(1) 无线网络可以分为(　　)。

A. WWAN　　B. WMAN　　C. WLAN　　D. WPAN

(2) 属于WPAN技术的有(　　)。

A. 红外线　　B. 蓝牙　　C. ZigBee　　D. UWB

E. RFID

(3) ZigBee 网络的设备有(　　)。

A. ZigBee 协调器　　B. ZigBee 路由器

C. ZigBee 终端　　D. ZigBee 交换机

(4) ZigBee 网络类型有(　　)。

A. 星状网　　B. 树状网　　C. 网状网　　D. 环状网

(5) RFID 技术在实际应用中会用到(　　)。

A. 读卡器　　B. 射频卡　　C. 应用软件　　D. 收发器

(6) 以下关于蓝牙技术的说法中正确的是(　　)。

A. 蓝牙是一种无线传输技术

B. 蓝牙使用 2.4GHz 频段的电磁波

C. 蓝牙鼠标和接收器构成无线传输

D. 蓝牙 4.0 的设备一般在 10m 内互相配对连接

第2章　构建 Ad-hoc 无线局域网

本章的学习目标如下：

- 理解 Ad-hoc 无线局域网的概念。
- 掌握平面结构 Ad-hoc 无线局域网。
- 了解分级结构 Ad-hoc 无线局域网。
- 知道 Ad-hoc 无线局域网的特点。
- 掌握平面结构 Ad-hoc 无线局域网的构建方法。

2.1　项目导引

小谢在重庆一家 IT 公司担任网络管理员。他和同事在一次外出工作过程中临时需要在 3 台笔记本电脑之间相互传输一些数据和文件资料，才能开展相关的工作，但当时没有能够利用的移动存储设备和有线网络。他们发现这 3 每台笔记本电脑都安装了无线网卡，于是就通过快速构建简单的 Ad-hoc 无线局域网来实现数据和文件资料的传输，保证了工作的顺利进行。

2.2　项目分析

简单的 Ad-hoc 无线局域网是一种省去了无线中间设备（即 AP）而搭建起来的对等结构网络，只要在计算机上安装了无线网卡，计算机之间即可实现无线互联。其原理是：将网络中的一台计算机主机通过软件设置为热点主机，而其他计算机就可以与热点主机实现点对点连接并进行数据通信。

2.3　技术准备

2.3.1　Ad-hoc 无线局域网的概念

IEEE 802.11 定义了 Ad-hoc 无线局域网标准，并采用“Ad-hoc 无线局域网”一词来描述自组织对等式多跳无线网络。Ad-hoc 是一个拉丁语词，它的意思是“即兴、临时”。

Ad-hoc 无线局域网不需要有线基础设施支持，所有节点都可以移动且都具有移动终端的功能和报文转发能力。

🕮 有线基础设施指有线传输介质和通信设备。

🕮 在计算机网络中，节点是对网络中的设备的抽象表示。节点即计算机或网络通信设备。

2.3.2　Ad-hoc 无线局域网构成

Ad-hoc 无线局域网有平面结构和分级结构两种构成方式。

1. 平面结构 Ad-hoc 无线局域网

图 2-1 是平面结构 Ad-hoc 无线局域网示意图。

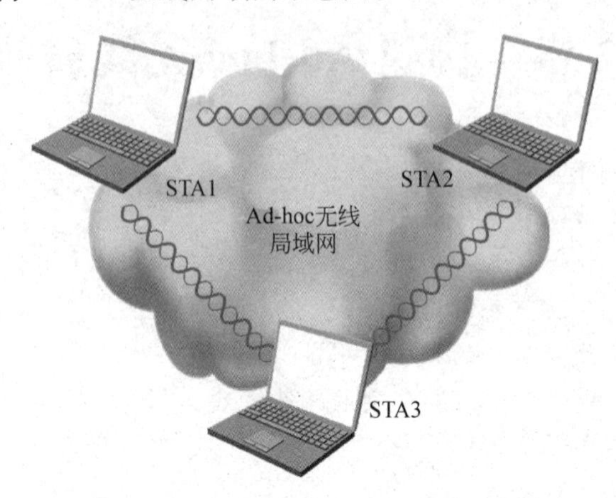

图 2-1　平面结构 Ad-hoc 无线局域网示意图

在网络中,有专用服务器的网络称为客户机/服务器(Client/Server,C/S)模式网络,而无专用服务器的网络称为对等(Peer-to-Peer,P2P)模式网络。

在客户机/服务器模式网络中,服务器提供服务,客户机接受服务。服务器与客户机在作用和地位上不平等。

在对等模式网络中,每一个工作站既可以起客户机的作用,也可以起服务器的作用,它们的作用和地位平等。有线对等模式网络一般采用星状拓扑,任何两个节点之间的通信都要通过中心节点进行。

平面结构 Ad-hoc 无线局域网有如下特征:

(1) 设置一台工作站(STA)为软接入点。

(2) 无服务器,所有节点地位平等。

(3) 节点间的通信都通过软接入点转发。

(4) 所有网络节点收发数据使用相同的电磁波频段。

2. 分级结构 Ad-hoc 无线局域网

图 2-2 是分级结构 Ad-hoc 无线局域网示意图。

1) 分级结构 Ad-hoc 无线局域网的构成方式

分级结构 Ad-hoc 无线局域网的构成方式是:以初级簇(簇是由一个簇头和多个簇成员组成的平面结构)为子网单元,多个初级簇的簇头又形成上级簇,这样直至最高级的簇。

2) 分级结构 Ad-hoc 无线局域网通信关系

在分级结构 Ad-hoc 无线局域网中,节点通过分层的网络协议和分布式算法相互协调,实现网络的自动组织和运行。

在这种网络中,簇内节点间的通信都通过簇头转发。簇头节点负责簇间数据的转发,簇间节点的通信可能要经过多个簇头的转发,即多跳传输。

3) 分级结构 Ad-hoc 无线局域网频率

分级结构 Ad-hoc 无线局域网根据硬件的不同配置,又可以分为单频分级结构和多频分级结构两种。

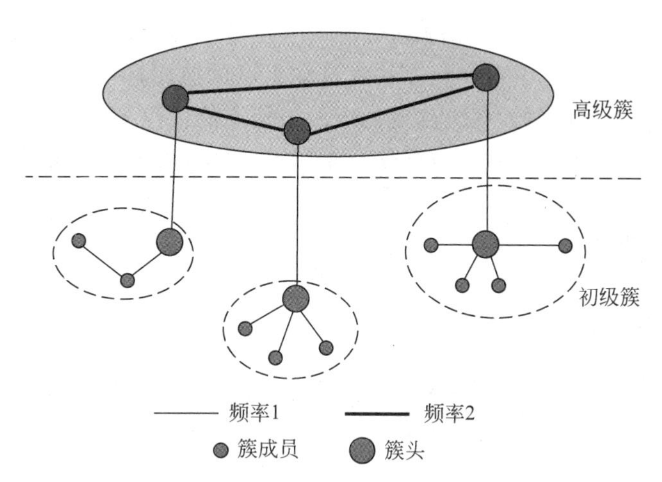

图 2-2　分级结构 Ad-hoc 无线局域网示意图

单频分级结构使用单一频率通信，所有节点使用同一频率；而在多频分级结构中，簇头与簇成员用一个频率通信，用另一个频率来维持与其他簇头之间的通信。

3. 对等式平面结构和分级结构的优缺点

对等式平面结构的优缺点如下：

(1) 优点：网络结构简单，各节点地位平等。

(2) 缺点：网络规模受到限制。

分级结构网络的优缺点如下：

(1) 优点：可扩充性好，规模较大。具有较高的系统吞吐率，节点定位简单。多跳通信时源节点与目的节点间可以有多条路径，不存在网络瓶颈，而且网络较为安全。

(2) 缺点：由于需要复杂的簇头选择算法，当网络规模扩大时，路由维护的开销会呈指数级增长而消耗有限的带宽。

2.3.3　Ad-hoc 无线局域网的特点

Ad-hoc 无线局域网中的簇成员节点具有无线收发、人机接口和数据处理等功能，簇头节点具有无线收发、人机接口、数据处理、报文路由转发和维护网络的拓扑结构等功能。

Ad-hoc 无线局域网在体系结构、网络组织、协议设计等方面具有以下特点：

(1) 无中心。Ad-hoc 无线局域网没有专门的服务控制中心。所有节点的地位平等，即它是一个对等式网络。节点可以随时加入和离开网络，任何节点的故障都不会影响整个网络的运行，具有很强的抗毁性。

(2) 自组织。网络的布设或展开无须依赖于任何预设的网络设施。节点通过分层协议和分布式算法协调各自的行为，节点开机后就可以快速、自动地组成一个独立的网络。

(3) 多跳路由。当节点要与其覆盖范围之外的节点进行通信时，需要中间节点（簇头）的多跳转发。与固定网络的多跳不同，Ad-hoc 无线局域网中的多跳路由是由普通的网络节点完成的，而不是由专用的路由设备（如路由器）完成的。

(4) 动态拓扑。Ad-hoc 无线局域网是一个动态的网络。网络节点可以随处移动，也可以随时开机和关机，这些都会使网络的拓扑结构随时发生变化。

由于Ad-hoc网络的特殊性,它的应用领域与普通的通信网络有着显著的区别。它适用于无法或不便预先铺设网络设施且需快速自动组网的应用环境,例如战场上部队快速展开和推进、地震或水灾后的营救等。这些场合的通信不能依赖于任何预设的网络设施,而需要一种能够临时快速自动组网的无线网络。Ad-hoc无线局域网可以满足这样的要求。

2.4 项目实施

2.4.1 项目设备

本项目需要3台安装了Windows 7系统的计算机和3块Tenda无线网卡(W541U V2.0)。也可以自带安装了无线网卡的笔记本电脑。

2.4.2 项目拓扑

项目拓扑参照图2-1。

2.4.3 项目任务

本项目组建简单的Ad-hoc无线局域网。将其中的一台计算机设置为热点主机(软AP),其余的计算机能连接这个热点,通过这个热点来实现相互通信。这样的网络是单跳通信的。

首先,确定一台安装了无线网卡的计算机作为热点主机。需要在热点主机上设置此网络的SSID、信道和访问密码,设置热点主机无线通信的IP地址。其次,设置其他主机无线通信的IP地址与热点主机在同一子网。

1. 使用netsh命令将计算机设置为热点主机

netsh(network shell)是Windows系统提供的功能强大的网络配置命令。在命令行可以利用netsh命令设置热点主机,建立Ad-hoc无线局域网。

1) 判断计算机是否可以设置为热点主机

在如图2-3所示的命令窗口输入netsh wlan show drivers命令并按回车键,执行结果中的“支持的承载网络:是”即表示可以设置该计算机为热点主机。

2) 设置热点

在如图2-4所示的cmd命令窗口,执行命令netsh wlan set hostednetwork mode=allow ssid=热点名字 key=热点访问密码,其中的mode=allow是启用虚拟WiFi网卡,使用mode=disallow可以禁用虚拟WiFi网卡。

3) 启动承载网络(即启动Ad-hoc无线局域网)

在命令窗口执行命令netsh wlan start hostednetwork,若结果是“已启动承载网络”,如图2-5所示,即启动了Ad-hoc无线局域网。

注意: *系统会保存Ad-hoc无线局域网设置,以后每次开机后只需执行netsh wlan start hostednetwork命令启动Ad-hoc无线局域网即可。*

若需要关闭无线热点,可执行命令netsh wlan stop hostednetwork。

如果此步显示无法启动承载网络,请确认以下两点:

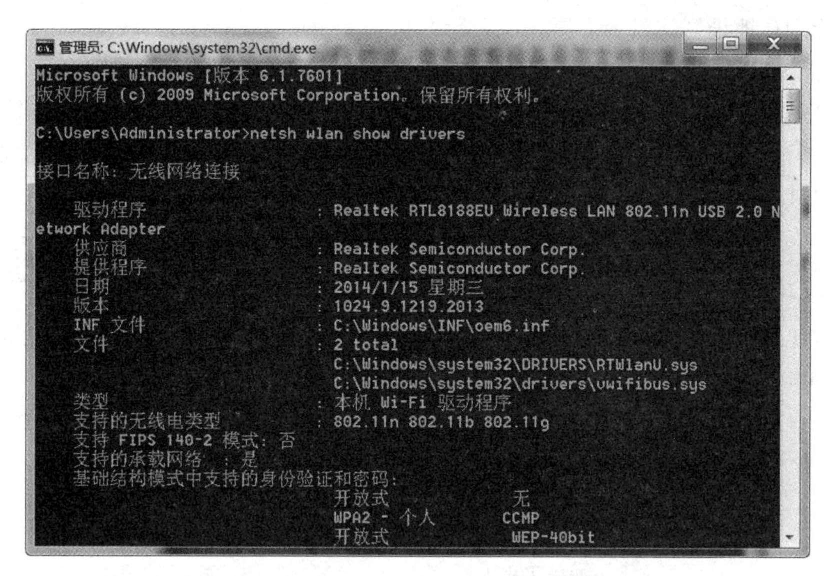

图 2-3　netsh wlan show drivers 命令执行结果

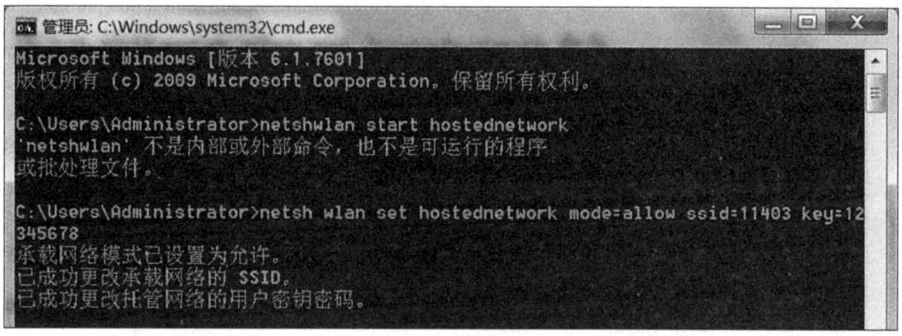

```
管理员: C:\Windows\system32\cmd.exe
Microsoft Windows [版本 6.1.7601]
版权所有 (c) 2009 Microsoft Corporation。保留所有权利。

C:\Users\Administrator>netshwlan start hostednetwork
'netshwlan' 不是内部或外部命令，也不是可运行的程序
或批处理文件。

C:\Users\Administrator>netsh wlan set hostednetwork mode=allow ssid=11403 key=12
345678
承载网络模式已设置为允许。
已成功更改承载网络的 SSID。
已成功更改托管网络的用户密钥密码。
```

图 2-4　执行 netsh wlan set hostednetwork 命令

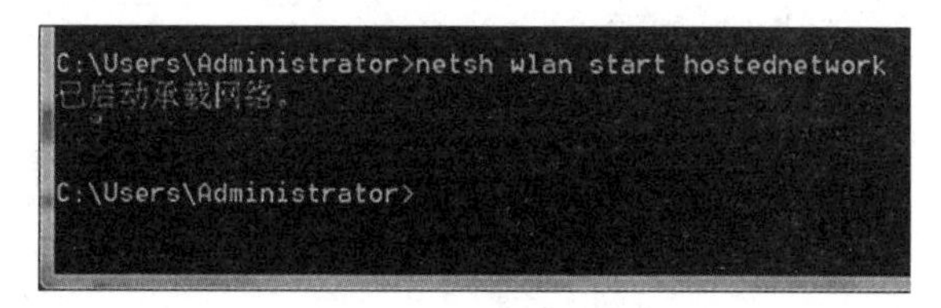

图 2-5　启动承载网络

(1) 查看无线网卡驱动程序的版本。如果版本较低，应更新无线网卡驱动程序。

(2) 查看设备管理器中的“网络适配器”下的 Microsoft Virtual WiFi Miniport Adapter 是否被禁用。如该项被禁用，启用该项即可，如图 2-6 所示。

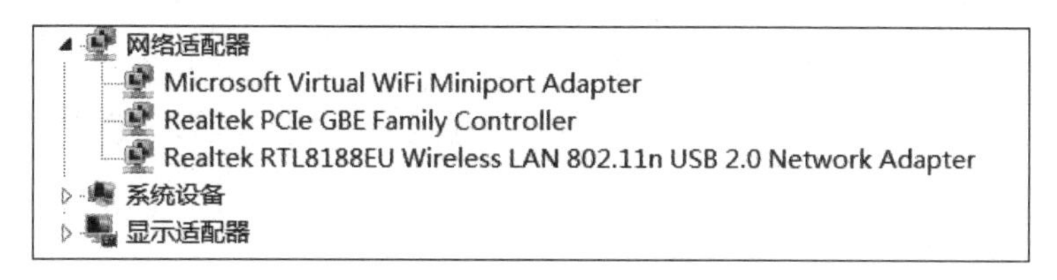

图 2-6　启用 Microsoft Virtual WiFi Miniport Adapter

2. 设置 IP 地址

1) 设置 WiFi 热点主机的 IP 地址

在 WiFi 热点主机的“网络和共享中心”窗口中,找到“无线网络连接 2”,如图 2-7 所示,单击该项,弹出“无线网络连接 2 属性”对话框,注意:这里连接使用的是虚拟无线网卡适配器。选择“Internet 协议版本 4(TCP/IPv4)”复选框,如图 2-8 所示。

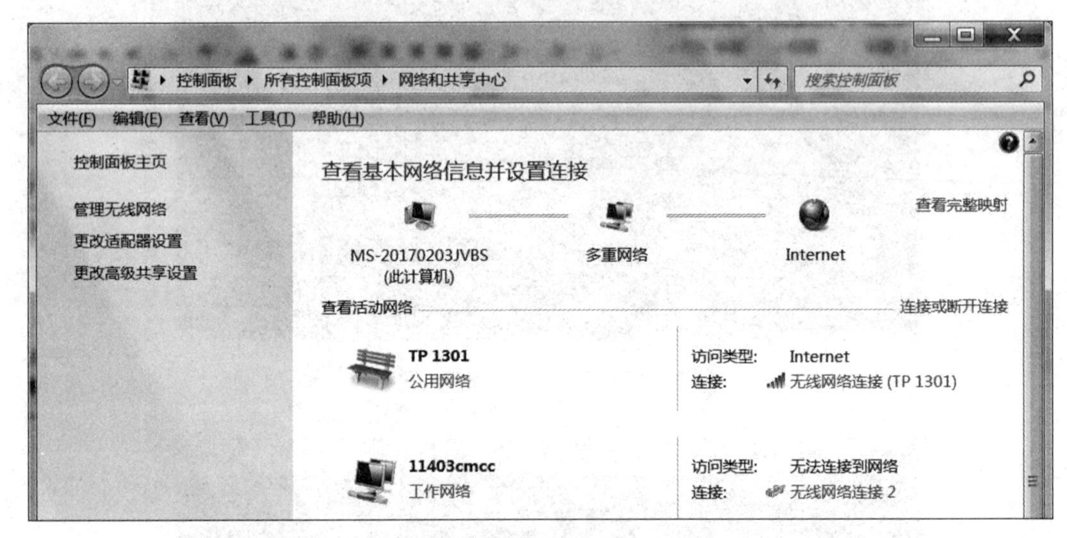

图 2-7 WiFi 热点主机的“网络和共享中心”窗口

图 2-8 选择“Internet 协议版本 4 TCP/IPv4”复选框

配置 WiFi 热点主机的 IP 地址为 192.168.30.1,子网掩码为 255.255.255.0,默认网关和 DNS 服务器地址为 192.168.30.1,如图 2-9 所示。

2) 设置其他工作站计算机的 IP 地址

设置其他工作站计算机的 IP 地址与 WiFi 热点主机在同一网段。设置好 IP 地址后,它们就可以互相连接并通信了。

3. 检测和使用 Ad-hoc 无线局域网

设置好 Ad-hoc 无线局域网后,就可以使用 ping 命令测试网络的连通性,建立共享文件

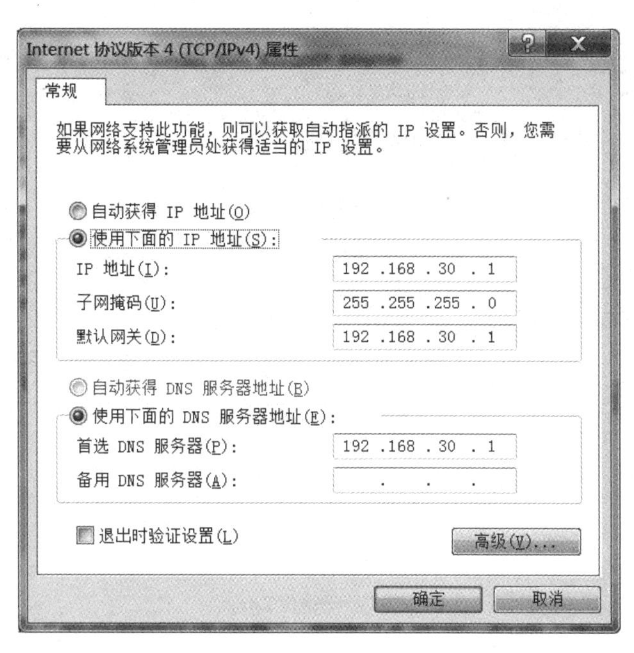

图 2-9　设置软 AP(STA1)的 TCP/IP 属性

夹以传输文件，通过局域网聊天软件“飞秋”聊天。

1) 测试网络的连通性

使用 ping 命令 ping 对方主机的 IP 地址，测试网络的连通性，如图 2-10 所示。

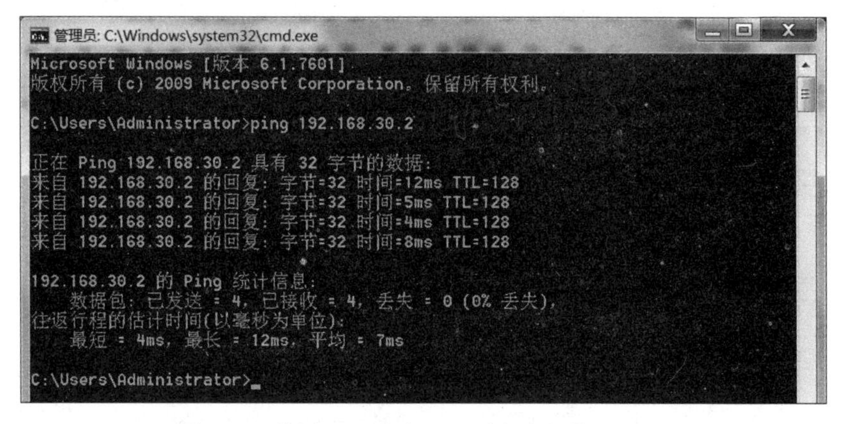

图 2-10　使用 ping 命令 ping 对方主机的 IP 地址

2) 建立共享文件夹传输文件

选择 Ad-hoc 无线局域网中的一台计算机建立共享文件夹，检查能否将共享文件夹中的文件无线传输到网络中的其他计算机上。

(1) 更改高级共享设置。

在“网络和共享中心”窗口中，单击“更改高级共享设置”，如图 2-11 所示，打开“更改高级共享”对话框，对其中的共享选项进行设置，如图 2-12 所示。

(2) 建立共享文件夹。

① 新建一个用于共享的文件夹，如名为 123。将要传输的文件，如局域网聊天软件“飞

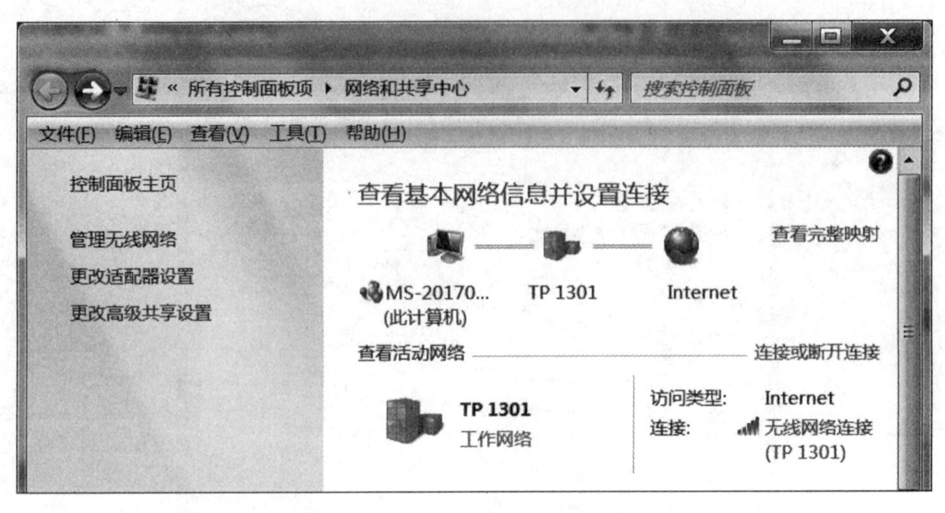

图 2-11 “网络和共享中心”窗口中的“更改高级共享设置”

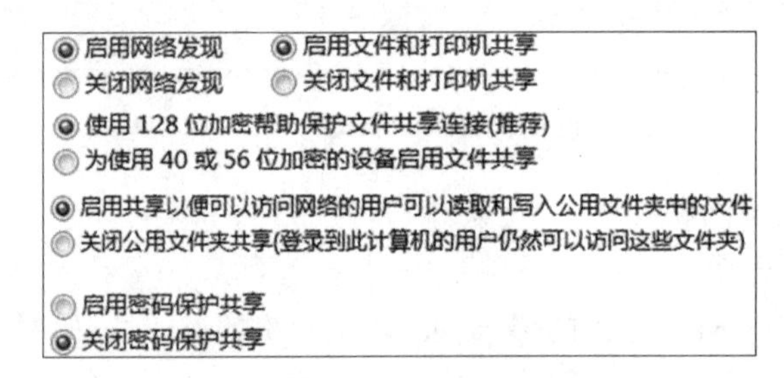

图 2-12 “更改高级共享”对话框中的选项

秋”放入 123 文件夹中。

② 添加能访问共享文件夹的用户。右击 123 文件夹,在弹出的快捷菜单中选择“属性”命令,弹出“123 属性”对话框,选择“共享”选项卡,如图 2-13 所示。

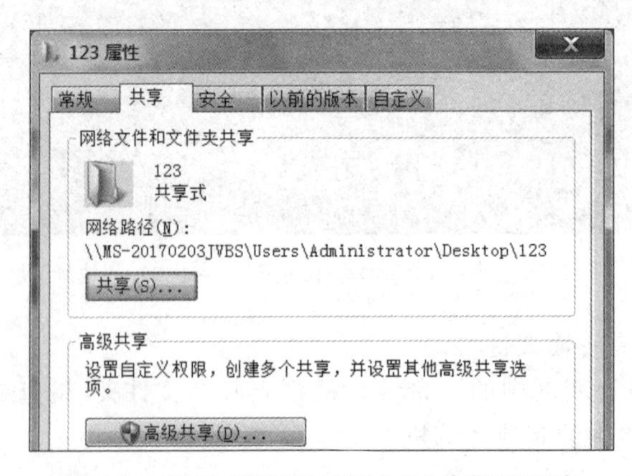

图 2-13 “123 属性”对话框中的“共享”选项卡

单击“共享”按钮,弹出如图 2-14 所示的“文件共享”对话框。选择或输入要共享文件的用户名称,如 Guest(来宾账户),然后单击“添加”按钮。

③ 设置共享名、权限和用户数量限制。单击“123 属性”对话框中的“高级共享”按钮,

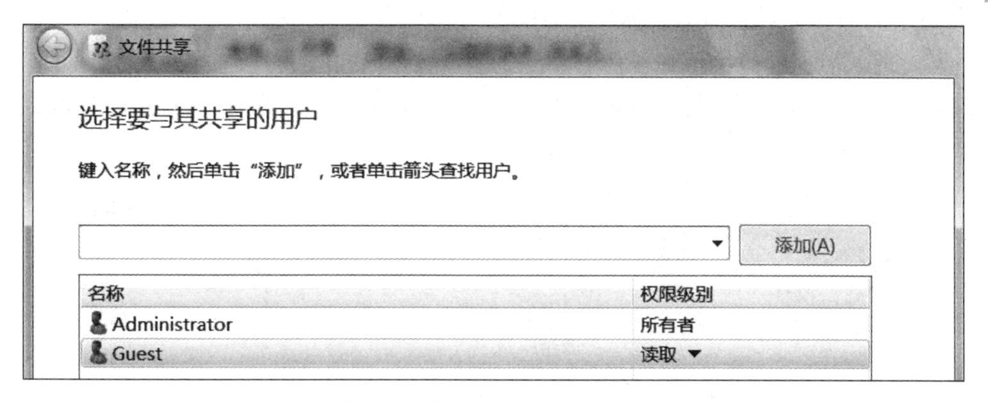

图 2-14　添加 Guest(来宾账户)

弹出如图 2-15 所示的"高级共享"对话框。选中"共享此文件夹"复选框，设置共享名为 123，设置同时共享的用户数量限制为 20。

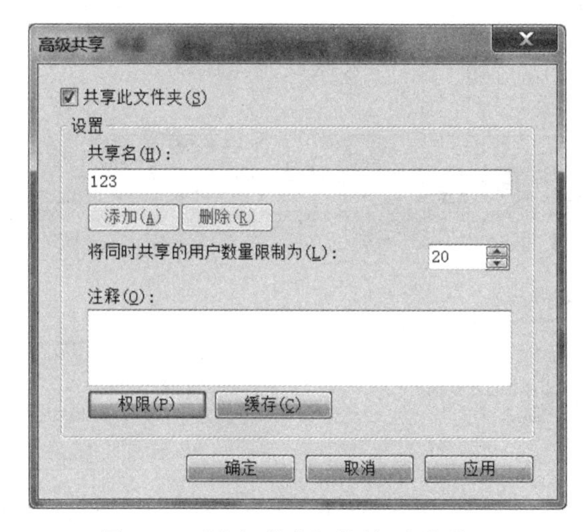

图 2-15　"高级共享"对话框中的设置

④ 设置访问共享文件的权限。单击"权限"按钮，弹出如图 2-16 所示的"123 的权限"对话框。其中显示了默认的组或用户名 Everyone 及读取权限，单击"确定"按钮即可。

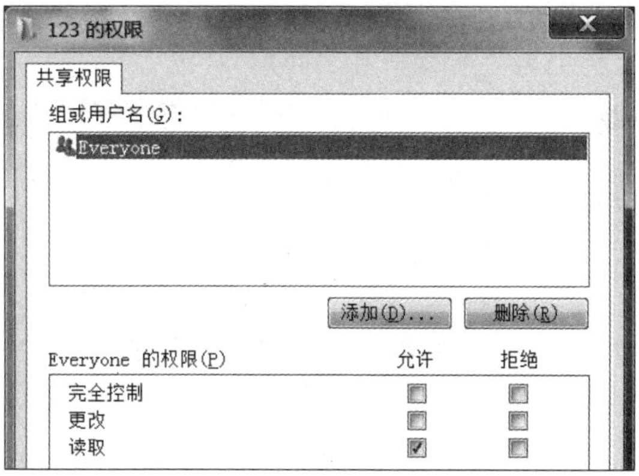

图 2-16　"123 的权限"对话框

3) 从其他计算机访问共享文件

(1) 启用 Guest 账户。在其他计算机上要首先启用 Guest 账户。进入“控制面板”,打开“用户账户”窗口,单击“管理其他账户”,如图 2-17 所示。在弹出的窗口中显示“Guest 来宾账户没有启用”,如图 2-18 所示,双击 Guest 将其启用。

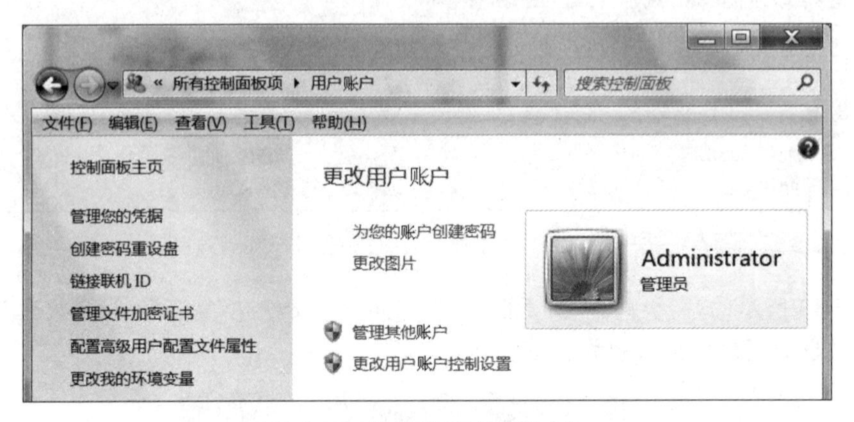

图 2-17　选择“管理其他账户”

图 2-18　启用 Guest 账户

(2) 查看共享文件夹和共享传输。在“运行”对话框中输入共享文件夹所在计算机的 IP 地址(注意:前面要加上\\符号),如图 2-19 所示,就可以在自己的计算机上显示对方计算机的共享文件夹,从而可以将共享文件夹中的文件复制到自己的计算机上,实现共享传输。

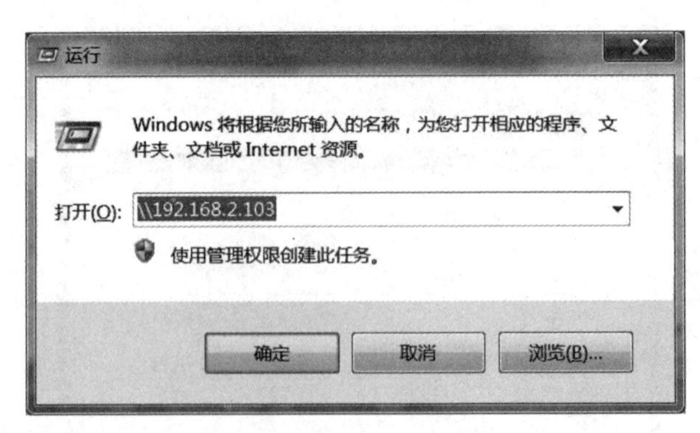

图 2-19　在“运行”对话框中输入共享文件夹所在计算机的 IP 地址

(3) 使用局域网聊天软件“飞秋”，实现无线局域网中的各计算机之间聊天和文件传输。

① 从共享文件夹 123 中复制局域网聊天软件“飞秋”到自己的计算机上。

② 运行“飞秋”，在“飞秋”中聊天和发送文件，如图 2-20 所示。

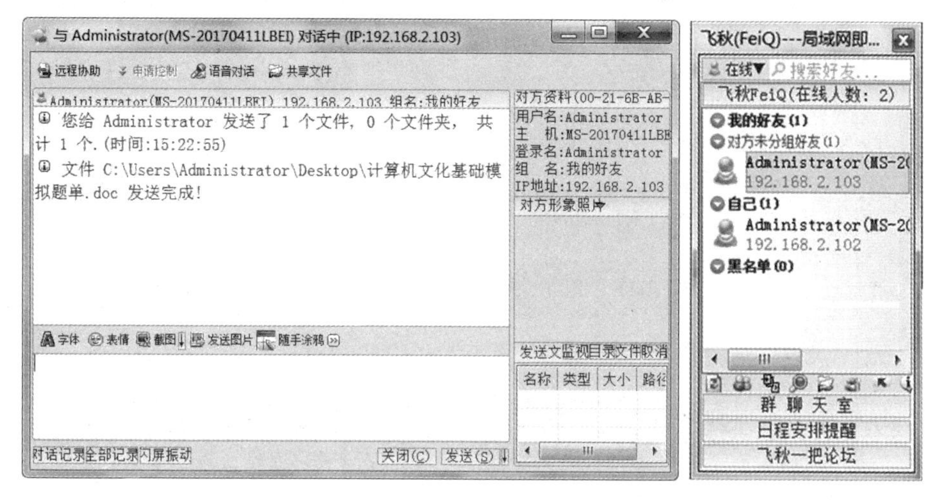

图 2-20　使用局域网聊天软件“飞秋”

4. 设置 WiFi 热点主机 Interent 连接共享

1) 将 WiFi 热点主机连接到 Internet

在“网络和共享中心”窗口中，选择“设置新的连接或网络”，如图 2-21 所示。

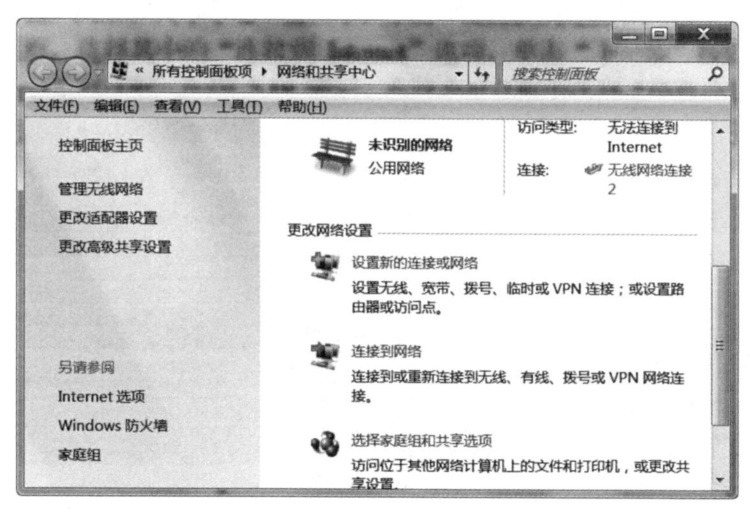

图 2-21　选择“设置新的连接或网络”

打开“选择一个连接”对话框，选择其中的“连接到 Internet”选项，单击“下一步”按钮，弹出“您已经连接到 Internet”对话框，如图 2-22 所示。

在这个对话框中选择“仍要设置新连接”，在弹出的“您想如何连接?”对话框中，选择一种连接方式，连接到 Internet。这里通过 TP 1301 无线网络连接到 Internet，如图 2-23 所示。

2) 设置 Internet 连接共享

选择“更改适配器设置”，打开“网络连接”对话框，如图 2-24 所示。

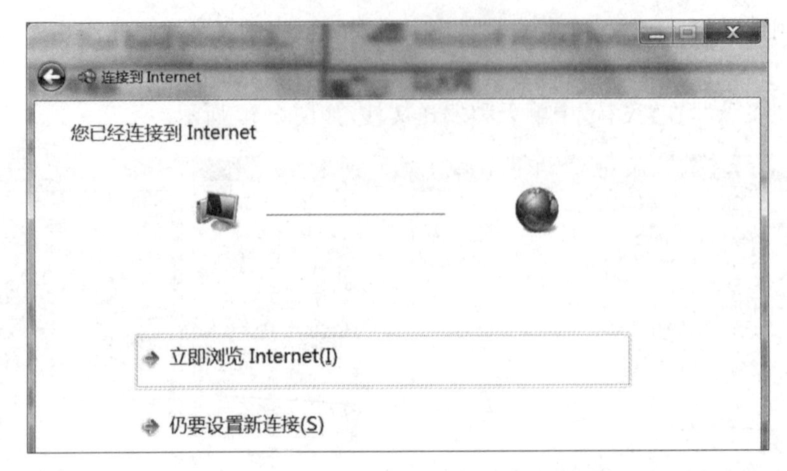

图 2-22 “您已连接到 Internet”对话框

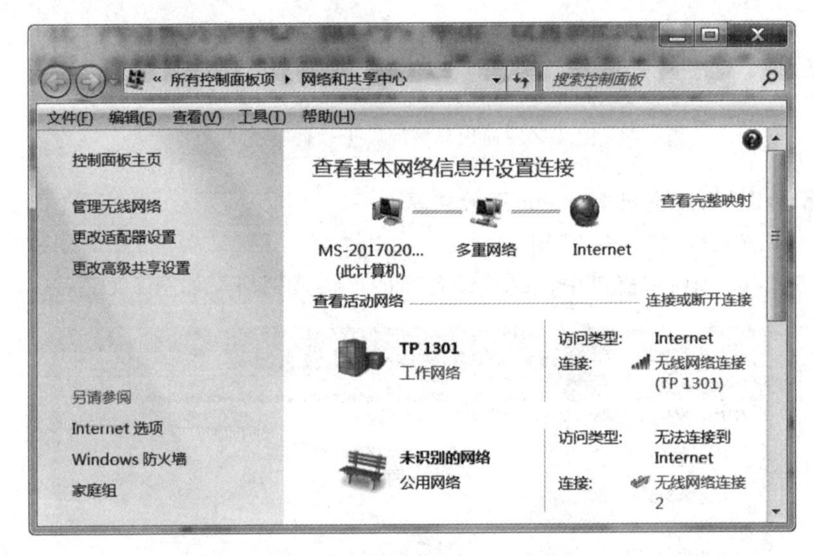

图 2-23 已连接到 Internet

图 2-24 “网络连接”对话框

在“无线网络连接 属性”对话框的“共享”选项卡中,选中“允许其他网络用户通过此计算机的 Internet 连接来连接”复选框。在“家庭网络连接”下拉列表中选择“无线网络连接2”,即 WiFi 热点无线局域网(也就是 Ad-hoc 无线局域网),如图 2-25 所示。

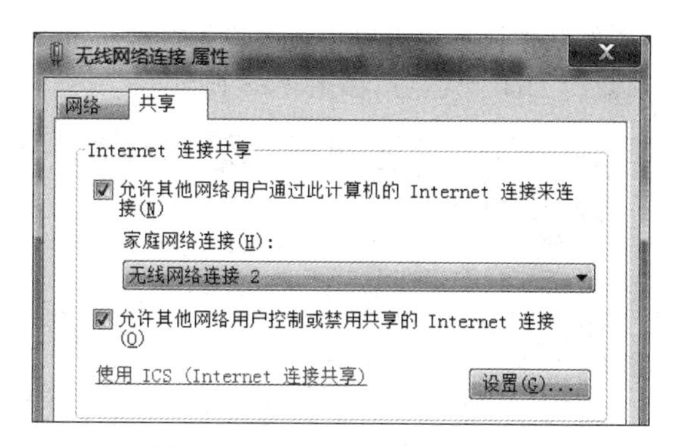

图 2-25　设置 Internet 连接共享

3）WiFi 热点主机虚拟无线网卡的 IP 地址

上面的设置完成后，单击“确定”按钮，将弹出如图 2-26 所示的对话框，单击“是”按钮。这时 WiFi 热点主机虚拟无线网卡 IP 地址已自动更改，如图 2-27 所示。此时，WiFi 热点主机即可为其他计算机提供 DHCP 服务。

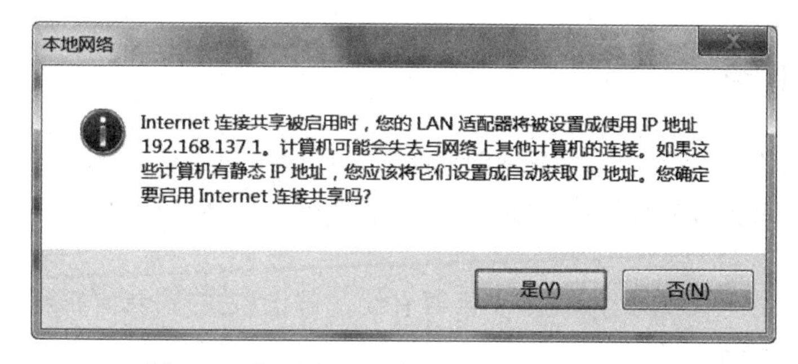

图 2-26　提示虚拟无线网卡 IP 地址将被更改

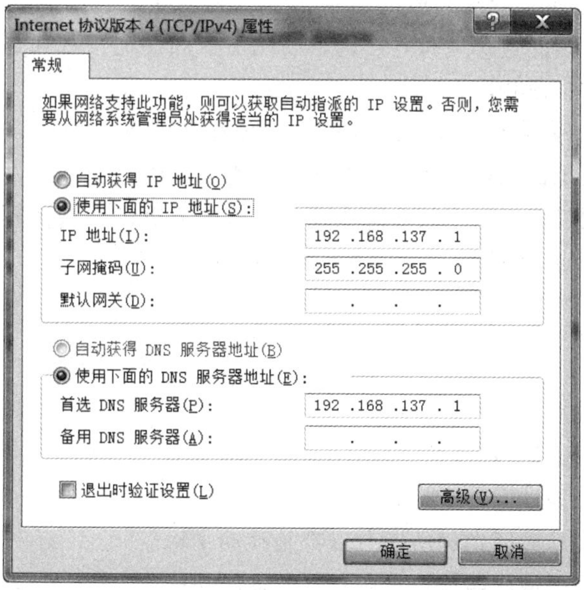

图 2-27　WiFi 热点主机虚拟无线网卡 IP 地址已自动更改

Ad-hoc无线局域网中的其他计算机需要重新设置为自动获得IP地址。当它们连接到Ad-hoc无线局域网时,将获得DHCP服务,如图2-28所示。

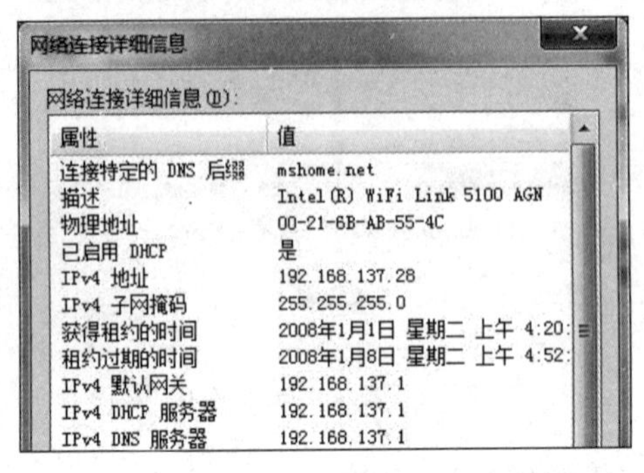

图2-28 其他计算机获得DHCP服务

4) 其他计算机连接Internet

在其他计算机上连接Internet,打开自己需要的网页。

2.5 本章小结

本章主要介绍Ad-hoc无线局域网的概念、特点、应用和构建。

(1) Ad-hoc无线局域网节点的特点:所有节点都可以移动,并具有移动终端功能和报文转发能力。

(2) Ad-hoc无线局域网的特点:不需要有线基础设施支持,具有自组织、对等式、多跳传输、动态拓扑的特点。

(3) Ad-hoc无线局域网有平面结构和分级结构两种构成方式。

(4) 平面结构Ad-hoc无线局域网规模较小,无服务中心,所有节点地位平等(即不存在专门的服务器节点),因此也称为对等结构。终端节点间的通信都通过软接入点转发,各节点收发数据的电磁波频段相同。

(5) 分级结构Ad-hoc无线局域网以簇为子网组成网络。每个簇由一个簇头和多个簇成员组成。每个簇是平面结构。多个簇的簇头构成上级簇。

簇内节点间的通信都通过本簇的簇头转发。簇间数据的转发由相应的簇头负责,簇间节点的通信可能要经过多个簇头的转发,即多跳传输。

2.6 强化练习

1. 判断题

(1) Ad-hoc是自组织、对等式、多跳移动通信网络。 ( )

(2) Ad-hoc无线局域网不需要有线基础设施支持。 ( )

(3) Ad-hoc无线局域网中的所有节点都是移动主机。 ( )

(4) Ad-hoc无线局域网的节点具有数据收发的功能。 ( )

(5) Ad-hoc无线局域网有一个专门的服务控制中心。 ( )

(6) Ad-hoc 无线局域网的节点开机后就可以快速、自动地形成网络。　(　　)
(7) Ad-hoc 无线局域网是一个动态的网络，网络节点可以移动。　(　　)
(8) Ad-hoc 无线局域网有平面结构和分级结构两种构成方式。　(　　)
(9) 在平面结构中，所有节点地位平等。　(　　)

2. 选择题

(1) 以下关于 Ad-hoc 无线局域网的叙述中错误的是(　　)。
A. 这种网络需要有线介质　　B. 网络节点需要有线网卡
C. 网络节点需要无线网卡　　D. 簇头节点间采用有线传输

(2) 在 Ad-hoc 无线局域网中(　　)。
A. 需要服务器　　B. 需要一台服务器
C. 至少需要一台服务器　　D. 不需要服务器

(3) Ad-hoc 无线局域网是一个动态拓扑网络，其中(　　)。
A. 簇成员主机位置固定　　B. 簇头主机位置固定
C. 所有主机位置都可以变化　　D. 只有簇头主机位置可以变化

(4) Ad-hoc 无线局域网由(　　)构成。
A. 移动主机　　B. 无线服务器　　C. 通信线缆　　D. 有线设备

(5) 配置平面结构 Ad-hoc 无线局域网时，只需要给其中一台主机配置(　　)。
A. SSID　　B. 静态 IP 地址　　C. 动态 IP 地址　　D. 网关

3. 多选题

(1) 以下选项中属于 Ad-hoc 无线局域网特点的是(　　)。
A. 主机可移动　　B. 自组织　　C. 多跳路由　　D. 动态拓扑

(2) 以下关于分级结构 Ad-hoc 无线局域网的叙述中正确的是(　　)。
A. 以簇为子网组成网络
B. 每个簇由一个簇头和多个簇成员组成
C. 多个初级簇的簇头构成上级簇
D. 簇间数据的转发由簇头负责

(3) 以下关于构建简单 Ad-hoc 无线局域网的叙述中正确的是(　　)。
A. 将其中的一台计算机设置为 WiFi 热点(软 AP)
B. 在热点主机上设置此网络的 SSID、信道和访问密码
C. 设置热点主机无线通信 IP 地址
D. 设置其他主机 IP 地址与热点主机在同一子网

(4) 以下关于 Ad-hoc 无线局域网 WiFi 热点主机的叙述中正确的是(　　)。
A. 它是软终端　　B. 它是软 AP
C. 工作站通过它接入 Internet　　D. 工作站之间的通信不通过它转发

第3章　构建SOHO无线局域网

本章的学习目标如下：

- 了解IEEE 802.11标准及其发展和补充更新。
- 掌握无线局域网电磁波频段及信道。
- 掌握基础设施WLAN。
- 了解IEEE 802.11的逻辑结构。
- 了解IEEE 802.11物理层的主要技术。
- 了解IEEE 802.11数据链路层的主要技术。
- 掌握无线路由器的功能及配置方法。
- 掌握用无线路由器构建SOHO无线局域网的主要技术。

3.1　项目导引

SOHO(Small Office Home Office)是小型办公室和家庭办公室的意思。小王在一个小公司担任兼职网络管理员。公司最近租用了一个新房间作为小会议室，这个房间只有两个有线网络接口和一个电话接口。为了使大家开会时的交流和信息的互通更为方便，公司希望在会议室能让10台左右的计算机上网。小王考虑到以下情况：如果用有线上网，需要在会议室穿墙凿洞，重新布线，这样会破坏室内装修；另外，构建有线网络需要购置交换机、缆线、线管、线槽、网络插座等，并且需要一定的施工时间，有线网络建设的成本较高。因此，他建议在会议室构建SOHO无线局域网，只需要购置一台无线路由器，在计算机上安装无线网卡，就可以实现无线上网。公司接受了小王的建议，在会议室很快构建了SOHO无线局域网，受到大家的欢迎。

3.2　项目分析

构建SOHO无线局域网方便快捷，而且部署灵活，能满足小型办公区域用户或家庭用户上网的需要。无线路由器是SOHO无线局域网的核心设备，它起到把SOHO无线局域网和有线网络互联的作用，使用户可以接入互联网，获取网络资源。构建SOHO无线局域网的关键是正确选购和配置无线路由器。

3.3　技术准备

3.3.1　IEEE 802.11系列标准

IEEE 802.11系列标准是用来实现无线局域网通信的一套介质访问控制(MAC)和物

理层(PHY)规范。

国际电气和电子工程师协会在 1990 年成立 IEEE 802.11 工作组,1993 年形成基础协议,1997 年完成 IEEE 802.11 标准的制定工作,并公布了第一个正式版本。此后,IEEE 802.11 标准一直在不断发展和补充更新,形成了 IEEE 802.11 系列标准。表 3-1 列出的是 IEEE 802.11 系列的主要标准。

表 3-1　IEEE 802.11 系列的主要标准

标准编号	发布年份	简 要 说 明
IEEE 802.11	1997	原始标准(最高传输速率 2Mb/s,使用 2.4GHz 频段的电磁波)
IEEE 802.11a	1999	物理层补充(最高传输速率 54Mb/s,使用 5GHz 频段的电磁波)
IEEE 802.11b	1999	物理层补充(最高传输速率 11Mb/s,使用 2.4GHz 频段的电磁波)
IEEE 802.11c	2000	IEEE 802.11 网络和普通以太网之间的互通
IEEE 802.11e	2005	对服务质量(Quality of Service, QoS)的支持
IEEE 802.11F	2003	基站的互操作性(Interoperability)
IEEE 802.11g	2003	物理层补充规范(最高传输速率 54Mb/s,使用 2.4GHz 频段的电磁波)
IEEE 802.11h	2003	增强 5GHz 频段的 MAC 规范及高速物理层规范
IEEE 802.11i	2004	增强 WLAN 的安全和鉴别机制
IEEE 802.11n	2009	使用 MIMO 技术的高吞吐量规范(数据传输速率达到 600Mb/s,使用 2.4GHz 频段和 5GHz 频段的电磁波)
IEEE 802.11ac	2012	物理层补充(1×1 MIMO,数据传输速率达到 450Mb/s,使用 5GHz 频段的电磁波)

🕮 IEEE 802.11ac 是在 IEEE 802.11a 标准基础上建立起来的。IEEE 802.11ac 每个通道的工作频宽由 IEEE 802.11n 的 40MHz 提升到 80MHz 甚至 160MHz,理论传输速率将由 IEEE 802.11n 的最高 600Mb/s 跃升至 1Gb/s,以及至少 450Mb/s 的最大单链路吞吐量。

🕮 WiFi 联盟把 WiFi 设备定义为任何基于 IEEE 802.11 标准的无线局域网产品。WiFi 是一种允许多个电子装置使用无线电波以无线方式交换数据或连接互联网的技术。

3.3.2　基础设施 WLAN

1. 基础设施 WLAN 的拓扑结构

IEEE 802.11 无线局域网包含两种拓扑结构,一种是类似于对等网的 Ad-hoc 模式(已在第 2 章介绍),另一种则是基础设施(infrastructure)模式。

基础设施 WLAN 由一个无线接入点(AP)和若干工作站(STA)构成,如图 3-1 所示。

基础设施 WLAN 是集中式结构,其中无线 AP 相当于有线网络中的交换机,具有集中连接无线节点和交换数据的作用。

工作站是指配置了支持 IEEE 802.11 协议的无线网卡的计算机,也称为无线终端。工作站之间通过无线 AP 通信。无线 AP 通常都提供一个以太网接口,用于与有线网络设备连接,如连接以太网交换机。基础设施 WLAN 可以独立存在,也可以与有线局域网互联。

2. 基本服务集

在基础设施 WLAN 中,通常把 AP 通信覆盖区域称为基本服务区(Basic Service Area,BSA)。一个 BSA 内相互通信的 AP 和工作站组成了基本服务集(Basic Service Set,BSS)。图 3-2 是由 3 个工作站和一个 AP 组成的一个 BSS。

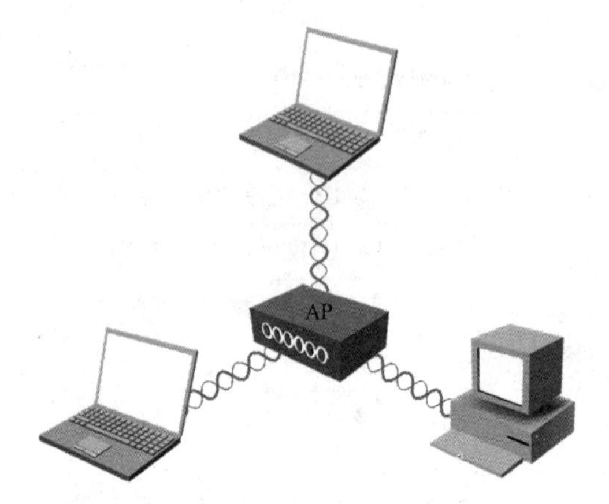

图 3-1 基础设施 WLAN 的拓扑结构

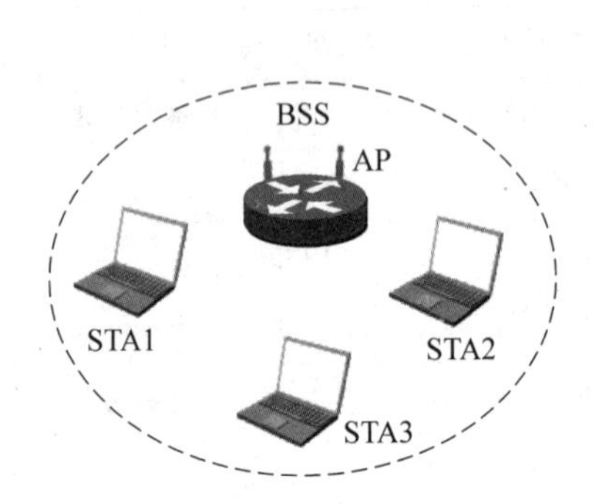

图 3-2 基本服务集

3. 扩展服务集

分布式系统(Distributed System,DS)是指一个工作站如何接入 Internet、文件服务器、打印机以及有线网络中的任何可用资源。当一个以上的 AP 连接到公共分布式系统上时,这些 AP 的无线信号覆盖范围被称为扩展服务区(Extended Service Area,ESA)。

如果 WLAN 的规模已经大到需要两个或多个 AP,可以通过分布式系统互联的属于同一 ESA 的所有主机组成一个扩展服务集(Extended Service Set,ESS)。

ESS 是一个含有两个或多个 AP 的 WLAN,即它是含有两个或多个 BSS 的 WLAN,工作站可以在 ESS 内移动漫游,如图 3-3 所示。

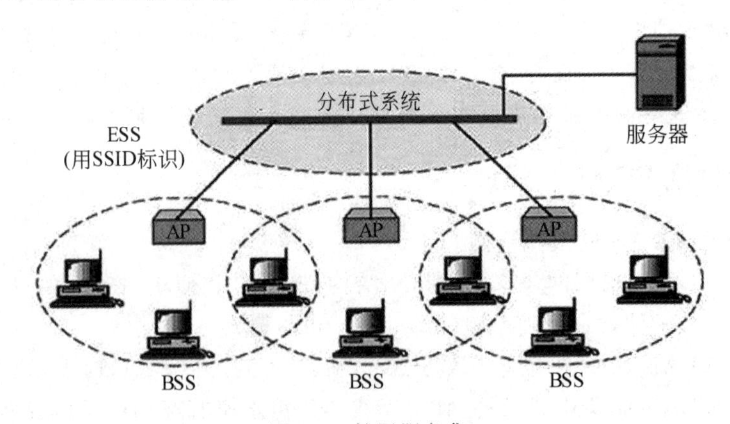

图 3-3 扩展服务集

4. 基础设施 WLAN 的特点

基础设施在网络扩展、集中管理、用户身份验证等方面有优势,另外,其数据传输性能也明显高于 Ad-hoc 模式。在基础设施 WLAN 中,由于工作站之间的通信必须通过 AP 转发,因此 AP 的故障将导致整个网络瘫痪。

在基础设施 WLAN 中，AP 和工作站可以针对具体的网络信号强弱调整传输速率，如 11Mb/s 的 IEEE 802.11b 的传输速率还可以调整为 1Mb/s、2Mb/s 和 5.5Mb/s。

5. 基础设施 WLAN 的标识

1）服务集标识符

服务集标识符（Service Set Identifier，SSID）通常表示基础设施 WLAN 的名称。SSID 由字母、数字组成，字母区分大小写。在 BSS 内，工作站用户通过 SSID 寻求与 AP 建立连接。

2）扩展服务集标识符

扩展服务集标识符（Extended Service Set Identifier，ESSID）是 SSID 的一种扩展形式，专用于 ESS。同一个 ESS 内的所有工作站和 AP 都必须配置相同的 ESSID。

3）基本服务集标识符

基本服务集标识符（Basic Service Set Identifier，BSSID）是用基本服务集中 AP 的 MAC 地址来标识的，对于每一个 AP 而言，它是唯一的。

企业级 AP 可以支持多 SSID 和多 BSSID，它们在逻辑上把一个 AP 分成多个虚拟的 AP，但它们工作在同一个 AP 上。网络管理人员可以为不同的 SSID 分配不同的策略和功能，以增强网络结构的灵活性。

3.3.3　WLAN 使用的电磁波频段及信道

1. 电磁波

在空间传播的交变电磁场就是电磁波。电磁波能够在真空环境中传播，其速度约为 3×10^6km/s。电磁波在介质中传播时会产生衰减。

无线电波、微波、红外线、可见光、紫外线、X 射线、γ 射线都是电磁波，它们的区别仅在于频率或波长范围的不同。可见光波的频率比无线电波的频率高很多，可见光波的波长比无线电波的波长小很多；而 X 射线和 γ 射线的频率则更高，波长则更短。图 3-4 是电磁波谱。

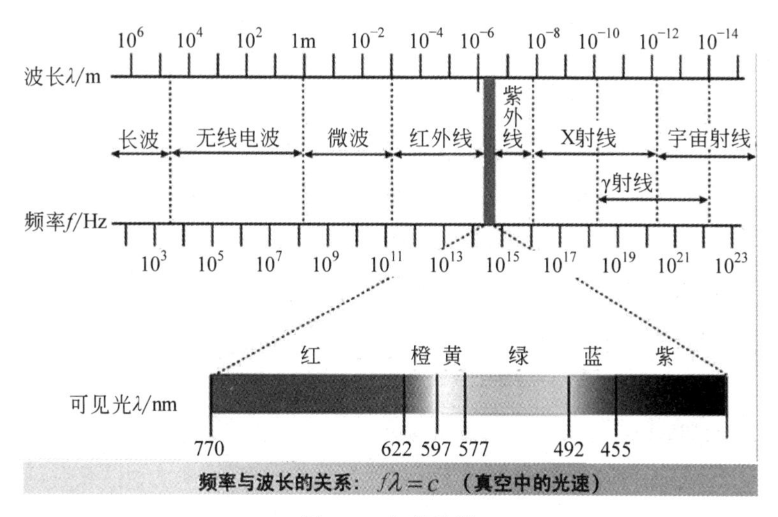

图 3-4　电磁波谱

光纤传输通常使用波长为 850nm、1310nm 和 1550nm 的光信号，对照电磁波谱看，它们都是红外线，是不可见光。无线网络中使用的电磁波有 2.4GHz 和 5GHz 两个频段，对照电磁波谱,从波长角度看,它们都是微波。

2. ISM 频段

1) ISM 频段

ISM 是 Industrial(工业的)、Scientific(科学的)和 Medical(医疗的)这 3 个英文单词的第一个字母的组合。ISM 频段是国际电信联盟无线电通信委员会(International Telecommunications Union-Radio Communications Sector,ITU-R)定义的电磁波频段,主要开放给工业、科学、医疗三大领域使用。ISM 频段无须许可证,免费使用。使用 ISM 频段的无线设备需要符合一定的发射功率标准(一般小于 1W),不能对工作在其他频段的设备造成电磁干扰。

ISM 频段在各国的规定并不统一。例如,在美国有 3 个频段:902~928MHz 频段用于工业,2400~2483.5MHz 频段用于科学,5150~5825MHz 频段用于医疗。在欧洲 900MHz 频段有一部分是用于 GSM 通信的。2.4GHz 频段为各国共同的 ISM 频段,因此无线局域网、蓝牙、ZigBee 等无线网络均可工作在 2.4GHz 频段内。

2) 信道

人们通常把传输数据信号的电磁波频段划分成一定数量的、带宽相同的小频段,并称其为信道(或频道)。信道用数字标记。

IEEE 802.11g 标准的 2.4GHz 频段划分为 14 个信道,各个信道带宽为 22MHz。各国使用 2.4GHz 频段的信道数量是不一样的,美国和加拿大使用 11 个信道,我国及欧洲各国使用 13 个信道,如表 3-2 所示。

表 3-2 2.4GHz 频段信道划分及一些国家使用信道的数量

信道	信道低/高端频率/MHz	信道中心频率/MHz	北美	欧洲	中国
1	2401/2423	2412	√	√	√
2	2406/2428	2417	√	√	√
3	2411/2433	2422	√	√	√
4	2416/2438	2427	√	√	√
5	2421/2443	2432	√	√	√
6	2426/2448	2437	√	√	√
7	2431/2453	2442	√	√	√
8	2436/2458	2447	√	√	√
9	2441/2463	2452	√	√	√
10	2446/2468	2457	√	√	√
11	2451/2473	2462	√	√	√
12	2456/2478	2467	×	√	√
13	2461/2483	2472	×	√	√
14	2466/2488	2477	×	×	×

为减小同频干扰,有效地使用 2.4GHz 频段,对于邻近的 WLAN,应该使用频率互不重

叠的信道组中的信道。

如图 3-5 所示，一个 WLAN 可选 13 个信道中的任意一个；两个邻近的 WLAN 可选的频率互不重叠的信道组有 36 个，如 1 和 6、1 和 11、2 和 7、2 和 12 等；3 个邻近的 WLAN 可选的频率互不重叠的信道组有 3 个，即 1、6、11 信道组，2、7、12 信道组，3、8、13 信道组。

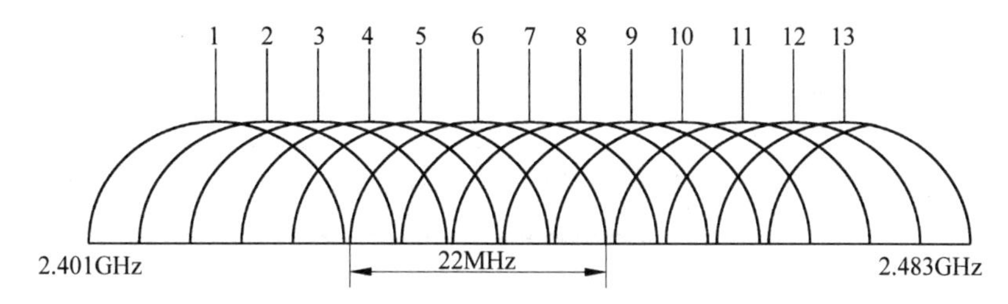

图 3-5　2.4GHz 频段信道间频率重叠情况

对于多个 AP 的区域，各个 AP 要合理选择信道，充分使用不重叠信道组的信道，减少同频干扰。图 3-6 是多个 AP 的信道选择。

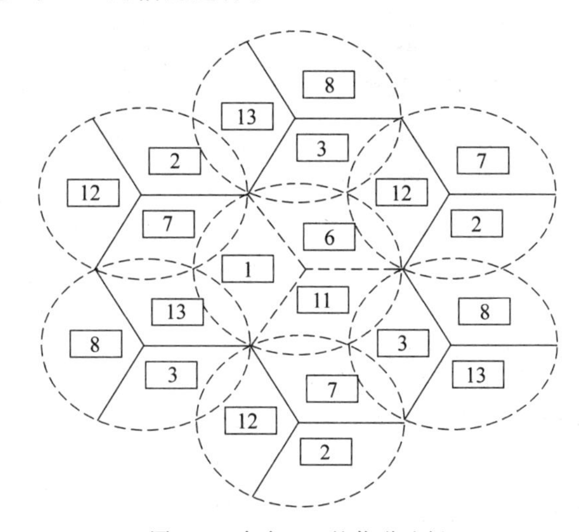

图 3-6　多个 AP 的信道选择

3. UNII 频段

无需许可证的国家信息基础设施（Unlicensed National Information Infrastructure，UNII）电磁波频段范围是 5.150～5.825GHz，通常称为 5GHz 频段。UNII 频段免费、免许可证使用，主要用于无线联网，也可以用于其他方面，如宽带多媒体广播。美国将 UNII 频段划分为 12 个信道，欧洲将 UNII 频段划分为 19 个信道，如图 3-7 所示。

我国 WLAN 使用的 5.735～5.835GHz 频段常称为 5.8GHz 频段，划分了 5 个信道，各个信道带宽为 20MHz，如表 3-3 所示。

表 3-3　WLAN 5.8GHz 频段的信道划分

信道	信道中心频率/GHz	信道低/高端频率/GHz
149	5.745	5.735/5.755
153	5.765	5.755/5.775

续表

信道	信道中心频率/GHz	信道低/高端频率/GHz
157	5.785	5.775/5.795
161	5.805	5.795/5.815
165	5.825	5.815/5.835

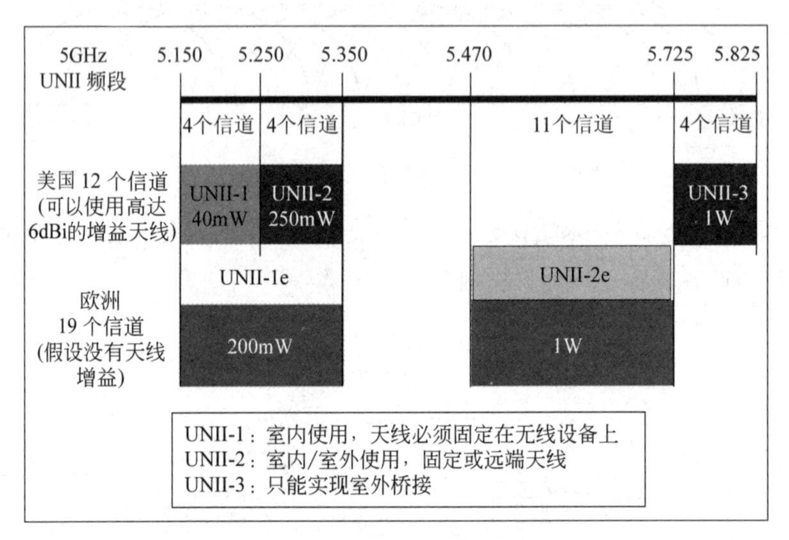

图 3-7　UNII 频段的划分

3.3.4　IEEE 802.11 的逻辑结构

IEEE 802.11 的逻辑结构分为物理层和数据链路层，如图 3-8 所示。

<table>
<tr><td rowspan="2">数据链路层</td><td>逻辑链路控制子层</td><td></td><td rowspan="4">站点管理</td></tr>
<tr><td>介质访问控制子层</td><td>介质访问控制管理</td></tr>
<tr><td rowspan="2">物理层</td><td>物理汇聚子层</td><td rowspan="2">物理层管理</td></tr>
<tr><td>物理介质相关子层</td></tr>
</table>

图 3-8　IEEE 802.11 的逻辑结构

1. 物理层

IEEE 802.11 的物理层由物理汇聚子层(PLCP)、物理介质相关子层(PMD)和物理层管理(PHY Management)构成。

(1) 物理汇聚子层主要进行载波侦听和对不同物理层形成不同格式的分组。

(2) 物理介质相关子层识别介质传输信号使用的调制与编码技术。

(3) 物理层管理进行信道选择。

2. 数据链路层

IEEE 802.11 的数据链路层由逻辑链路控制(LLC)子层、介质访问控制(MAC)子层和介质访问控制管理(MAC Management)构成。

(1) 逻辑链路控制子层负责建立和释放逻辑连接、提供高层接口、差错控制、为帧添加序号等。

(2) 介质访问控制子层定义了访问机制和数据帧格式,主要控制节点获取信道的访问权。

(3) 介质访问控制管理负责越区切换、功率管理等。

站点管理(Station Management)负责协调物理层和介质访问控制子层的交互。

IEEE 802.11 的数据链路层使用与以太网(IEEE 802.3)完全相同的逻辑链路控制子层以及 48 位 MAC 地址,使得无线网络和有线网络之间能非常方便地连接。

3.3.5 IEEE 802.11 物理层主要技术

IEEE 802.11 物理层技术主要涉及传输介质、频率选择和调制技术。早期使用的传输技术有跳频扩频(Frequency Hopping Spread Spectrum,FHSS)技术、直接序列扩频(Direct Sequence Spectrum,DSSS)技术和红外传输技术。

现代 IEEE 802.11 物理层广泛采用正交频分复用(Orthogonal Frequency Division Multiplexing,OFDM)技术和多入多出(Multiple-Input Multiple-Output,MIMO)技术。

1. 正交频分复用技术

在通信系统中,信道所能提供的带宽通常比传送一路信号所需的带宽要大得多。如果一个信道只传送一路信号是非常浪费的,为了能够充分利用信道的带宽,就可以采用频分复用的方法。

OFDM 技术的主要思想是:将信道划分成多个正交子信道,各子信道的频率可以相互重叠,每个子信道上进行窄带调制和低速传输,在接收端再将多路并行子信道信号复用为一路宽带信号。OFDM 技术可以大大消除信号波形间的干扰,同时提高频谱效率。

例如,把一个 20MHz 的信道划分成 52 个正交子信道,把要传输的数据信号分解,并使用 52 个子载波分别进行窄带调制,然后使用 52 个正交子信道并行传输,这样就可以将发送的高速数据流转换成并行的低速子数据流,并增强信号抗干扰能力。

📖 正交是指两个子载波频率分量相乘后在一个 OFDM 周期内积分的结果为 0。正交频率是指两个子载波的频率满足这一特别计算结果。

📖 频分复用(Frequency Division Multiplexing,FDM)指在适于某种传输介质的传输频带内,若干个频谱互不重叠的信号并行传输的方式。频分复用要求总频率宽度大于各个子信道频率之和,同时在各子信道之间设立隔离带,以保证各路信号互不干扰。频分复用技术的特点是所有子信道传输的信号以并行的方式工作。

2. 多入多出技术

MIMO 是 IEEE 802.11n 的核心技术。MIMO 技术指在发送端和接收端分别使用多个发送天线和接收天线,使信号通过发送端与接收端的多个天线传送和接收,从而改善通信质量。

图 3-9 是 MIMO 示意图。发送端通过空时映射将要发送的数据信号映射到 M 根天线上发送出去,接收端用 N 根天线接收信号,用 $M \times N$ 表示这种天线配置。IEEE 802.11n 规定了从 1×1 到 4×4 的多种 $M \times N$ 天线配置,支持 1～4 个空间流。

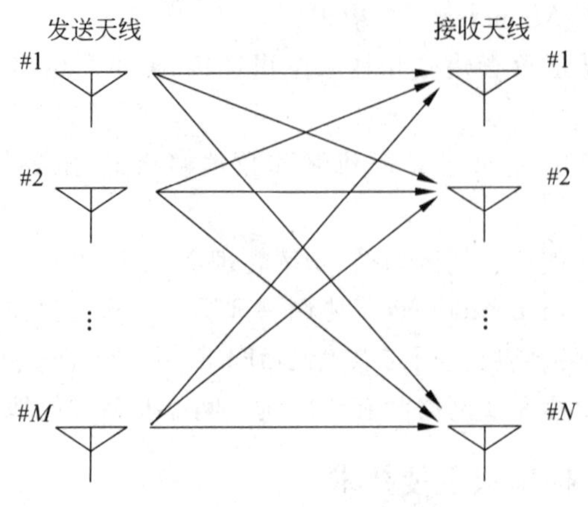

图 3-9　MIMO 示意图

在 MIMO 系统中,收发天线间的数据传输被分成多个独立的空间流。空间流越多,独立传输数据的路数就越多,数据传输速率也越高。例如,在 IEEE 802.11n 中,1 个空间流最高速率可达 150Mb/s,2 个空间流最高速率为 300Mb/s,4 个空间流最高速率为 600Mb/s。又如,在 IEEE 802.11ac 中,1 个空间流最高速率为 433Mb/s,2 个空间流最高速率为 867Mb/s。

3.3.6 IEEE 802.11 数据链路层主要技术

MAC 子层作为数据链路层的构建技术,决定了 IEEE 802.11 的吞吐量、网络延时等特性。MAC 子层为在网络实体之间传送数据、检测及校正物理层可能发生的错误提供了功能手段和程序手段。

1. IEEE 802.11 的介质访问控制

MAC 子层的功能是通过 MAC 帧交换协议来保障无线介质上的可靠数据传输,通过两种访问控制机制实现对共享介质的使用。

(1) 分布式协调功能(Distributed Coordination Function,DCF)。在每一个节点使用 CSMA 机制的分布式接入算法,让各个工作站通过竞争信道来获取数据发送权,向上提供竞争服务。

(2) 集中协调功能(Point Coordination Function,PCF)。使用集中控制的接入算法,用类似于探询的方法把发送数据权轮流交给各个工作站,从而避免了冲突的产生。

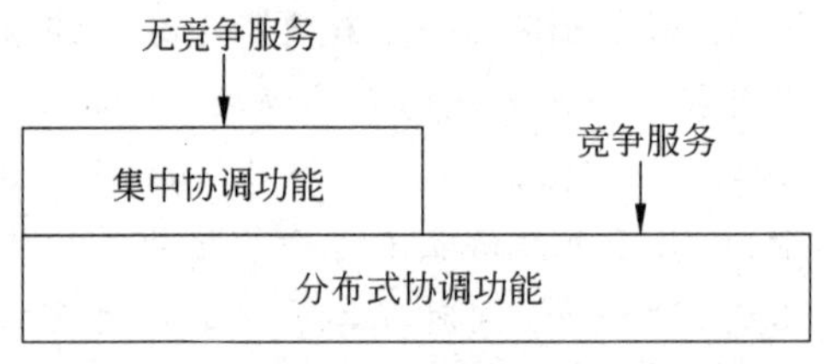

图 3-10　MAC 子层的两种访问控制机制

MAC 子层的两种访问控制机制如图 3-10 所示。

2. IEEE 802.11 的介质访问控制协议

IEEE 802.11 无线局域网的信道(传输介质)为各用户共享(即共同使用)。若两个或多个用户同时使用某信道,称为发生冲突。IEEE 802.11 使用载波监听多路访问/冲突避免(Carrier Sense Multiple Access with Collision Avoidance,CSMA/CA)协议,避免发生信道使用冲突。各个厂商的 WLAN 设备都是基于这个协议的。

CSMA/CA协议的介质访问控制过程如图3-11所示。

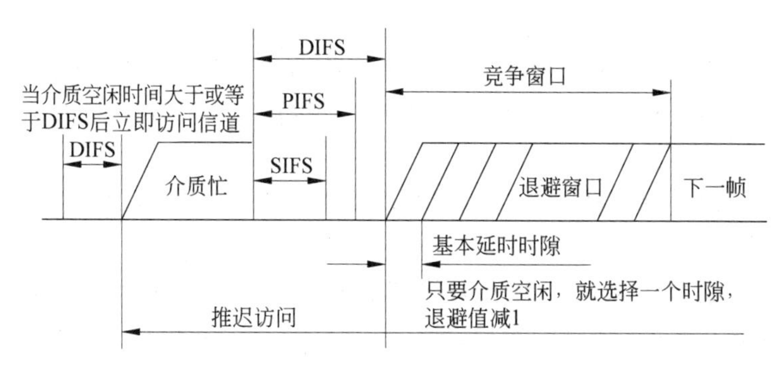

图3-11 CSMA/CA协议的介质访问控制过程

CSMA/CA协议的介质访问控制过程如下：

(1) 主机发送数据前首先侦听这个信道是否空闲。

(2) 若信道忙，则继续侦听；若信道空闲，则开始一个规定的DIFS（主机发送一个IEEE 802.11数据帧的时间）等待。

📖 分布式协调功能帧间间隔(DCF Inter-Frame Spacing, DIFS)用于一般主机发送报文。集中协调功能帧间间隔(PCF Inter-Frame Spacing,PIFS)用于接入点发送报文。短帧间间隔(Short Inter-Frame Spacing,SIFS)用于优先级最高、时间敏感的控制报文。

(3) 若在DIFS内侦听到有用户开始占用信道传输数据，则主机就重新开始一个DIFS等待，并且继续侦听。

(4) 在DIFS过后，开始进入计时状态。若计时过程中信道空闲，则计时完成后，就立即占用信道发送数据。

(5) 如果倒计时过程中有其他用户发送数据，则记录已计时的时间。例如，计时时间规定为10，当用户计时到7的时候侦听到有其他用户传输数据，则自己就要等待其他用户发完数据后，重新开始一个DIFS等待。在DIFS过后，再进入计时状态，接着上一次计时数7计时到10结束，就立即占用信道发送数据。

(6) 不管是单个用户发送数据还是多个用户发送数据，都要经过DIFS等待和计时这两个时间段，在完成计时后立即发送数据。每次只能发送一个数据帧，若还要发送下一个数据帧，必须再次进行退避。

在IEEE 802.11中，不同类型的报文可以通过采用不同帧时长来区分访问介质的优先级，最终的效果是控制报文比数据报文优先获得介质发送权，接入点比主机优先获得介质发送权。

📖 在有线共享局域网(IEEE 802.3协议)中，采用载波监听多路访问/冲突检测(Carrier Sense Multiple Access with Collision Detecion, CSMA/CD)协议可以检测冲突，但无法避免冲突。而CSMA/CA协议发送帧的同时不能检测信道上有无冲突，只能尽量避免冲突。

3. IEEE 802.11标准帧

IEEE 802.11规定把要传输的数据和管理控制消息都封装成帧，并将帧中的二进制位编码为信号，使用信道频率传输。MAC子层负责形成帧。

1) IEEE 802.11帧的类型

IEEE 802.11帧分为以下3类:

(1) 数据帧。用来封装高层的数据,如封装工作站和AP之间要传送的IP数据包。

(2) 管理帧。用来封装管理信息,如封装加入或退出无线网络、处理接入点之间连接转移的信息等。

(3) 控制帧。用来封装控制信息,如封装信道的取得以及载波监听的维护等信息。

2) IEEE 802.11帧格式

IEEE 802.11无线局域网中所有无线节点必须按照规定的帧结构发送和接收帧。IEEE 802.11帧由帧头(MAC Header)、帧体(Frame Body)和帧校验序列(FCS)3部分组成,通用的帧格式如表3-4所示。

表3-4 通用的帧格式

帧控制域	持续时间/序列号	地址域	地址域	地址域	顺序控制域	地址域	帧体	帧校验序列
2B	2B	6B	6B	6B	2B	6B	0～2312B	4B

(1) 帧控制域。格式如表3-5所示。

表3-5 帧控制域格式

协议版本	类型	子类型	To DS标记	From DS标记	多段标记	重传标记	功率管理	更多数据	WEP标记	顺序
2b	2b	4b	1b	1b	1b	1b	1b	1b	1b	1b

📖 帧控制域中各标记的意义如下:

- 协议版本:在IEEE 802.11标准中该值为0。其他值预留给将来使用。
- 类型:指明WLAN帧的类型。00表示管理帧,01表示控制帧,10表示数据帧。
- 子类型:进一步区分各个帧。类型和子类型一起用于识别具体帧。
- To DS标记:在数据帧中,该位被设置为1时,表示该帧发送到分布式系统;在其他帧(管理帧、控制帧)中,该位设置为0。
- From DS标记:在数据帧中,该位被设置为1时,表示该帧来自分布式系统;在其他帧(管理帧、控制帧)中,该位设置为0。

  To DS、From DS同时为1时表示该帧从一个AP发送到另一个AP。
- 多段标记:在包分成多个帧传输时设置该位。除包的最后一帧外,每个帧都要设置该位。
- 重传标记:有时候帧需要重传。在重新发送帧时,将重传标记设置为1,这可以帮助消除重复的帧。
- 功率管理:这个位指明帧交换结束后发送方的功率管理状态。AP必须管理连接,永远不能设置该位。
- 更多数据:该位用来指明对应分布式系统中收到的帧进行缓冲。
- WEP标记:在加密帧之后修改WEP位。一个帧已经被解密或者没有设置加密时,该位是1。

• 顺序：只在采用"严格排序"传送时才设置这个位。帧和段并不是一直按顺序发送的，因为它会降低传输性能。

(2) 持续时间。一个帧的持续发送时间，用于虚拟载波侦听。这个字段可以采取以下3种形式之一：持续时间、无争用周期(CFP) 和关联号(AID)。

(3) 序列号。对分段号的标识，以便接收方按序重组数据。

(4) 地址域。表 3-6 为数据帧的地址域格式。一个 IEEE 802.11 帧最多有 4 个地址域，每个地址域中包含一个 MAC 地址。地址 1 是物理接收者的 MAC 地址，地址 2 是物理发送者的 MAC 地址，地址 3 和地址 4 用于过滤。某些帧只包含一部分地址，BSSID、RA、TA 是为了实现间接的帧传送而设置的。

表 3-6　数据帧地址域格式

网络类型	To DS 标记	From DS 标记	地址 1	地址 2	地址 3	地址 4
Ad-hoc	0	0	RA＝DA	TA＝SA	BSSID	(N/A)
AP→STA	0	1	RA＝DA	TA＝BSSID	SA	(N/A)
STA→AP	1	0	RA＝BSSID	TA＝SA	DA	(N/A)
WDS	1	1	RA	TA	DA	SA

注：RA 为接收站点地址，TA 为发送站点地址，DA 为目的地址，SA 为源地址，BSSID 为基本服务集识别码。

(5) 顺序控制域。两字节，用来识别消息顺序，消除重复帧。前 4 位是段号，后 12 位是序列号。有一个可选的两字节服务质量控制字段，这是 IEEE 802.11e 增加的字段。

(6) 帧体。长度是可变的，长度为 0～2304B，还要加上来自更高层的安全封装信息。

(7) 帧校验序列(FCS)。一组用于检验帧的完整性的数。发送方会给帧加上 FCS；接收方会根据帧的 FCS 进行循环冗余校验(CRC)，以检验帧的完整性。

4. MAC 管理子层

在 WLAN 中，当工作站接入网络时，MAC 管理子层负责站点与无线 AP 之间的通信。工作站首先通过主动或被动扫描接入网络，在通过认证和关联这两个过程后才能和 AP 建立连接，如图 3-12 所示。

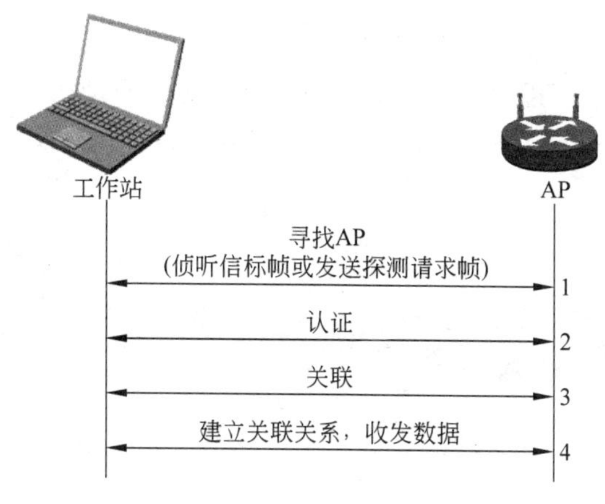

图 3-12　建立无线连接的过程

无线连接就是工作站与无线AP的握手过程,包括如下几个阶段:

(1) 扫描。

扫描(scanning)可分为主动扫描(active scanning)与被动扫描(passive scanning)。

主动扫描是由工作站发出探测(probe)请求帧,在网络中寻找AP,如图3-13所示。如果发出的是单一SSID的探测请求帧,则SSID相同的AP就会响应;如探测请求帧中的SSID属于广播型,则所有的AP都会响应。

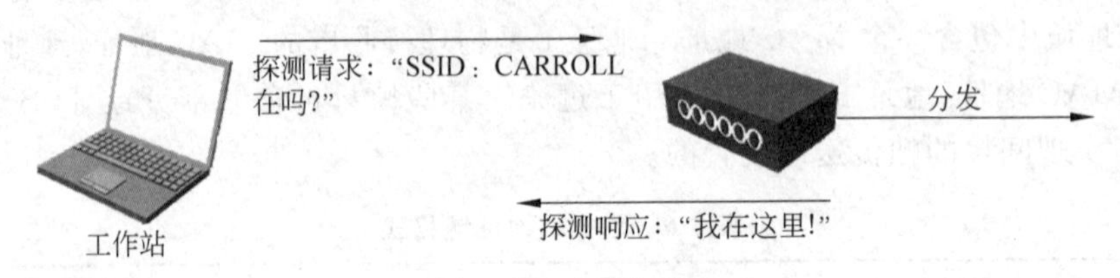

图3-13 主动扫描

被动扫描是指工作站通过侦听AP定期发送的信标(beacon)帧来发现网络,如图3-14所示。工作站预先配有用于扫描的信道列表,在每个信道上监听信标。被动扫描要求AP周期性地发送信标帧。当工作站需要节省电能时,可以使用被动扫描。

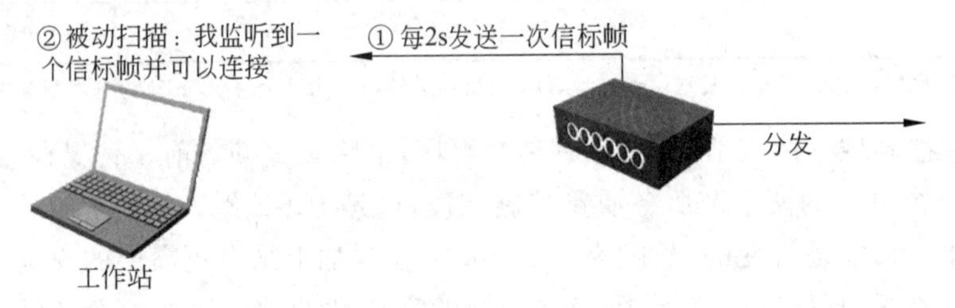

图3-14 被动扫描

📖 信标是在无线设备中定时按指定间隔依次发送的有规律的帧,主要用于定位和同步。

当工作站通过扫描得到多个信标或探测响应信息时,就会考虑应加入哪一个WLAN,这个过程发生于工作站内部。IEEE 802.11并未规定选择WLAN的优先级,而由厂商自行定义。很多厂商都以信号好坏作为标准,也有很多厂商将工作站的多个SSID的顺序作为首选标准。

(2) 同步。

同步(synchronization)指两个或两个以上随时间变化的量在变化过程中保持一定的相对关系。接入点按指定间隔周期性地广播一个信标帧,目标信标发送时间一般为100ms,如图3-15所示。

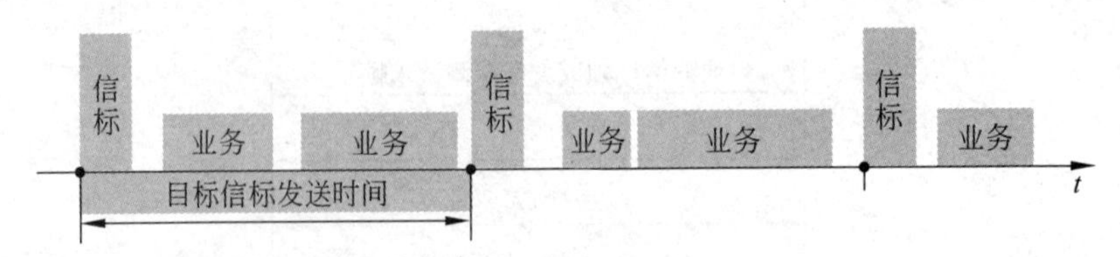

图3-15 目标信标发送时间

信标帧包括以下信息:

① 支持的数据速率。

② SSID。

③ 时间标记(同步)。

接入点还使用信标帧表明其功能,被动扫描的客户端使用这些信息制定连接AP的决策。

(3) 认证。

工作站找到一个AP之后,便发出认证(authentication)请求帧,AP收到后发回认证响应帧,内含认证成功或失败的消息。认证过程可以由AP完成,也可以由AP将认证请求再传送到专门的认证服务器。

(4) 关联。

认证成功之后是关联(association)。客户端发送关联请求帧,而AP用关联响应帧来响应。如果工作站与AP关联成功,则工作站就可以与AP交换数据。图3-16是认证与关联过程。

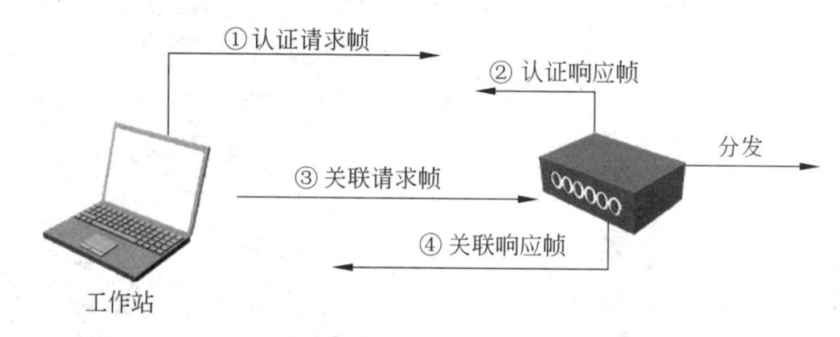

图3-16　认证与关联过程

3.3.7　无线路由器

无线路由器(wireless router)是专为满足小型企业、办公室和家庭办公的无线上网需要而设计的。它功能实用,性能优越,易于管理,有很广泛的应用。

1. 无线路由器的功能

无线路由器具有无线接入、路由和交换功能。如图3-17所示,使用无线路由器可以组建SOHO无线局域网,为局域网中的台式计算机、笔记本电脑、手机、智能电视机等终端提供有线、无线网络接入,实现宽带共享Internet连接。

图3-17　使用无线路由器组建SOHO无线局域网

通常,无线路由器内置DHCP、WEP、WPA加密、VPN、防火墙、桥接等网络管理功能。关闭它的无线发射功能,可以把它作为功能简单的路由器或有线交换机使用。图3-18是TP-LINK公司的TL-WDR7800无线路由器。

2. 无线路由器的通信接口

通常无线路由器面板上有一个WAN口以及4个LAN口。WAN口用于连接ADSL调制解调器、电缆调制解调器、有线局域网等,进而接入Internet。LAN口用于有线连接主机,使之与无线工作站组成同一子网,这样有线连接的主机与无线工作站之间交换数据就非常方便。另外,无线路由器通过天线接口实现与无线工作站或无线终端的连接。

🕮 无线路由器具有由LAN口到WAN口的单向NAT(网络地址转换)功能,不支持由WAN口到LAN口的静态路由。

图3-19是墙面无线路由器。

图3-18　TL-WDR7800无线路由器

图3-19　墙面无线路由器

3. 无线路由器信号覆盖范围

无线路由器信号覆盖范围主要与设备和环境有关。一般无线路由器信号覆盖的距离为100m左右;若位于半开放性空间或有隔离物的区域,信号覆盖范围为35～50m。

4. 无线路由器的选择

在购买无线路由器时,主要关注该产品支持的IEEE 802.11标准、接口和管理功能。支持IEEE 802.11g/n/ac标准;管理功能体现为支持LAN防火墙和WAN防火墙功能,前者主要采用IP访问限制、MAC地址过滤等手段来限制局域网内的计算机访问Internet,后者则采用网址过滤、动态包过滤等手段来阻止网络上黑客的攻击。另外,现在的主流产品还具有DHCP服务器、动态DNS、虚拟服务器等高级功能,如通过动态DNS可以将动态IP地址解析为一个固定的域名。最后还需要注意,无线路由器应该支持Web浏览器的管理方式。

无线路由器有很多的品牌及型号可供选择,如TP-LINK、D-LINK、NETGEAR、华为、华硕、联想等。

5. 无线路由器性能举例

1) TL-WDR7800无线路由器

TL-WDR7800外置3根2.4GHz和3根5GHz高增益单频天线,提供2.4GHz、5GHz两个频段的WiFi信号。2.4GHz频段无线传输速率高达450Mb/s,5GHz频段无线传输速率高达1300Mb/s,双频同时工作,互不干扰,无线传输速率高达1750Mb/s,可接入更多无线终端，高带宽应用畅通无阻。表 3-7 是 TL-WDR7800 的硬件规格。

表 3-7　TL-WDR7800 的硬件规格

项　　目	说　　明
协议标准	IEEE 802.11a/b/g/n/ac IEEE 802.3/IEEE 802.3u
无线传输速率	2.4GHz 频段：450Mb/s 5GHz 频段：1300Mb/s
天线	3 根外置 2.4GHz 不可拆卸全向天线 3 根外置 5GHz 不可拆卸全向天线
接口	4 个 10/100Mb/s 自适应 LAN 口 1 个 10/100Mb/s 自适应 WAN 口，支持自动翻转(Auto MDI/MDIX)
LED	SYS 系统指示，各端口 Link/Act 指示
按钮	RESET 按钮

TL-WDR7800 采用了铝合金一体成型机身，导热性能好，散热快，机身无缝，有效抑制了内部电磁辐射向外传输，并且可以屏蔽外界其他电子设备的电磁干扰，在提供高传输速率的同时，可以保证整机长时间稳定运行。

2) TL-WVR1300L 企业级 VPN 无线路由器

与家庭环境相比，办公环境人多地方大，而这正是影响 WiFi 性能的关键。TL-WVR 系列无线路由器专为办公组网而设计，最高单台服务用户数为 250 个，最高传输速率为 4266Mb/s，开放空间覆盖半径为 100m。图 3-20 是 TL-WVR1300L 企业级 VPN 无线路由器。

图 3-20　TL-WVR1300L 企业级 VPN 无线路由器

表 3-8 和表 3-9 是 TL-WVR1300L 企业级 VPN 无线路由器硬件规格和软件规格。

表 3-8　TL-WVR1300L 企业级 VPN 无线路由器硬件规格

项　　目	说　　明
协议标准	IEEE 802.11a/b/g/n/ac IEEE 802.3/IEEE 802.3u
无线速率	2.4GHz 频段：450Mb/s(IEEE 802.11n) 5GHz 频段：867Mb/s(IEEE 802.11ac)
天线	3 根外置 2.4GHz 不可拆卸全向天线(5dBi 增益) 2 根外置 5GHz 不可拆卸全向天线(5dBi 增益)
典型带机量	80 台左右
接口	1 个 10/100/1000Mb/s 自适应 WAN 口，4 个 10/100/1000Mb/s 自适应 LAN 口，支持自动翻转(Auto MDI/MDIX)
LED	SYS 系统指示，各端口 Link/Act 指示
按钮	RESET 按钮

表 3-9　TL-WVR1300L 企业级 VPN 无线路由器软件规格

项　目	说　明
接口设置	WAN 设置、LAN 设置
接入方式	动态 IP、静态 IP、PPPoE
DHCP 服务	DHCP 服务器、静态地址分配
SSID 广播	支持
多 SSID	支持
WDS 无线桥接	支持
无线加密	支持
用户隔离	支持
无线 MAC 地址过滤	支持
VPN	IPSec VPN 10 条隧道、PPTP/L2TP VPN 10 条隧道
认证管理	Web 认证、微信连接 WiFi、用户管理
NAT 设置	一对一 NAT、多网段 NAT、ALG
动态 DNS	花生壳、科迈、3322
IP 流量统计	支持
端口监控	支持
时间设置	支持
带宽均衡	支持
流量均衡	支持
特殊应用程序选路	支持
ISP 选路	支持
应用控制	支持
网站过滤	网站分组、网站过滤
文件下载	支持
带宽限制	支持
访问控制	支持
防火墙	ARP 防护、有线 MAC 过滤、攻击防护
路由设置	策略选路、静态路由
虚拟服务器	虚拟服务器、NAT-DMZ
打印服务器	支持
设备管理	恢复出厂设置、备份与导入配置、重启路由、自动清理、软件升级
诊断工具	ping 检测、路由跟踪检测
系统管理	远程管理、系统管理设置

📖 VPN(虚拟专用网络)是利用公用网络架设专用网络,在企业网络中有广泛应用。为了让外地员工访问企业内网资源,在企业内网中架设一台VPN服务器。外地员工在当地连入互联网后,通过互联网连接VPN服务器,然后通过VPN服务器进入企业内网。

为了保证数据安全,VPN服务器和客户机之间的通信数据都进行了加密处理。有了数据加密,就可以认为数据是在一条专用的数据链路上进行安全传输,就如同专门架设了一个专用网络一样,但实际上VPN使用的是互联网上的公用链路,因此VPN称为虚拟专用网络,其实质上就是利用加密技术在公网上封装出一个数据通信隧道。

📖 花生壳是一个动态域名解析软件,广泛应用于网站建设、视频监控、遥感测绘、FTP、VPN、企业OA、ERP等领域。利用花生壳动态域名解析软件,无论在任何地点、任何时间使用任何线路,均可利用这一服务建立拥有固定域名和最大自主权的互联网主机。

3.4 项目实施

3.4.1 项目设备

本项目需要多台安装了Windows 7系统的计算机(或WiFi手机)、多块Tenda(W541U V2.0)无线网卡、1台TP-LINK(TL-WR841N)无线路由器。

3.4.2 项目拓扑

项目拓扑如图3-21所示。

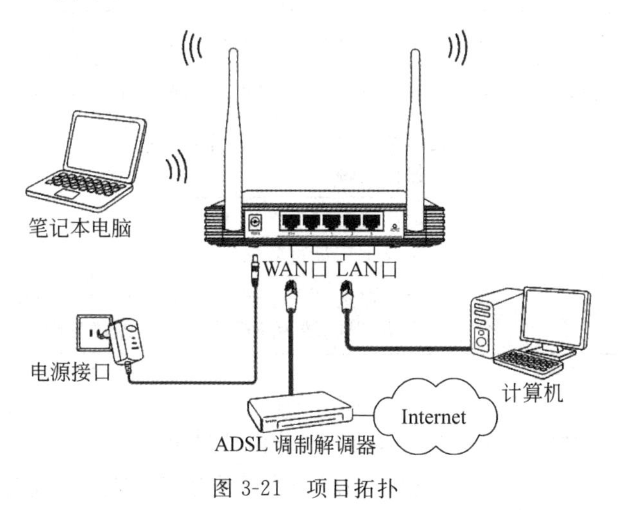

图3-21 项目拓扑

3.4.3 项目任务

1. 观察无线路由器

1) 外观结构

图3-22是TL-WR841N无线路由器的前面板和后面板,前面板主要有各种指示灯,后面板主要是接口。

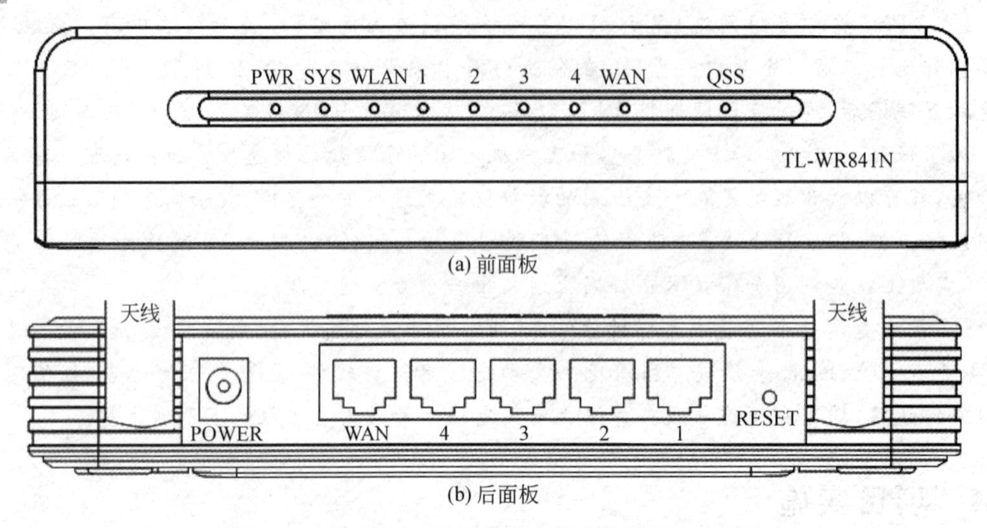

(a) 前面板

(b) 后面板

图 3-22 TL-WR841N 无线路由器的前面板和后面板

(1) 前面板。

表 3-10 是前面板中的指示灯名称及状态指示。

表 3-10 指示灯名称及状态指示

指示灯	描　述	状态指示
PWR	电源指示灯	常灭表示没有上电;常亮表示已经上电
SYS	系统状态指示灯	常灭表示系统存在故障;常亮表示系统初始化故障;闪烁表示系统正常
WLAN	无线状态指示灯	常灭表示没有启用无线功能;闪烁表示已经启用无线功能
1/2/3/4	局域网状态指示灯	常灭表示端口没有连接上;常亮表示端口已正常连接;闪烁表示端口正在进行数据传输
WAN	广域网状态指示灯	常灭表示相应端口没有连接上;常亮表示相应端口已正常连接;闪烁表示相应端口正在进行数据传输
QSS	安全连接指示灯	慢闪表示正在进行安全连接,此状态持续约 2min;慢闪转为常亮表示安全连接成功;慢闪转为快闪表示安全连接失败

(2) 后面板。

① POWER: 电源插孔,用来连接电源,为路由器供电。

② 1/2/3/4: 局域网端口,用来连接局域网中的集线器、交换机或安装了有线网卡的计算机。

③ WAN: 广域网端口,用来连接以太网电缆、ADSL 调制解调器或电缆调制解调器。

④ RESET: 复位按钮,用来使设备恢复到出厂默认设置。

要将路由器恢复到出厂默认设置,在路由器通电的情况下,使用较细的棍状物按压 RESET 按钮大约 5s,同时观察到 SYS 指示灯由缓慢闪烁变为快速闪烁时,就可以放开 RESET 按钮。此时路由器重新启动,复位成功,恢复到出厂默认设置。

⑤ 天线: 用于无线数据的收发。

2）功能特性

TL-WR841N 11N 无线宽带路由器基于 IEEE 802.11n 标准草案 2.0，能扩展无线网络范围，提供最高速率达 300Mb/s 的稳定传输，同时兼容 IEEE 802.11b 和 IEEE 802.11g 标准。传输速率的自适应性提高了 TL-WR841N 与其他网络设备进行互操作的能力。

2. 硬件连接和配置准备

1）建立局域网连接

用一根网线连接无线路由器的 LAN 口和局域网中的交换机或集线器，也可以用一根网线将无线路由器与计算机网卡直接相连。

2）建立广域网连接

用网线连接无线路由器 WAN 口和 ADSL 调制解调器/电缆调制解调器或以太网接口。

3）连接电源

连接好电源，无线路由器将自行启动。

4）连接和配置计算机

首先在路由器壳体底部的标签上查看路由器的默认管理地址、用户名、密码。路由器的管理地址有的是路由器 IP 地址，有的是网址，如图 3-23 所示。在实际使用中，如果修改了管理地址，那么就要使用修改后的地址管理路由器，然后用一根双绞线将一台计算机的网卡和无线路由器的一个 LAN 口连接，并设置计算机的 IP 地址。

图 3-23　查看路由器的管理地址

例如，无线路由器默认管理地址是 192.168.1.1，默认子网掩码是 255.255.255.0，那么这台计算机的 IP 地址可以设置为 192.168.1.X(X 是 2～254 的任意整数)。

在配置好计算机的 TCP/IP 协议后，可以使用 ping 命令检查计算机和路由器之间是否连通，直到计算机已与路由器成功建立连接。

5）基于 Web 浏览器的配置

无线宽带路由器支持基于 Web 浏览器的配置。打开浏览器，在浏览器的地址栏中输入路由器的管理地址 http://192.168.1.1。建立连接后，会看到如图 3-24 所示的用户名、密码输入界面。这里需要以无线路由器的系统管理员身份登录，系统管理员的用户名和密码的出厂设置均为 admin。正确输入用户名和密码，然后单击“确定”按钮。

3. 无线路由器的配置和管理

1）熟悉管理界面

启动路由器并成功登录路由器管理界面后，浏览器显示路由器的管理界面，如图 3-25 所示。

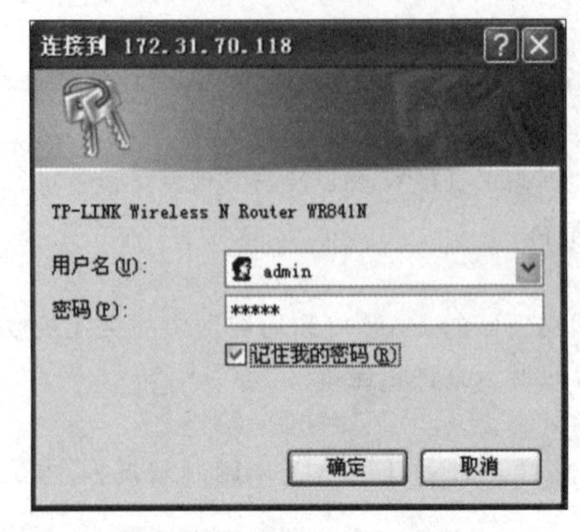

图 3-24　用户名、密码输入界面

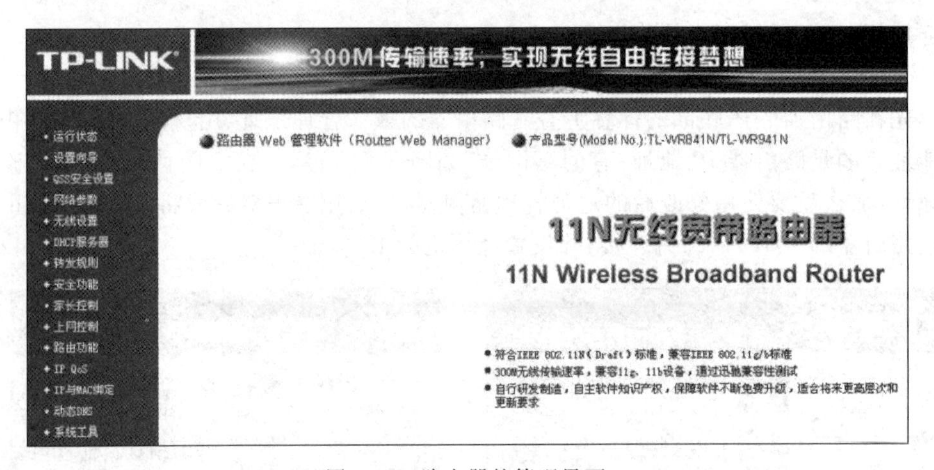

图 3-25　路由器的管理界面

在窗口左侧有运行状态、设置向导、QSS安全设置、网络参数、无线设置、DHCP服务器、转发规则、安全功能、家长控制、上网控制、路由功能、IP QoS、IP与MAC绑定、动态DNS和系统工具等选项，单击某个选项，即可进行相应的功能设置。

2）查看运行状态

单击“运行状态”选项，可以查看无线路由器当前的状态信息，包括版本信息、LAN口状态、无线状态、WAN口状态和WAN口流量统计等。图3-26是无线路由器运行状态信息。

(1) 版本信息：此处显示路由器当前的软硬件版本号。

(2) LAN口状态：此处显示路由器当前LAN口的MAC地址、IP地址和子网掩码。

(3) 无线状态：此处显示路由器当前的无线设置状态，包括SSID号、信道、模式和频段带宽等信息。

(4) WAN口状态：此处显示路由器当前WAN口的MAC地址、IP地址、子网掩码、网关和DNS服务器地址。

(5) WAN口流量统计：此处显示当前WAN口接收和发送的数据流量信息。

3）设置网络参数

先单击“网络参数”选项，再单击其中的子项，可以进行LAN口、WAN口和MAC地址

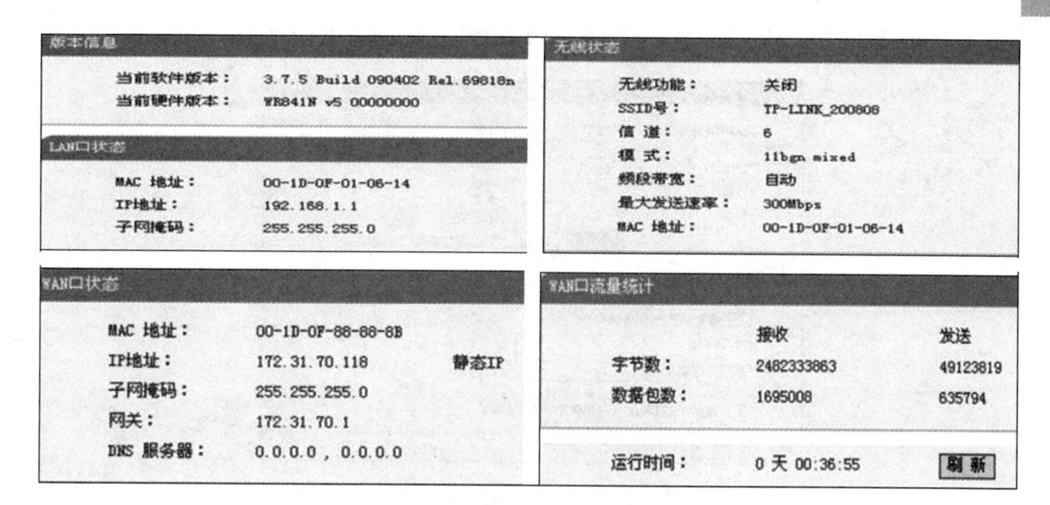

图 3-26　路由器运行状态信息

克隆设置。

(1) LAN 口设置。

单击管理界面左侧的“网络参数”选项，再单击其“LAN 口设置”子项，可以在如图 3-27 所示的“LAN 口设置”对话框中设置 LAN 的基本网络参数。如果需要，可以更改 LAN 口 IP 地址以符合实际网络环境。

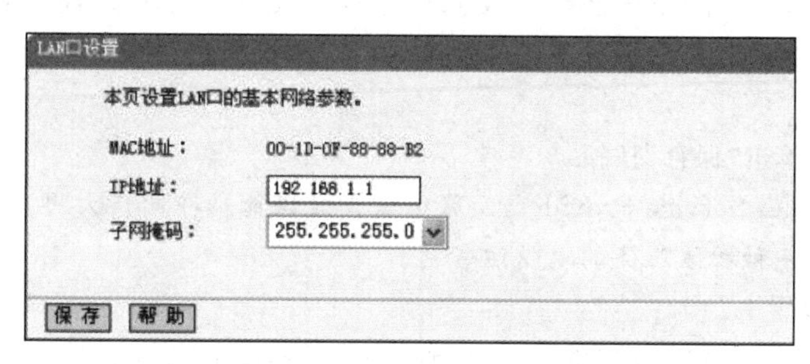

图 3-27　“LAN 口设置”对话框

- MAC 地址：本路由器对局域网的 MAC 地址，用来标识局域网，不可更改。
- IP 地址：本路由器对局域网的 IP 地址。该 IP 地址出厂默认值为 192.168.1.1，可以根据需要改变。
- 子网掩码：本路由器对局域网的子网掩码。可以根据实际的网络状态输入不同的子网掩码。

完成更改后，单击“保存”按钮并重启路由器以使设置生效。

(2) WAN 口设置。

单击管理界面左侧的“网络参数”选项，再单击其“WAN 口设置”子项，可以在如图 3-28 所示的“WAN 口设置”对话框中配置 WAN 口的网络参数。

本路由器支持 6 种 WAN 口连接类型：动态 IP、静态 IP、PPPoE、L2TP、PPTP 和 DHCP+。

① 动态 IP 设置。

在“WAN 口连接类型”下拉列表中选择“动态 IP”选项，路由器将从 ISP 自动获取 IP 地址。当ISP未提供任何IP网络参数时，请选择这种连接方式，如图3-28所示。

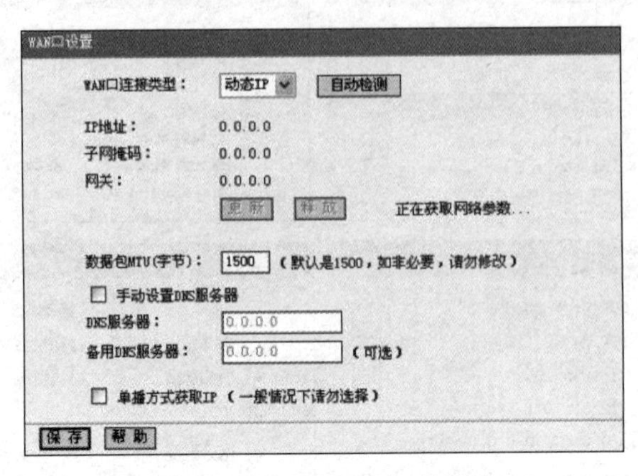

图3-28　WAN口动态IP设置

- 更新：单击“更新”按钮，路由器将从ISP的DHCP服务器动态得到IP地址、子网掩码、网关以及DNS服务器地址，并在界面中显示出来。
- 释放：单击“释放”按钮，路由器将发送DHCP释放请求给ISP的DHCP服务器，释放IP地址、子网掩码、网关以及DNS服务器地址。
- DNS服务器、备用DNS服务器：该处显示从ISP处自动获得的DNS服务器地址。若选中“手动设置DNS服务器”复选框，则可以在此处手动设置DNS服务器和备用DNS服务器(至少设置一个)。连接时，路由器将优先使用手动设置的DNS服务器。

完成更改后，单击“保存”按钮。

🕮 ISP(Internet Service Provider，互联网服务提供商)，即向广大用户综合提供互联网接入业务、信息业务和增值业务的电信运营商。

② 静态IP设置。

当ISP提供了所有WAN口的IP信息时，应选择静态IP，并在如图3-29所示的界面中输入IP地址、子网掩码、网关和DNS服务器地址。

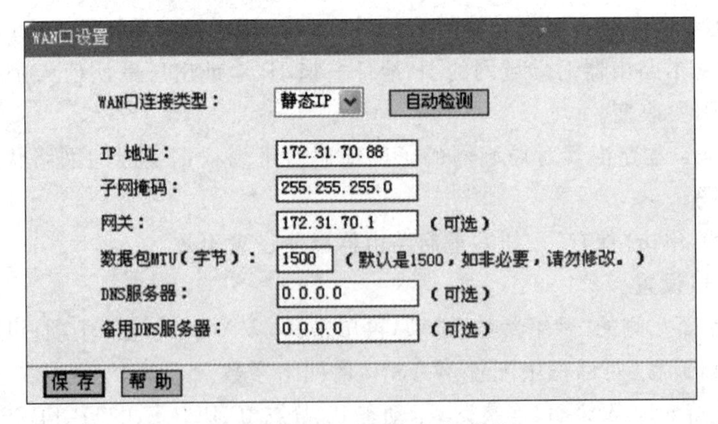

图3-29　WAN口静态IP设置

- IP地址：本路由器对广域网的IP地址。输入ISP提供的公共IP地址，该项必须设置。

• 子网掩码：本路由器对广域网的子网掩码。输入 ISP 提供的子网掩码。根据不同的网络类型，子网掩码不同，一般为 255.255.255.0(C 类地址)。
• 网关：输入 ISP 提供的网关。它是连接 ISP 的 IP 地址。
• 数据包 MTU(字节)：MTU(Maximum Transmission Unit)为最大传输单元，默认值为 1500，一般不要更改。
• DNS 服务器、备用 DNS 服务器：ISP 一般至少会提供一个 DNS 服务器地址。若 ISP 提供了两个 DNS 地址，则将其中一个填入“备用 DNS 服务器”栏。

完成更改后，单击“保存”按钮。

③ PPPoE 设置。

如果 ISP 提供的是 PPPoE 连接(以太网上的点到点连接)，那么 ISP 会提供上网账号和上网口令。具体设置时，若不清楚，可咨询 ISP。图 3-30 是 WAN 口 PPPoE 设置。

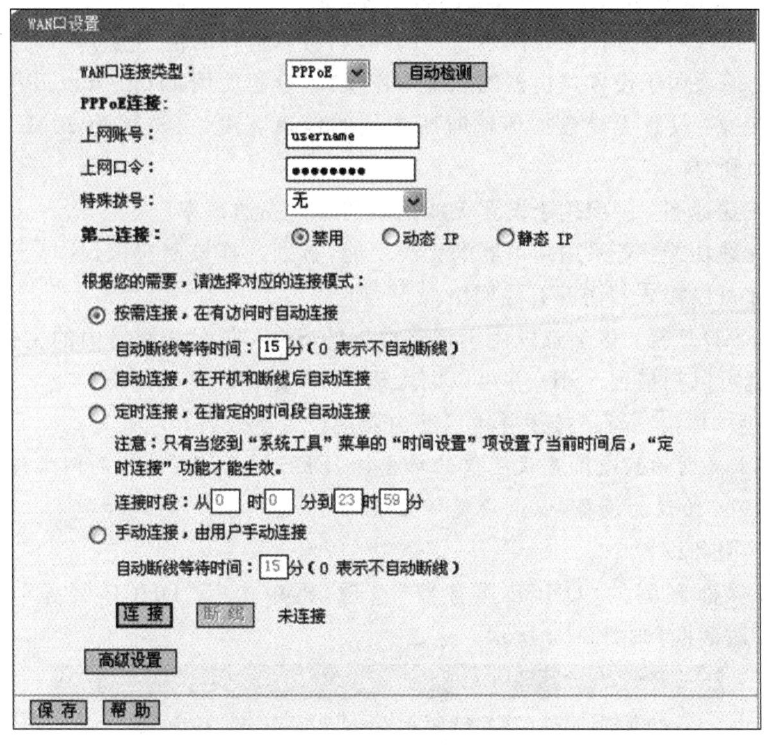

图 3-30　WAN 口 PPPoE 设置

• 上网账号、上网口令：请正确填入 ISP 提供的上网账号和口令，这两项必须填写。

完成更改后，单击“保存”按钮。

4) 无线设置

先单击“无线设置”选项，再单击其中的某个子项，即可进行相应的功能设置。

单击管理界面左侧的“无线设置”选项，再单击其“基本设置”子项，可以在如图 3-31 所示的“无线网络基本设置”对话框中设置无线网络基本参数和安全认证选项。

SSID 号和信道是路由器无线功能必须设置的参数。

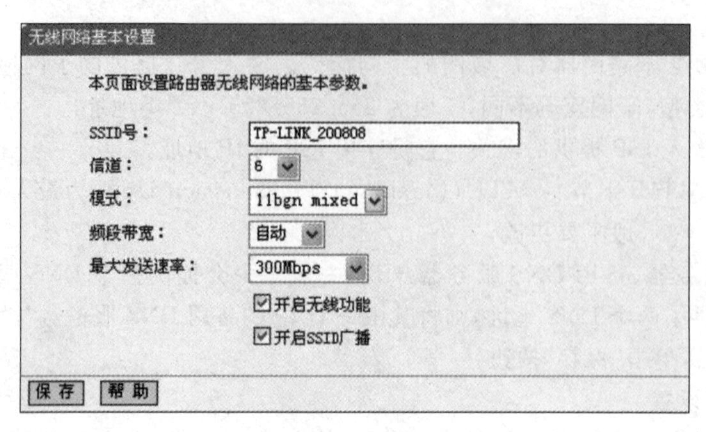

图 3-31 “无线网络基本设置”对话框

- SSID 号：该项标识无线网络的网络名称。
- 信道：该项用于选择无线网络工作的频段，可以选择的范围为 1～13。
- 模式：该项用于设置路由器的无线工作模式，推荐使用 11bgn mixed 模式。
- 频段带宽：设置无线数据传输时所占用的信道宽度，可选项为 20M、40M(M 代表 Mb/s)和“自动”。
- 最大发送速率：该项用于设置无线网络的最大发送速率。
- 开启无线功能：若采用路由器的无线功能，必须选择该复选框，这样，无线网络内的主机才可以接入并访问有线网络。
- 开启 SSID 广播：该复选框用于将路由器的 SSID 向无线网络内的主机广播，这样，主机就可以扫描到 SSID，并可以加入该 SSID 标识的无线网络。

完成更改后，单击“保存”按钮并重启路由器使设置生效。

注意：以上提到的频道带宽设置仅针对支持 IEEE 802.11n 协议的网络设备，对于不支持 IEEE 802.11n 协议的设备，以上设置不生效。

5) DHCP 服务设置

单击管理界面左侧的“DHCP 服务器”选项，再单击其“DHCP 服务”子项，将看到“DHCP 服务”对话框，如图 3-32 所示。

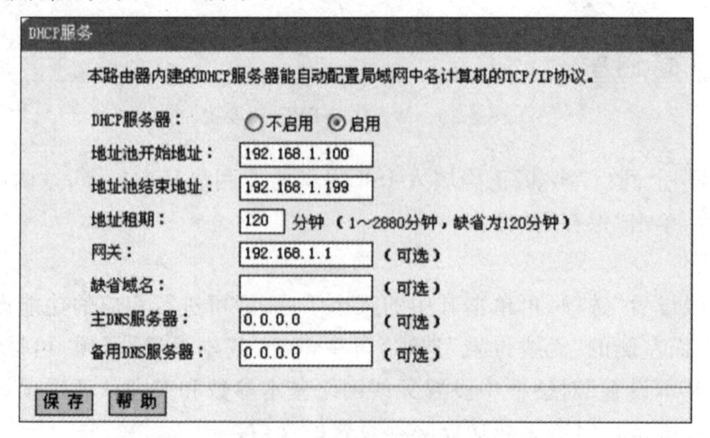

图 3-32 “DHCP 服务”对话框

DHCP(Dynamic Host Control Protocol)指动态主机控制协议。TL-WR841N 有一个内置的 DHCP 服务器,能够自动分配 IP 地址给局域网中的计算机。对用户来说,为局域网中的所有计算机配置 TCP/IP 协议参数并不是一件容易的事,包括 IP 地址、子网掩码、网关以及 DNS 服务器的设置等。若使用 DHCP 服务则可以解决这些问题。可以按照下面的说明正确设置这些参数。

- 地址池开始地址、地址池结束地址：这两项为 DHCP 服务器自动分配 IP 地址时的开始地址和结束地址。设置这两项后,内网主机得到的 IP 地址将介于这两个地址之间。
- 地址租期：该项指 DHCP 服务器给客户端主机分配的动态 IP 地址的有效使用时间。在该段时间内,服务器不会将该 IP 地址分配给其他主机。
- 网关：该项应填入路由器 LAN 口的 IP 地址,默认值是 192.168.1.1。
- 缺省域名：此项为可选项,应填入本地网域名(默认为空)。
- 主 DNS 服务器、备用 DNS 服务器：这两项为可选项,可以填入 ISP 提供的 DNS 服务器地址,可以向 ISP 咨询。

完成更改后,单击“保存”按钮并重启路由器使设置生效。

注意：*若使用本路由器的 DHCP 服务器功能,局域网中计算机的 TCP/IP 属性必须设置为“自动获得 IP 地址”。*

6) 无线安全设置

单击管理界面左侧的“无线设置”选项,再单击其“无线安全设置”子项,可以在如图 3-33 所示的“无线网络安全设置”对话框中设置无线网络安全选项。

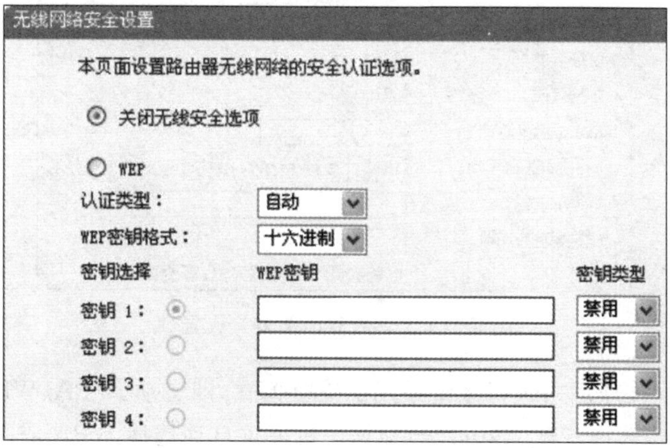

无线网络安全设置
本页面设置路由器无线网络的安全认证选项。
关闭无线安全选项
WEP
认证类型： 自动
WEP密钥格式： 十六进制
密钥选择 WEP密钥 密钥类型
密钥 1： 禁用
密钥 2： 禁用
密钥 3： 禁用
密钥 4： 禁用

图 3-33　“无线网络安全设置”对话框

在“无线网络安全设置”对话框中,可以选择是否关闭无线安全功能。有 3 种无线安全类型可供选择：WEP、WPA/WPA2 以及 WPA-PSK/WPA2-PSK。在不同的安全类型下,安全设置项不同。

(1) WEP 安全设置。

选择 WEP 安全类型,路由器将使用 IEEE 802.11 基本的 WEP 安全模式。这里需要注意的是,此加密方式经常在老的无线网卡上使用,而新的 IEEE 802.11n 网卡不支持此加密方式。所以,如果选择了此加密方式,路由器可能工作在较低的传输速率上。

- 认证类型:该项用来选择系统采用的安全模式,即自动、开放系统、共享密钥。
  - ➢ 自动:若选择该项,路由器会根据主机请求自动选择开放系统或共享密钥方式。
  - ➢ 开放系统:若选择该项,路由器将采用开放系统方式。此时,无线网络内的主机可以在不提供认证密码的前提下通过认证并接入无线网络,但是若要进行数据传输,必须提供正确的密码。
  - ➢ 共享密钥:若选择该项,路由器将采用共享密钥方式。此时,无线网络内的主机必须提供正确的密码才能通过认证,否则无法接入无线网络,也无法进行数据传输。
- WEP密钥格式:该项用来选择即将设置的密钥的形式,即十六进制或ASCII码。若采用十六进制,则密钥字符可以是0~9、A~F;若采用ASCII码,则密钥字符可以是键盘上的所有字符。
- 密钥1~4、密钥类型:这两项用来设置具体的密钥值和密钥类型,密钥的长度受密钥类型的影响。

密钥长度说明:选择64位密钥需输入十六进制字符10个或ASCII码字符5个。选择128位密钥需输入十六进制字符26个或ASCII码字符13个。选择152位密钥需输入十六进制字符32个或者ASCII码字符16个。

(2) WPA/WPA2安全设置。

选择WPA/WPA2安全类型,路由器将采用Radius服务器进行身份认证并得到密钥的WPA或WPA2安全模式,其具体设置项如图3-34所示。

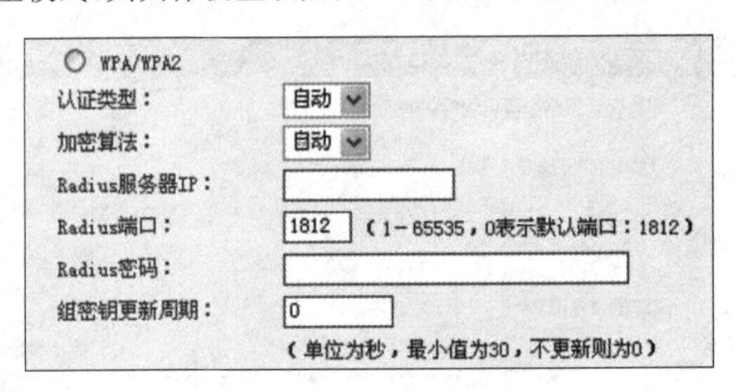

图3-34　WPA/WPA2安全设置项

- 认证类型:该项用来选择系统采用的安全模式,即自动、WPA、WPA2。
  - ➢ 自动:若选择该项,路由器会根据主机请求自动选择WPA或WPA2安全模式。
  - ➢ WPA:若选择该项,路由器将采用WPA安全模式。
  - ➢ WPA2:若选择该项,路由器将采用WPA2安全模式。
- 加密算法:该项用来选择对无线数据进行加密的安全算法,选项有自动、TKIP、AES。默认选项为自动,选择该项后,路由器将根据网卡端的加密方式自动选择TKIP或AES加密方式。

这里需要注意的是,WPA/WPA2 TKIP加密方式经常在老的无线网卡上使用,新的IEEE 802.11n网卡不支持此加密方式,所以如果选择了此加密方式,路由器可能工作在较低的传输速率上。建议使用WPA2-PSK等级的AES加密。

- Radius 服务器 IP：Radius 服务器用来对无线网络内的主机进行身份认证，该项用来设置 Radius 服务器的 IP 地址。
- Radius 端口：该项用来设置 Radius 服务器使用的端口号。
- Radius 密码：该项用来设置访问 Radius 服务器的密码。
- 组密钥更新周期：该项设置广播和多播密钥的定时更新周期，以秒为单位，最小值为 30。若该值为 0，则表示不进行更新。

(3) WPA-PSK/WPA2-PSK 安全设置。

选择 WPA-PSK/WPA2-PSK 安全类型，路由器将采用基于共享密钥的 WPA 模式，其具体设置项如图 3-35 所示。

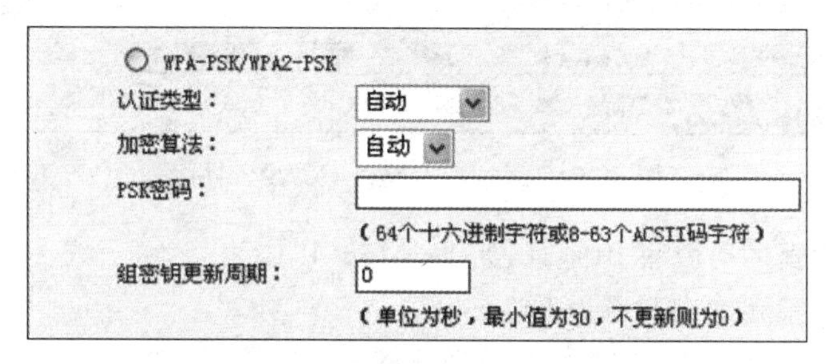

图 3-35　WPA-PSK/WPA2-PSK 安全设置项

- 认证类型：该项用来选择系统采用的安全模式，即自动、WPA-PSK、WPA2-PSK。
  - 自动：若选择该项，路由器会根据主机请求自动选择 WPA-PSK 或 WPA2-PSK 安全模式。
  - WPA-PSK：若选择该项，路由器将采用 WPA-PSK 安全模式。
  - WPA2-PSK：若选择该项，路由器将采用 WPA2-PSK 安全模式。
- 加密算法：该项用来选择对无线数据进行加密的安全算法，选项有自动、TKIP、AES。默认选项为自动，选择该项后，路由器将根据实际需要自动选择 TKIP 或 AES 加密方式。注意，IEEE 802.11n 不支持 TKIP 算法。
- PSK 密码：该项是 WPA-PSK/WPA2-PSK 的初始设置密钥，设置时，要求为 64 个十六进制字符或 8～63 个 ASCII 码字符。
- 组密钥更新周期：该项设置广播和多播密钥的定时更新周期，以秒为单位，最小值为 30。若该值为 0，则表示不进行更新。

7) 无线 MAC 地址过滤

单击管理界面左侧的“无线设置”选项，再单击其“无线 MAC 地址过滤”子项，可以在如图 3-36 所示的对话框中查看或添加无线网络的 MAC 地址过滤条目。

如果开启了无线网络的 MAC 地址过滤功能，并且过滤规则选择了“禁止 列表中生效规则之外的 MAC 地址访问本无线网络”单选按钮，而过滤列表中又没有任何生效的条目，那么任何主机都不能访问本无线网络。

4. 连接和使用工作站

(1) 将配置好的路由器安放在会议室的适当位置，使各计算机能就近无线连接。

(2) 如果路由器启动了 DHCP 服务，则各计算机要设置为自动获取 IP 地址，否则就应设置静态 IP 地址和子网掩码(与路由器局域网在同一网段)，并注意默认网关和主 DNS 服

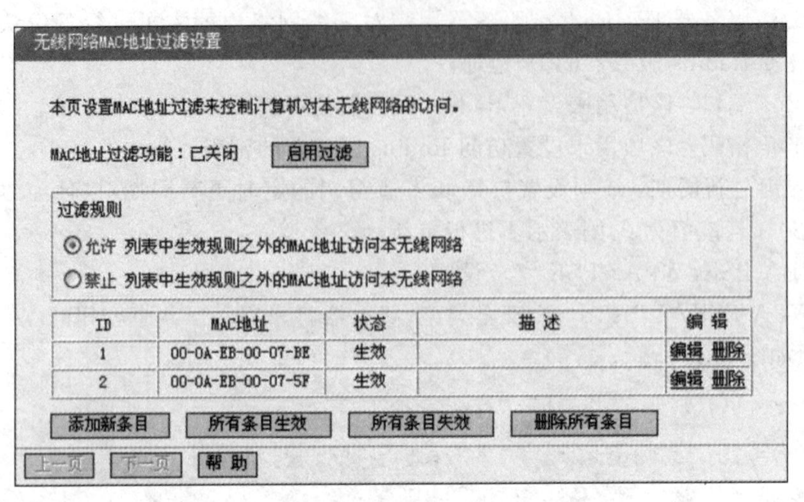

图 3-36 无线 MAC 地址过滤设置界面

务器都要输入路由器的局域网 IP 地址，如 192.168.1.1。

(3) 可以使用 ping 命令检查连通性。

(4) 计算机之间使用建立的无线局域网传输数据信息，如建立共享文件夹传输文件、使用局域网聊天软件“飞秋”，实现在无线局域网中的计算机之间传输文件或聊天。

(5) 计算机无线上网。

(6) 更改路由器的设置，验证使用效果。

3.5 本章小结

本章主要介绍了 IEEE 802.11 标准、WLAN 使用的电磁波频段及信道、CSMA/CA 协议与信道竞争机制、无线路由器的功能及配置。

(1) 无线局域网使用的电磁波频段是 ISM 频段或 UNII 频段的 2.4GHz 频段和 5GHz 频段。各个频段再划分为若干个用数字表示的小频段，这些小频段也称为信道或频道。

(2) IEEE 802.11 规定无线介质访问控制采用载波监听多路访问/冲突避免(CSMA/CA)协议。

(3) 无线路由器具有无线接入、路由和交换功能。

(4) 使用无线路由器可以组建 SOHO 无线局域网(或 WiFi 网络)，为局域网中的台式计算机、笔记本电脑、手机、智能电视机等终端提供有线、无线网络接入，实现宽带共享上网。

3.6 强化练习

1. 判断题

(1) IEEE 802.11n 标准将 WLAN 的传输速率提高到 600Mb/s。 (　　)

(2) IEEE 802.11ac 标准将 WLAN 的传输速率提高到 1200Mb/s。 (　　)

(3) WLAN 中的接入点支持 IEEE 802.11g 标准，则其信道使用 2.4GHz 频段的电磁波。 (　　)

(4) 2.4GHz 频段划分为 14 个信道，每个信道的频带宽度为 22MHz。　　(　　)

(5) IEEE 802.11n 标准的接入点可以收发 2.4GHz 频段和 5GHz 频段的信息电磁波。　　(　　)

(6) ISM 频段主要开放给工业、教育、医疗三大领域使用。　　(　　)

(7) 我国使用 13 个 2.4GHz 频段的信道，美国使用 11 个 2.4GHz 频段的信道。　　(　　)

(8) 对于邻近的两台无线路由器应该使用频率互不重叠的信道。　　(　　)

(9) 在 IEEE 802.11 中信道争用采用载波监听多路访问/冲突避免(CSMA/CA)协议。　　(　　)

(10) 无线信道由多个用户共享，但是在某一时刻，它只能由一个用户使用。　　(　　)

(11) 基础设施 WLAN 由一个 AP 和若干工作站组成。　　(　　)

(12) 支持多入多出(MIMO)技术的设备，在发射端和接收端要分别使用多根发射天线和多根接收天线。　　(　　)

(13) IEEE 802.11 MAC 帧格式由帧头、帧体和帧校验序列 3 部分组成。　　(　　)

2. 单选题

(1) 每个 2.4GHz 信道的频带宽度是(　　)。

A. 12MHz　　B. 22MHz　　C. 32MHz　　D. 42MHz

(2) 我国 5.8GHz 频段(5735～5835MHz)划分为(　　)个频带宽度为 20MHz 的信道。

A. 3　　B. 4　　C. 5　　D. 6

(3) (　　)不是 WLAN 5.8GHz 频段的信道。

A. 149　　B. 153　　C. 157　　D. 162

(4) 有 3 个邻近的无线路由器，都支持使用 2.4GHz 频段电磁波，则应分别设置信道组(　　)中的信道。

A. 1、2、3　　B. 1、6、11　　C. 2、8、12　　D. 3、9、13

(6) IEEE 802.11n 使用(　　)技术来支持多天线。

A. MIMO　　B. OFDM　　C. DSSS　　D. FHSS

(7) 在 WLAN 技术中，BSS 表示(　　)。

A. 基本服务区　　B. 基本服务集　　C. 扩展服务集　　D. 服务集标识符

(8) 在 WLAN 技术中，SSID 表示(　　)。

A. 基本服务区　　B. 基本服务集　　C. 扩展服务集　　D. 服务集标识符

(9) 组建 SOHO 无线局域网时，使用无线路由器(　　)接入外网。

A. LAN 口　　B. WAN 口　　C. 无线接口　　D. 电源接口

(10) 下列关于无线路由器复位操作的说法中正确的是(　　)。

A. 复位是恢复厂家对路由器的默认设置

B. 路由器默认设置只有管理用户名和密码

C. 在关闭电源时进行复位操作

D. 按压复位按钮持续 1s 就能复位

3. 多选题

(1) 支持使用5.8GHz频段电磁波的标准是(　　)。

A. IEEE 802.11a　　B. IEEE 802.11b

C. IEEE 802.11g　　D. IEEE 802.11n

(2) 支持使用2.4GHz频段电磁波的标准是(　　)。

A. IEEE 802.11a　　B. IEEE 802.11b

C. IEEE 802.11g　　D. IEEE 802.11n

(3) 支持2.4GHz频段的接入点可以设置(　　)个信道。

A. 1　　B. 2　　C. 6　　D. 15

(4) 在2.4GHz频段中,频率互不重叠的信道组有(　　)。

A. 1、6、11　　B. 2、7、12

C. 3、8、13　　D. 4、9、14

(5) 下列关于无线路由器接口的说法中正确的是(　　)。

A. 无线路由器有LAN口　　B. 无线路由器有WAN口

C. 无线路由器有电源接口　　D. 无线路由器有无线接口

(6) 下列关于无线路由器的说法中正确的是(　　)。

A. 无线路由器可以动态分配IP地址

B. 无线路由器可以关闭无线功能

C. 无线路由器可以关闭SSID广播

D. 无线路由器可以进行安全设置

(7) 下列关于无线宽带路由器配置的说法中正确的是(　　)。

A. 支持基于Web浏览器的配置

B. 需要以无线路由器系统管理员的身份登录

C. 可以关闭其无线功能

D. 可以设置SSID

第4章 构建WDS无线局域网

本章的学习目标如下：

(1) 理解无线分布式系统。

(2) 掌握无线分布式系统的应用拓扑。

(3) 掌握构建无线分布式系统无线局域网的主要技术。

4.1 项目导引

某公司办公区要组建 WLAN。如果只使用一台无线路由器，由于无线路由器的无线信号覆盖范围有限，部分区域可能信号较弱或存在信号盲点，导致无法连接无线网络。公司网络规划解决方案是：在办公区域安置两台无线路由器，使用无线分布式系统（Wireless Distribution System，WDS）技术，将两台无线路由器通过无线方式连接，组成一个覆盖范围更大的 WLAN，这样就可以满足公司办公区域的无线覆盖和使用要求。图 4-1 是无线分布式系统的示意图。

图 4-1 无线分布式系统

4.2 项目分析

如果使用两台无线路由器分别组建两个相邻的 SOHO 无线局域网，这两台无线路由器只构建自己的基本服务集，无线路由器之间并不进行无线通信和数据传输。如果使用两台无线路由器构建 WDS，它们就属于同一网络。两台无线路由器可以通过无线方式进行数据的中继或桥接传输，这样就增大了网络覆盖的范围。

本项目组建 WDS 模式 WLAN，规模较小，并且仅使用无线路由器，通过无线中继技术，无线连接无线路由器，从而将无线信号延伸或扩展到公司的办公区域，实现 WLAN 应用和管理，减少建网成本和管理成本。

WDS 链路与客户端共享通信带宽，因此在 WDS 链路活动时，客户端吞吐率将会下降。

4.3 技术准备

4.3.1 无线分布式系统

无线分布式系统是指两个或多个无线设备之间可以实现无线传输,形成一个范围更大的无线网络,WDS也可以无线连接两个或多个有线网络。

在面积较大的环境(如大办公区、四室两厅住房、写字间等),单台路由器无线覆盖范围有限,部分区域可能会信号较弱或存在信号盲点。无线分布式系统或无线桥接可以将多台无线路由器通过无线方式互联,从而将无线信号覆盖范围扩大。无线终端在移动过程中可以自动切换较好的信号,实现无线漫游。图4-2是在面积较大的室内环境构建的无线分布式系统。

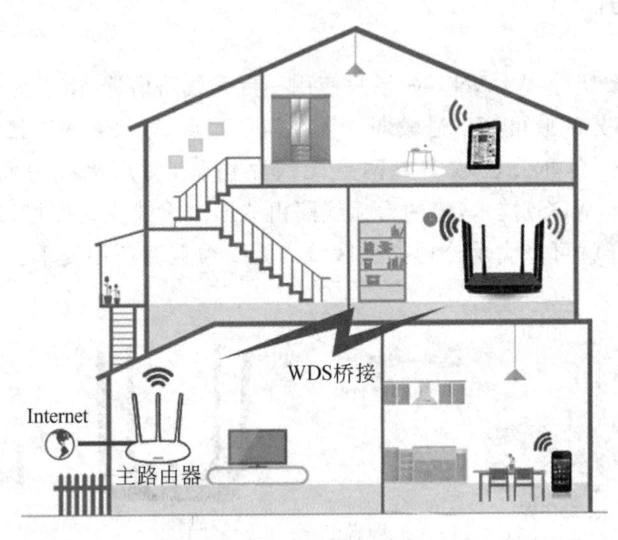

图4-2　在面积较大的室内环境构建的无线分布式系统

4.3.2 WDS的应用拓扑

WDS的应用拓扑主要有直线型拓扑和星形拓扑。在普通的应用环境下,WDS主要是两台无线路由器的无线桥接。一些特殊的环境需要进行多台无线路由器的桥接。

1. 直线型拓扑

直线型拓扑即"A桥接B、B桥接C……"结构,主要用于长方形覆盖区域扩展。根据基本通信原理,一般不要超过三级WDS桥接(三级以上的WDS桥接不能保证网络的稳定性和无线传输速率)。图4-3是WDS直线型拓扑。

图4-3　WDS直线型拓扑

2. 星形拓扑

WDS 的星形拓扑是多台副无线路由器桥接到一台主无线路由器。副无线路由器的数量取决于主无线路由器的无线带机量。图 4-4 是 WDS 星形拓扑。

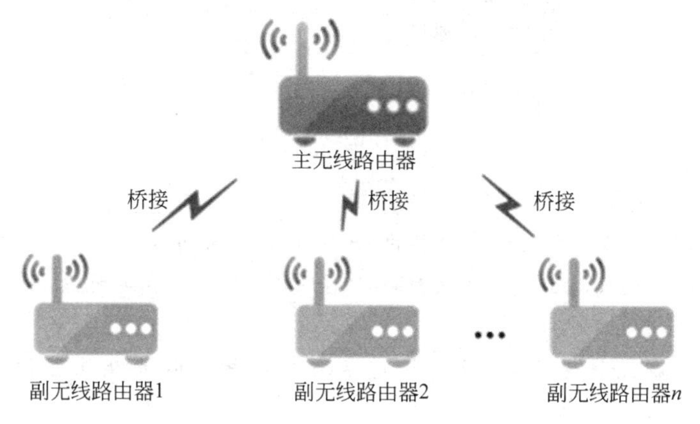

图 4-4　WDS 星形拓扑

WDS 桥接也可以组成树形扩展网络，具体的网络扩展方式根据实际需求选择。简单地讲，在 WDS 桥接环境中，无线路由器可以理解为交换机，所有无线路由器之间以无线方式连接，不需要网线。

4.3.3　WDS 设置注意事项

在 WDS 设置过程中，需要注意以下事项。

1. 无线路由器兼容性问题

主无线路由器不需要开启 WDS 桥接功能，副无线路由器必须开启 WDS 桥接功能。因此，主、副无线路由器中，只要有一个支持 WDS 桥接功能即可，如果两者均不支持 WDS 桥接功能，则无法使用。

把支持 WDS 桥接功能的无线路由器作为副无线路由器，通过扫描桥接到另一个无线路由器（主无线路由器）即可。

另外，不同品牌的无线路由器桥接时可能会有兼容性问题，不能保证桥接成功。为保证桥接后网络的稳定性，建议使用同一品牌的无线产品桥接。

2. 避免环路

设置主、副无线路由器进行 WDS 桥接前，不能使用网线连接两台无线路由器，以避免形成网络环路（会导致广播风暴），如图 4-5 所示。

📖 广播风暴是指一个数据帧或包被传输到本地网段（由广播域定义）上的每个节点。由于网络拓扑的设计和连接问题或其他原因导致该数据帧或包在网段内大量复制和传播，使网络性能下降，甚至网络瘫痪，这就是广播风暴。

对于双频无线路由器，2.4GHz 频段和 5GHz 频段不能同时进行 WDS 桥接。

3. 副无线路由器网络参数

在 WDS 设置中，要注意主、副无线路由器的 IP 地址不能冲突。对于 DHCP 服务器，需要关闭副无线路由器的 DHCP 服务器（结合实际需求），避免 DHCP 服务器冲突。如果有

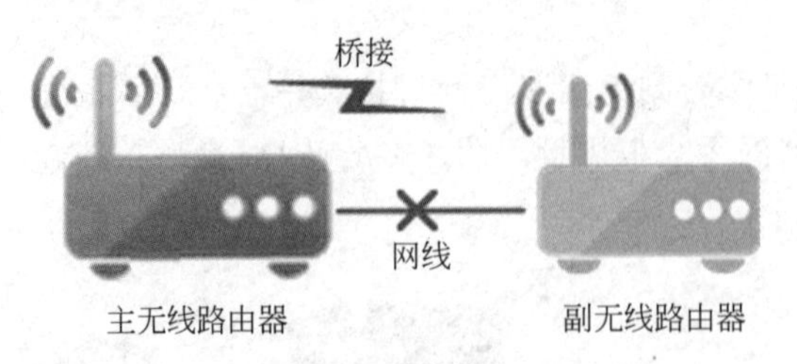

图 4-5　WDS不能使用网线连接两台无线路由器

多台副无线路由器,仅保留一个DHCP服务器。

📖 若副无线路由器与主无线路由器的IP地址在相同网段,则必须关闭副无线路由器的DHCP服务;若副无线路由器与主无线路由器的IP地址在不同网段,则必须开启副无线路由器的DHCP服务。

📖 注意:主、副无线路由器IP地址前3段数值相同时为相同网段,相异时为不同网段。

为了便于管理,建议将副无线路由器的IP地址设置为与主无线路由器(与外网宽带连接的无线路由器)在同一网段。例如,主无线路由器IP地址为192.168.1.1,则将副无线路由器IP地址修改为192.168.1.2或192.168.1.3等,如图4-6所示。

4. 副无线路由器WAN口

WDS桥接后,副无线路由器WAN口无须连接任何线路,也无须进行任何设置(特殊应用除外)。

5. 信号强度

在设置WDS桥接过程中,为保证桥接成功且运行稳定,副无线路由器扫描主无线路由器的信号强度要大于20dB,如图4-7所示。如果信号强度不足,应减小主、副无线路由器间的距离或消除障碍物的影响。

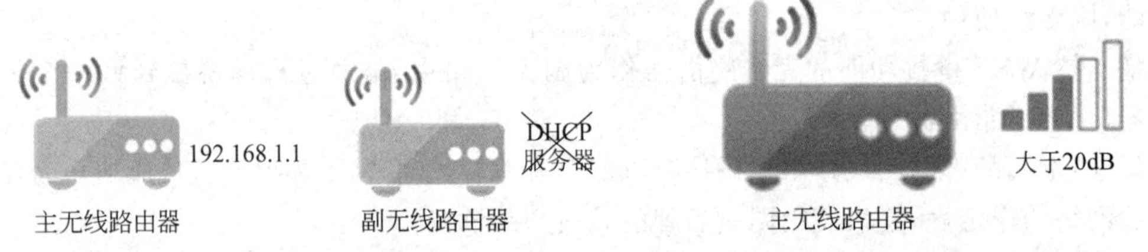

图 4-6　主、副无线路由器IP地址不冲突

图 4-7　副无线路由器扫描主无线路由器的信号强度要大于20dB

📖 分贝(decibel)是量度两个相同单位值之比的计量单位,主要用于度量声音强度,也用于度量信号强度,常用dB表示。

6. 设置无线漫游网络

在WDS桥接设置中,将副无线路由器的SSID名、密码设置为与主无线路由器相同,则可以实现移动过程中的自动漫游。

📖 漫游是指移动主机从一个接入点服务区移动到另一个接入点服务区的过程中与网络的连接不中断。

在WDS桥接的漫游网络中,正常情况下只能搜到一个SSID信号(最强的信号),也可能有极少数终端会搜到多个相同名字的 SSID 信号。移动过程中会实现自动切换(切换机制取决于无线终端),无须手动操作。

设置好 WDS 桥接后,计算机、手机等无线终端连接副无线路由器的 LAN 口或无线信号即可上网,如图 4-8 所示。

图 4-8　终端连接副无线路由器的 LAN 口或无线信号即可上网

4.4　项目实施

4.4.1　项目设备

本项目需要多台安装了 Windows 7 系统的笔记本电脑或 WiFi 手机、多块 USB 无线网卡(可安装到台式机上)、两台 TL-WDR7800 无线路由器。

4.4.2　项目拓扑

图 4-9 是项目拓扑。

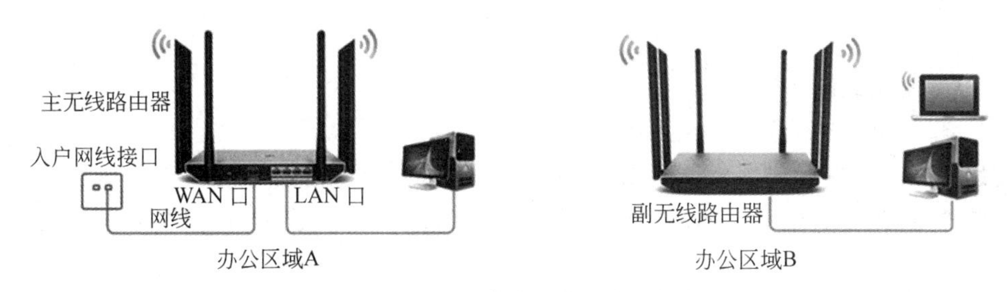

图 4-9　WDS 模式无线局域网拓扑

4.4.3　项目任务

1. 规划并放置无线路由器

(1) 规划无线路由器的连接关系,即确定主无线路由器和副无线路由器的放置位置。在公司办公区域 A 放置主无线路由器,主无线路由器与外网连接;在公司办公区域 B 放置副无线路由器。用网线分别从主、副无线路由器 LAN 口连接计算机进行配置。

(2) 规划各个路由器的IP地址。

2. 配置主无线路由器

首先配置主无线路由器,保证主路由器能够正常上网。

(1) 设置管理员密码。

根据主路由器的管理地址,打开浏览器,在地址栏输入tplogin.cn(或192.168.1.1),按回车键。初次登录时需要设置管理员密码,以后在登录时需要填写该密码。注意:管理员密码是首次使用路由器时设置的密码,如忘记,请复位路由器(按RESET按钮)并重新设置。

(2) 填写IP网络参数。

主无线路由器会自动检测上网方式。填写运营商分配的IP地址、子网掩码、网关以及DNS服务器地址。

(3) 设置无线信息。

分别在2.4GHz与5GHz无线网络中设置对应的无线网络名称和无线网络密码。设置成功后,路由器会同时发出2.4GHz和5GHz的信号。

(4) 尝试上网。

主无线路由器设置成功。此时计算机仅需要连接路由器的LAN口或无线网络,无须任何设置即可上网,如图4-10所示。

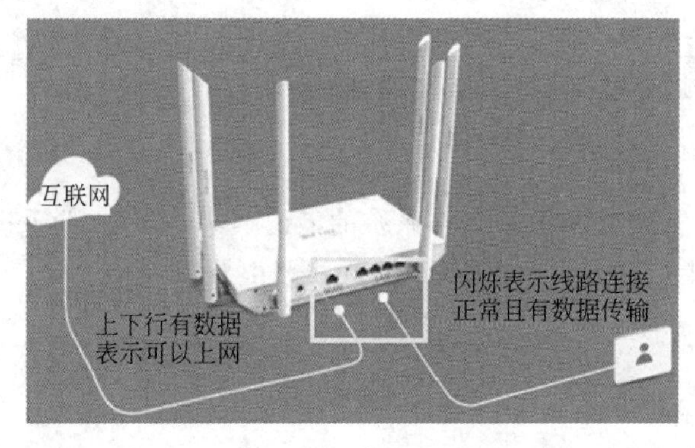

图4-10 尝试上网

3. 配置副无线路由器

(1) 填写管理员密码。

使用网线连接副无线路由器的LAN口或者使用无线连接副无线路由器的无线信号。打开浏览器,在地址栏输入tplogin.cn(或192.168.1.1),输入管理员密码,登录管理界面,如图4-11所示。

(2) 进入无线桥接应用。

进入管理界面后,单击页面下方的"应用管理"快捷链接,在打开的应用管理界面找到"无线桥接",单击"进入"按钮,如图4-12所示。

(3) 设置无线桥接。

进入无线桥接设置向导后,单击"开始设置"按钮,如图4-13所示。

(4) 扫描无线信号。

副无线路由器会自动扫描周边无线信号,如图4-14所示。

图 4-11　填写管理员密码

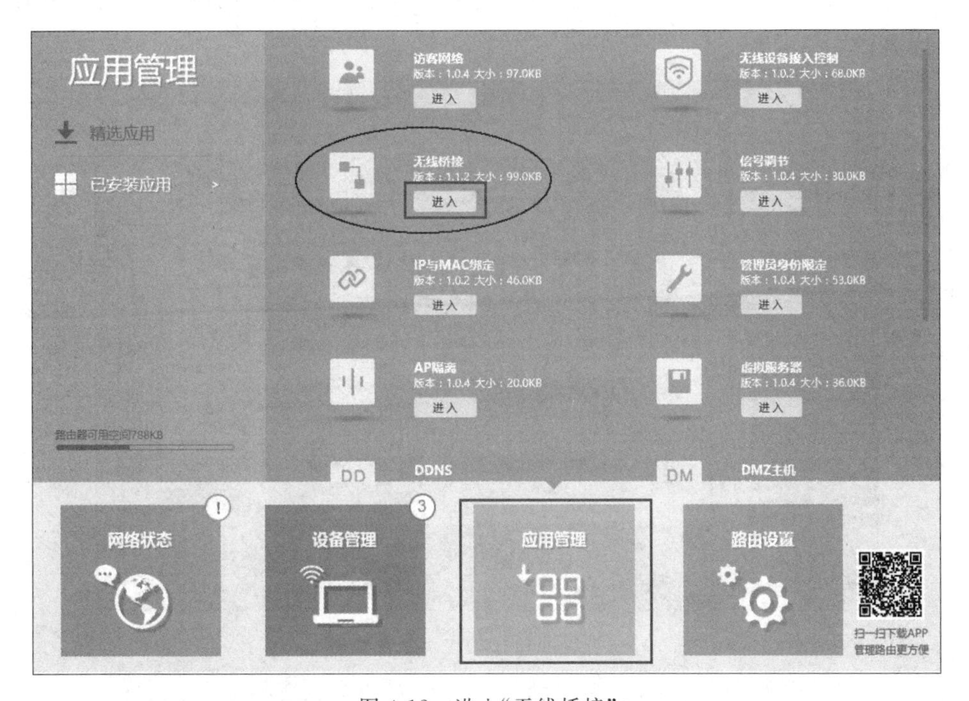

图 4-12　进入“无线桥接”

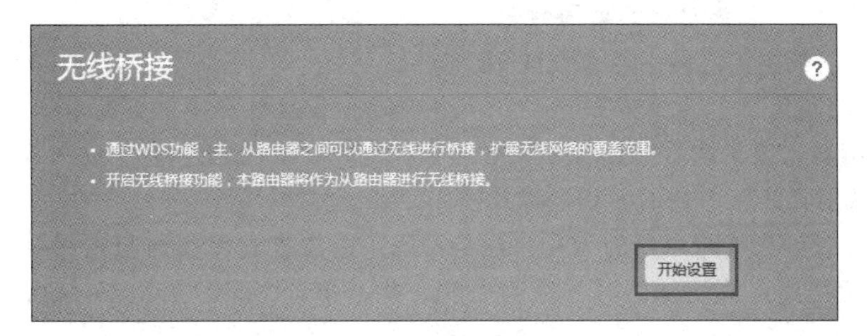

图 4-13　无线桥接设置向导

图 4-14　扫描无线信号

(5) 选择要桥接的主无线路由器信号。

副无线路由器开始扫描后,一会就可以看到扫描到的所有无线路由器信号列表了。从中选择要桥接的主无线路由器信号,并输入主无线路由器的无线密码。如果主无线路由器支持 2.4GHz 和 5GHz 频段,建议选择 5GHz 信号。单击"下一步"按钮,副无线路由器就会自动连接主无线路由器,如图 4-15 所示。

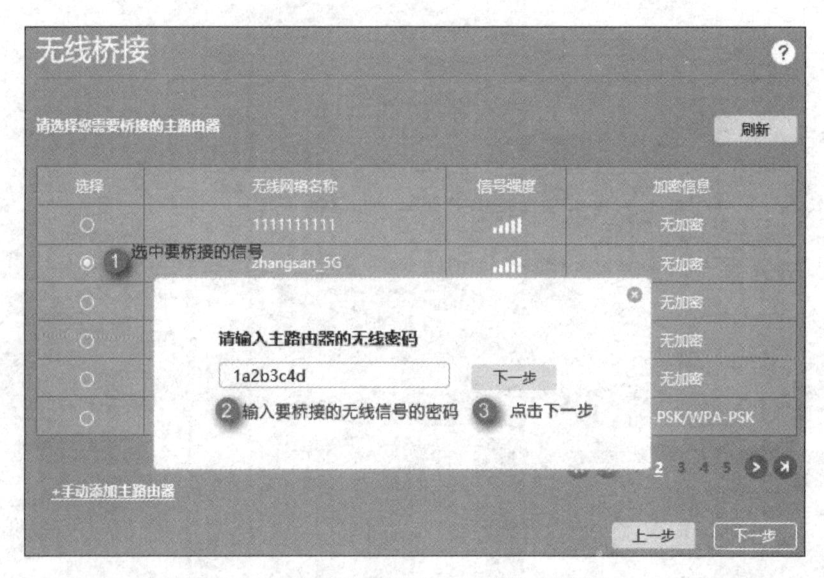

图 4-15　选择要桥接的主无线路由器信号

注意:如果扫描不到主无线路由器的信号,应首先确认无线主路由器已开启无线功能,然后尝试减小主、副无线路由器之间的距离。

(6) 记录前端主无线路由器分配的 IP 地址。

主、副无线路由器连接成功后,主无线路由器会给副无线路由器分配一个 IP 地址,用于后续管理路由器。记下该 IP 地址,然后单击"下一步"按钮,如图 4-16 所示。

(7) 确认副无线路由器的无线名称及密码。

接下来设置副无线路由器的无线名称与密码。系统推荐设置为与主无线路由器一致,这样当两个无线路由器切换的时候就会更快一些。单击"完成"按钮,系统会保存设置,如图 4-17 所示。

注意:此处也可以设置副无线路由器的无线参数,但是如果要实现无线漫游,则无线参

图 4-16　主无线路由器给副无线路由器分配一个 IP 地址

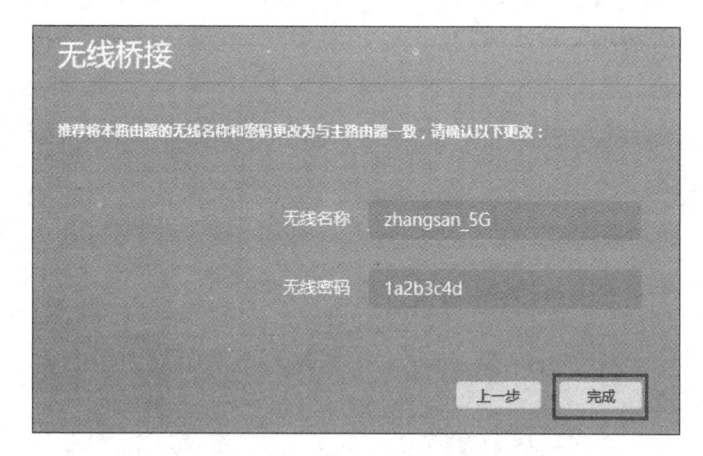

图 4-17　确认副无线路由器的无线名称及密码

数必须保持不变。

(8) 确认无线桥接成功。

再次进入“应用管理”界面，单击“无线桥接”中的“进入”按钮，在打开的无线桥接界面就可以看到桥接成功的提示了，如图 4-18 所示。单击“保存”按钮，这样在副无线路由器的范围内就可以正常上网了。

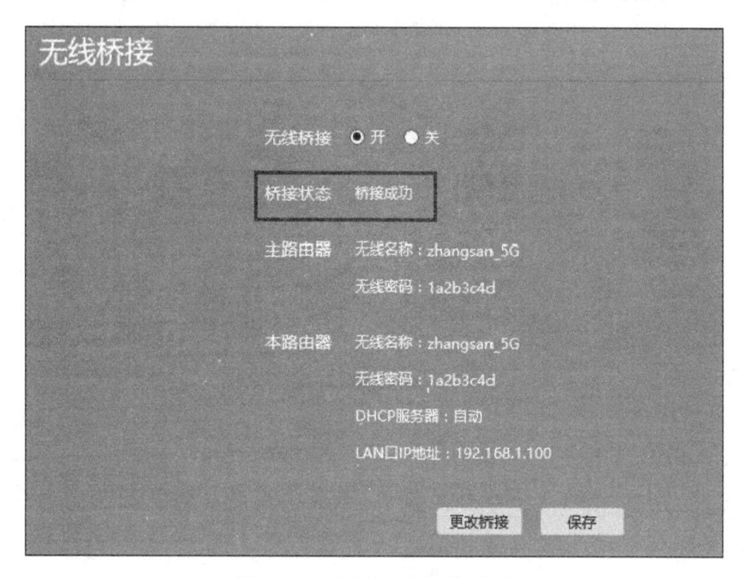

图 4-18　确认无线桥接成功

如需要更改桥接,单击"更改桥接"按钮。

至此,无线终端连接 zhangsan,计算机连接主、副无线路由器的 LAN 口即可上网。终端在移动过程中可以实现主、副无线路由器间的自动漫游。

(9) 设置 2.4GHz 的无线信号。

双频无线路由器作为副无线路由器桥接主无线路由器,在无线桥接过程中只配置了一个频段的无线信号名称和密码,还需要配置另外一个频段。例如,使用 5GHz 频段桥接,就需要单独设置 2.4GHz 的覆盖无线信号,反之一样。单击"网络状态"修改相关设置,如果主无线路由器也是双频无线路由器,应将无线信号名称和密码设置为与主无线路由器一致,以实现漫游,如图 4-19 所示。

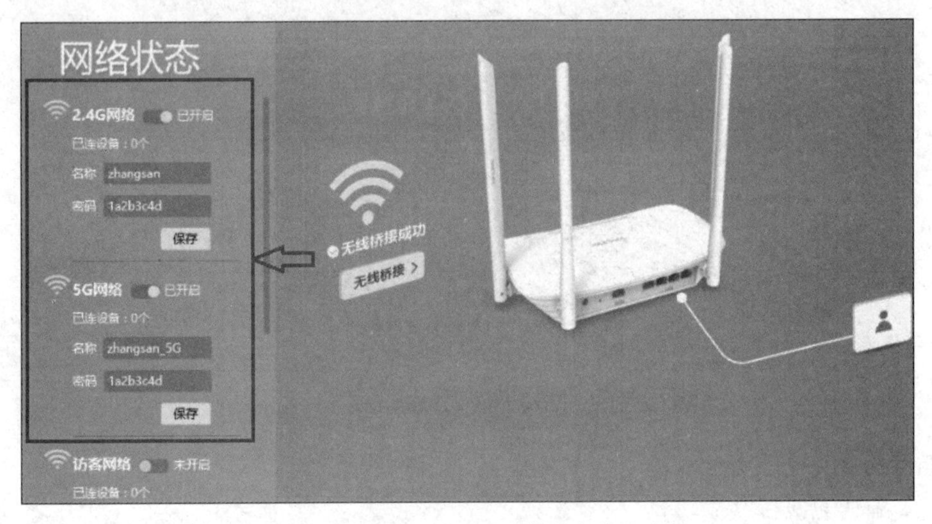

图 4-19　设置 2.4GHz 无线信号名称和密码

至此无线桥接设置完成,主、副无线路由器支持的 2.4GHz、5GHz 信号都可以连接使用,而且只要同一频段的无线信号名称和密码一致,就可以自动漫游。计算机使用网线连接主、副无线路由器的任意一个 LAN 口即可上网。最终的网络结构如图 4-20 所示。

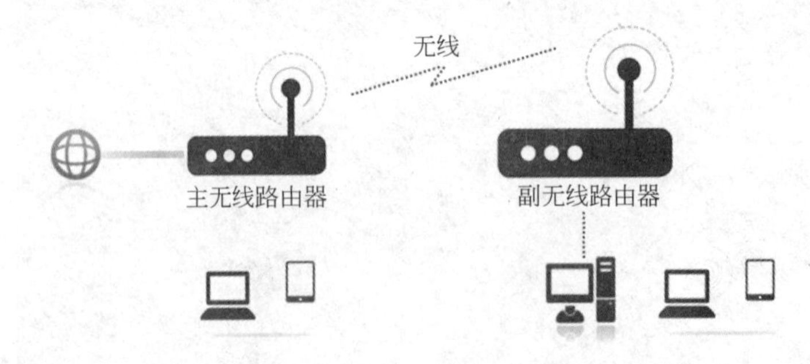

图 4-20　最终的网络结构

注意: 无线路由器当作主无线路由器后,其 WAN 口连接宽带外网。如果此时开启主无线路由器的无线桥接,则 WAN 口会被禁用,导致桥接成功但是无法上网。从通信原理来看,主无线路由器桥接副无线路由器会带来较多的配置问题,建议只在副无线路由器上开启无线桥接。

4.5　本章小结

本章主要介绍了无线分布式系统。

(1) 无线分布式系统是指两个或多个无线设备之间可以实现无线传输,形成一个范围更大的无线网络,WDS 也可以无线连接两个或多个有线网络。

(2) 用双频无线路由器构建 WDS,通常设置 5GHz 为桥接信道,2.4GHz 为覆盖信道。这样就存在以下 3 个网络:主、副无线路由器通信的 5GHz 桥接网,2.4GHz 主、副无线路由器的覆盖网,主无线路由器与外网连接的网络。

(3) WDS 的应用拓扑主要有直线型拓扑和星形拓扑。

(4) 主无线路由器不需要开启 WDS 功能,副无线路由器必须开启 WDS 功能。

4.6　强化练习

1. 判断题

(1) WDS 是无线分布式系统的英文缩写。　(　　)

(2) WDS 的应用拓扑主要有直线型拓扑和星形拓扑。　(　　)

(3) WDS 中主无线路由器必须开启 WDS 功能。　(　　)

(4) WDS 中副无线路由器必须开启 WDS 功能。　(　　)

(5) 双频无线路由器作为副无线路由器桥接主无线路由器只需要使用单频。　(　　)

(6) WDS 中主、副无线路由器的 DHCP 都要开启。　(　　)

2. 单选题

(1) WDS 无线局域网中的无线路由器之间的连接方式是(　　)。

A. 有线　　B. 无线　　C. 有线或无线　　D. 不能连接

(2) 以下关于 WDS 无线局域网的说法中正确的是(　　)。

A. 有主、副无线路由器　　B. 主、副无线路由器间采用有线传输

C. 只配置主无线路由器　　D. 副无线路由器的 WAN 口需要设置

(3) 以下对 WDS 无线局域网的理解中错误的是(　　)。

A. WDS 无线局域网是存在主、副无线路由器通信的桥接网

B. WDS 无线局域网是存在主、副无线路由器的覆盖网

C. WDS 无线局域网是存在主无线路由器与外网连接的网络

D. WDS 无线局域网是存在副无线路由器与外网连接的网络

3. 多选题

(1) 组建 WDS 无线局域网时,可以使用网线连接(　　)。

A. 主、副无线路由器的 WAN 口　　B. 主、副无线路由器的 LAN 口

C. 计算机和主无线路由器的 LAN 口　　D. 计算机和副无线路由器的 LAN 口

(2) 用两台无线路由器组建 WDS 无线局域网,它们的管理 IP 地址可以分别是(　　)。

A. 192.168.1.1 和 192.168.1.2　　B. 192.168.16.1 和 192.168.16.2

C. 192.168.1.1 和 192.168.1.1　　D. 92.168.16.2 和 192.168.16.2

(3) 主、副无线路由器都能收发2.4GHz、5GHz信号,则通常(　　)。

A. 桥接使用5GHz信号　　B. 覆盖使用2.4GHz信号

C. 客户端接入使用5GHz信号　　D. 客户端接入使用2.4GHz信号

(4) 在WDS中,为了实现漫游,通常将主、副无线路由器配置为(　　)。

A. 桥接网无线信号名相同　　B. 桥接网无线信号名不同

C. 覆盖网无线信号名相同　　D. 覆盖网无线信号名不同

第 5 章　构建小型企业无线局域网

本章的学习目标如下：

- 了解无线 AP。
- 掌握无线 AP 的功能。
- 了解以太网供电技术，会使用以太网供电设备。
- 掌握胖 AP 架构模式的 WLAN 的结构。
- 掌握胖 AP 架构模式的 WLAN 的构建。

5.1　项目导引

很多小型企业租用的办公大楼建有有线网络，为了方便使用，这些小型企业需要在自己的办公区域建设无线网络。

某公司租用某大楼第 4 层的 3 个大开间区域做办公室或会议室(图 5-1)。大楼已建有有线局域网，但提供给该公司的接口有限。该公司准备构建无线局域网，以方便更多的员工使用计算机联网办公。

图 5-1　大开间区域办公室

小陈在该公司担任网络工程师，负责公司 WLAN 的构建工作。由于无线覆盖区域不是很大，使用的人员不是很密集，为方便内部人员和外来客户通过无线终端使用网络，规划采用胖 AP 架构模式的 WLAN。使用 3 台锐捷公司的 AP520(W2)接入点，通过 3 个 1000Mb/s 静态以太网络接口(IP 地址是 172.16.1.3～172.16.1.5，子网掩码是 255.255.255.0，默认网关是 172.16.1.1)分别接入二层交换机，再接入大楼有线局域网，进而接入互联网，以获取更多的网络资源。

5.2　项目分析

小型企业(公司)构建的 WLAN 规模较小，工程的主要任务有现场考察、用户需求分析、规划设计、选购设备、安装设备、配置设备、调试与使用等。

本项目中,大开间区域办公室面积较大,可以构建胖AP架构模式的WLAN。安装布置设备时可考虑在天花板上安装AP520(W2)产品,使用它的胖(fat)接入点功能,采用以太网供电。通过布线到楼层的接入交换机接入大楼的有线局域网,获取有线网络资源。

5.3 技术准备

5.3.1 无线AP

1. AP的外观

无线接入点(Wireless Access Point,WAP)通常简称为接入点(AP),它是WLAN中与无线终端直接通信的设备。有很多厂商生产和销售AP,图5-2是思科公司的AP产品,图5-3是锐捷公司的AP产品。

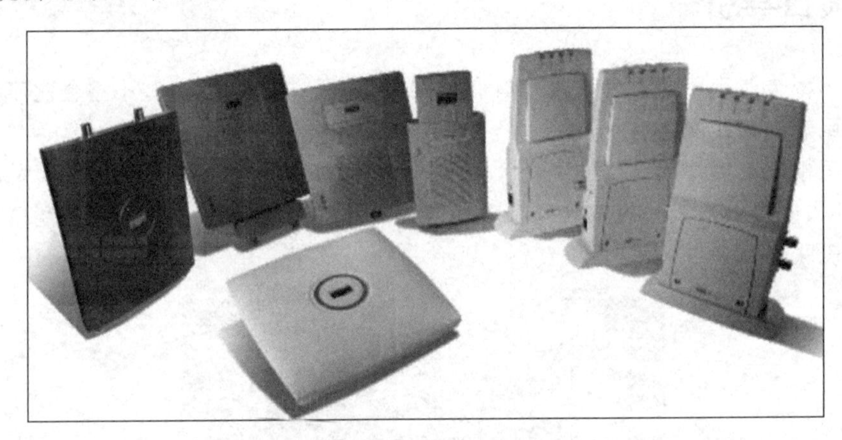

图5-2 思科公司的AP产品

图5-3 锐捷公司的AP产品

从外观上观察AP,可以发现以下几点:

(1) AP是一个盒状(金属的或硬塑料的)物体。

(2) AP有天线。AP外置天线使用棒状全向天线,或留有外接天线接口;内置天线隐藏于盒内。

(3) AP有接口和按钮。AP通常有天线接口、有线接口(RJ-45)、配置接口、电源接口和复位按钮。

(4) AP有指示灯,包括链接、电源等指示灯。

2. AP的功能

AP的主要功能如下：

(1) AP具有无线信号发射和接收的功能。无线AP通过天线发射和接收电磁波，支持无线终端（笔记本电脑等）与其无线连接。无线AP形成一定的无线覆盖范围。

(2) AP能与有线网络连接。无线AP通过有线接口（RJ-45），使用有线传输介质接入有线网络。

(3) AP是无线终端与有线网络通信的纽带或桥梁。AP能将无线终端发来数据转发给有线网络，同时有线网络发给无线终端的数据也由AP转发。

我国无线电管理委员会规定，室内无线设备的收发功率不能超过100mW。根据不同的功率，AP可以实现不同范围内网络的覆盖。通常，室内AP的覆盖距离可达100m左右，但是在与AP距离越远的地方，信号就越弱，数据传输速率也越小。

3. AP的性能参数

知道AP的性能参数有助于对其进行安装、配置和使用。下面介绍锐捷MP-422A、AP220-E、AP520系列和思科Aironet 1240AG系列、Aironet 1130AG系列AP的一些性能参数。

1）锐捷MP-422A

锐捷命名为MP(Mobility Point)的设备就是AP。锐捷MP-422采用双路双频三模架构设计，可支持IEEE 802.11a/b/g协议，并可支持IEEE 802.11a与IEEE 802.11b/g同时使用，可提供智能无线交换网络的室内AP、Mesh AP、Mesh门户(Mesh Portal)、点对点/点对多点无线网桥等多种功能服务。

该产品提供两个可冗余（一个使用，另一个备用）100Mb/s快速以太网端口，支持通过以太网供电(PoE)。MP-422A还提供了两个外接天线接口。

📖 *双路双频三模架构：双频，即支持2.4GHz频段和5GHz频段；三模指支持IEEE 802.11a/b/g标准协议；双路指支持两路同时传输。IEEE 802.11b模式下单路最大为11Mb/s，IEEE 802.11g模式下单路最大为54Mb/s；IEEE 802.11a模式下单路最大为54Mb/s，双路最大为108 Mb/s。*

2）锐捷AP220-E

该产品是增强型IEEE 802.11n无线接入点，采用双路IEEE 802.11n设计，最大可支持600Mb/s的速率；3×3 MIMO设计，传输范围比IEEE 802.11g增加20%～40%；光、电复用口上联有线网络，适用于各种部署环境。

AP220-E采用胖、瘦一体化设计，可应用在各种规模的网络中；采用功能化的LED设计，可随时发现异常和故障AP；具有智能感知功能，当无线控制器AC停机时，AP会智能切换为胖AP模式。

📖 *胖AP是指在组建WLAN时必须对其进行配置的AP，瘦AP是指在组建WLAN时不需要对其进行配置的AP。采用胖、瘦一体化设计时，可以根据使用的需要进行切换。*

3）锐捷AP520系列

AP520系列有AP520和AP520(W2)两种产品，是面向高校、政府、医疗、普教、金融、商业等室内场景推出的双路双频支持IEEE 802.11ac Wave2的AP产品，支持业界最新的MU-MIMO技术，支持两条空间流技术，2.4GHz频段提供最高300Mb/s的接入速率，

5GHz 频段提供最高 867Mb/s 的接入速率,整机提供 1.167Gb/s 的接入速率。

📖 空间流技术:MIMO 采用空间复用技术,将数据分割成多个平行的数据子流,通过多副天线同步传输。IEEE 802.11ac 协议最多支持 8 条空间流。市场上主要是下行采用 MU-MIMO,大部分终端只支持一条空间流。

📖 多用户多入多出技术(Multi-User Multiple-Input Multiple-Output,MU-MIMO):即同一时刻可向多个终端发送信息。该技术能进一步提高无线网络的利用率。IEEE 802.11ac Wave2 最大的特点是支持 MU-MIMO。

AP520/AP520(W2)产品可支持胖和瘦两种工作模式,可以根据不同行业客户的组网需要,随时灵活地切换。

大量的节能新技术被应用到 AP520 中,包括单天线待机技术、动态 MIMO 省电技术、增强型自动省电传送技术以及逐包功率控制技术等,结合高性能的电源设计,使得 AP520 在采用 IEEE 802.3af 标准供电的情况下全速率高速无线接入,保证了信号的最大覆盖。

通过锐捷 RG-WS 系列无线控制器的配合,可灵活预配置 RG-AP520/RG-AP520(W2)产品的数据转发模式,根据 SSID 名称或者用户 VLAN 以决定是否需要经过无线控制器转发,或直接进入有线网络进行数据交换。

AP520/AP520(W2)产品支持以太网供电标准协议(IEEE 802.3af/IEEE 802.3at),其以太网端口可通过 PoE 方式给交换机或适配器设备供电,在以太网线缆上接收通信数据和获得电力。管理员可通过远程网络直接对设备进行操作,同时也避免了电源供电不方便的问题,大大降低了部署难度和安装成本。

4) 思科 Aironet 1240AG 系列 AP

思科 Aironet 1240AG 系列 AP 提供了 WLAN 客户需要的多功能性、高容量、安全性和企业级特性等多种功能。这种符合 IEEE IEEE 802.11a/b/g 的 AP 专为富有挑战性的射频环境(如工厂、仓库和大型零售机构)而设计,这些环境需要通过天线接头、耐用的金属外壳和较大的工作温度范围等实现天线的灵活性。思科 Aironet 1240AG 系列提供本地供电的同时也支持以太网供电。

思科 Aironet 1240AG 系列可以提供两个 AP 版本:统一的 AP 或自治的 AP。统一的 AP 使用轻 AP 协议(LightWeight AP Protocol,LWAPP),并且与思科无线网络控制器和思科无线控制系统(Wireless Control System,WCS)一起工作。当使用 LWAPP 配置时,思科 Aironet 1240AG 系列能自动发现最佳可用的思科无线控制器,下载适当的策略和配置信息,而无须手动干涉。自治的 AP 基于思科 IOS 软件,并且可以与思科 Works 无线局域网解决方案引擎(Wireless LAN Solution Engine,WLSE)一起进行操作。

5.3.2 以太网供电

以太网供电(Power over Ethernet,PoE)是有线以太网技术,它能使设备工作所必需的电流由数据电缆而不是电源线来提供。美国电气电子工程师协会于 2003 年 6 月批准了 PoE 标准 IEEE 802.3af,该标准规范了 PoE 技术。

无线 AP、IP 电话及网络摄像头等终端设备通常数量众多,安装位置特殊,在实施部署时需要为它们供电。如果采用以太网供电这项创新技术,网络终端设备通过双绞线对既传输数据又获得直流供电,能有效地节省供电线路。图 5-4 是以太网供电应用示意图。

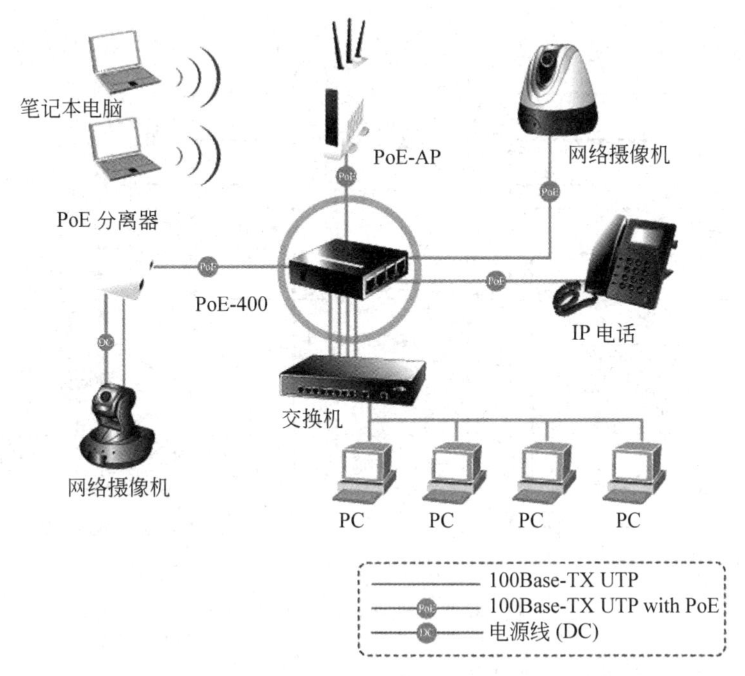

图5-4 以太网供电应用

📖 以太网(Ethernet)是局域网采用的最通用的通信协议标准。以太网与IEEE 802.3系列标准相类似。以太网包括标准的以太网(10Mb/s)、快速以太网(100Mb/s)和10G以太网(10Gb/s),它们都符合IEEE 802.3。

1. PoE系统的组成

在PoE系统中,提供电源的设备称为供电设备(Power Sourcing Equipment,PSE),而使用电源的设备称为受电设备(Powered Device,PD)。

从PSE到PD的供电使用5/5e/6类双绞线电缆,有A和B两种模式。模式A采用双绞线电缆中的1、2、3、6这4根数据线(1、2线为发送数据线,3、6线为接收数据线)供电,模式B则采用双绞线电缆中的4、5、7、8这4根空闲线供电。

IEEE 802.3af PoE系统的主要供电特性参数如下:

(1) 电压为44~57V,典型值为48V。

(2) 允许最大电流为550mA,最大启动电流为500mA。

(3) 典型工作电流为10~350mA,超载检测电流为350~500mA。

(4) 在空载条件下,最大需要电流为5mA。

(5) 为PD端提供3.84~12.95W(分为5个等级)的电功率请求,最大不超过13W。

PoE主要应用在为AP、IP电话、网络摄像机、网络图像采集设备以及其他一些基于IP的终端传输数据信号设备供电。通常,一台AP的功耗为6~12W,一台IP电话的功耗为3~5W,一台网络摄像机的功耗为10~12W。

PoE的主要设备是PSE,具有对PD的检测、分级、上电、断路检测等功能。一旦某个PD被加载,PSE将立即检测到该PD,并在设备被移开时切断电源。PSE还提供过流保护,以防止自己和PD遭受损坏。图5-5是以太网供电电路原理。

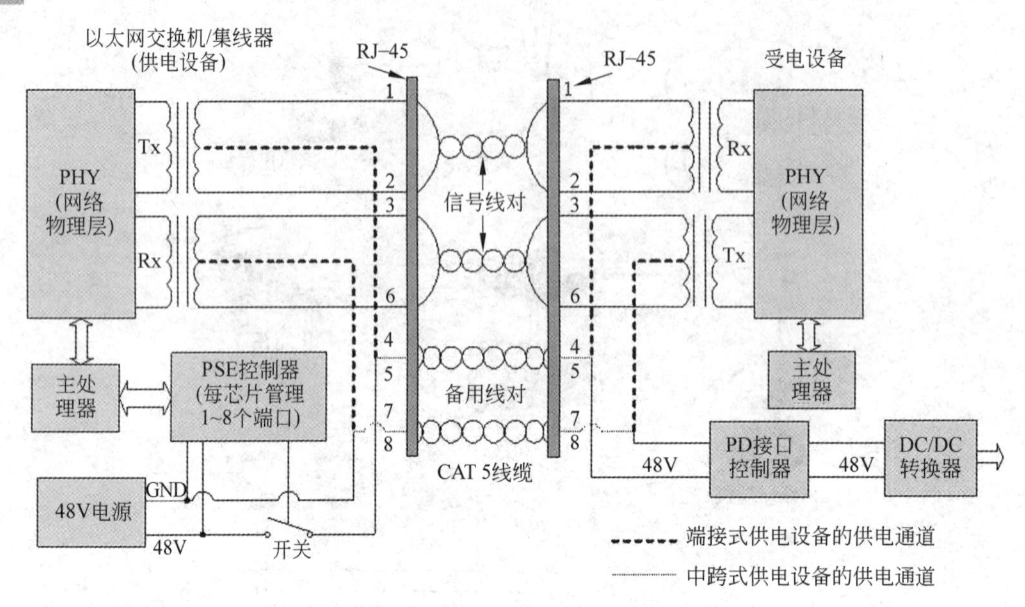

图 5-5 以太网供电电路原理

2. 两种类型的以太网供电设备

PoE 有两种类型的供电设备,一种为端跨式供电设备,另一种为中跨式供电设备。

1) 端跨式供电设备

端跨式(endspan)供电设备内置于 PoE 交换机或其他网络交换设备中。它采用模式 A 或模式 B 传输供电,并可以与 10Base-T、100Base-TX 或 1000Base-T 数据传输兼容。图 5-6 是 PoE 交换机。

图 5-6 PoE 交换机

端跨式供电设备一直受到以太网交换机对输送电力容量的限制。如果一台 24 端口的 PoE 交换机的每个端口都提供 15.4W 的输出功率,那么这台 PoE 交换机就要提供高达 370W 的输出功率,这将会导致整个交换机过热,进而影响到交换机的数据交换。所以,有的设备只提供少量的 PoE 端口。

2) 中跨式供电设备

如果网络中的交换机不支持 PoE,而终端设备又需要 PoE 时,就可以使用中跨式(midspan)供电设备供电。

图 5-7 为一款单路中跨式供电设备,也称单路电源输入器。它有两个 RJ-45 接口:一个是数据输入口,使用双绞线电缆连接至不具有 PoE 功能的网络交换设备(如非 PoE 交换机);另一个是数据和电源共用输出口,用双绞线电缆连接至用电设备。中跨式供电设备采用模式 B 供电。

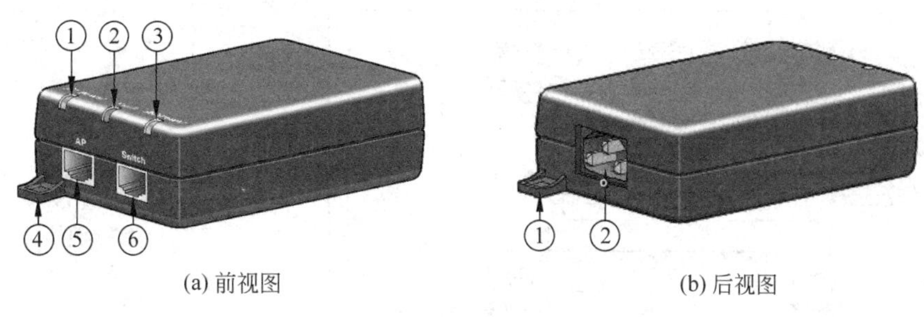

(a) 前视图　　(b) 后视图

图 5-7　单路中跨式供电设备

在图 5-7(a)中,①为接入点电源 LED 灯,②为故障 LED 灯,③为交流电源 LED 灯,④为安装孔,⑤为连接至 PD(10/100/1000Base-T)的 RJ-45 接口,⑥为连接至非 PoE 交换机(10/100/1000Base-T)的 RJ-45 接口。

在图 5-7(b)中,①为安装孔,②为交流电源输入连接器。

在实际应用中,一些设备厂商还提供有多路端口的中跨式供电设备,可以同时为多路 PD 供电。图 5-8 是多路中跨式以太网供电器。

中跨式 PoE 技术在提供多路高功率电力的同时不会引起交换机的过热和数据丢失等网络问题。图 5-9 是多路中跨式以太网供电器的应用连接。在实际网络安装中,多路中跨式以太网供电器和有线交换机都安装在电信间的机柜中。

图 5-8　多路中跨式以太网供电器

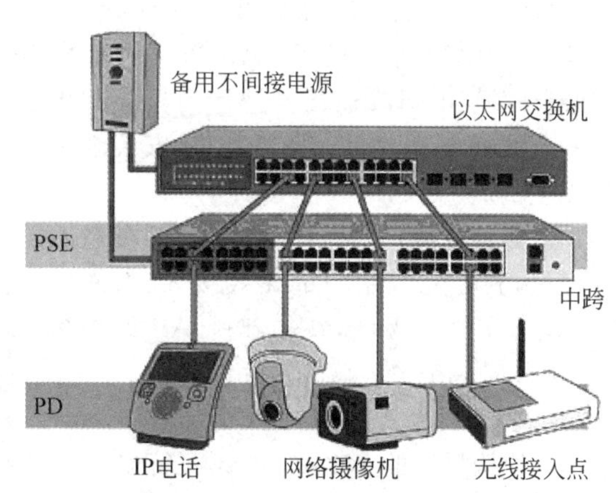

图 5-9　多路中跨式以太网供电器的应用连接

5.3.3　胖 AP 架构模式的 WLAN

随着无线技术的飞速发展,WLAN 已经迅速成为企业园区网中不可或缺的组成部分。规模较小的企业要求的无线局域网规模也较小,通常使用所谓的胖 AP 与有线交换机来构建 WLAN。

1. 胖 AP 架构模式的 WLAN 的结构

在胖 AP 与有线交换机构建的 WLAN 中,胖 AP 负责无线覆盖,每台胖 AP 连接到有线交换机,实现 WLAN 与有线局域网的连接,进而连接到互联网。图 5-10 是采用胖 AP 与有线交换机构建的 WLAN。

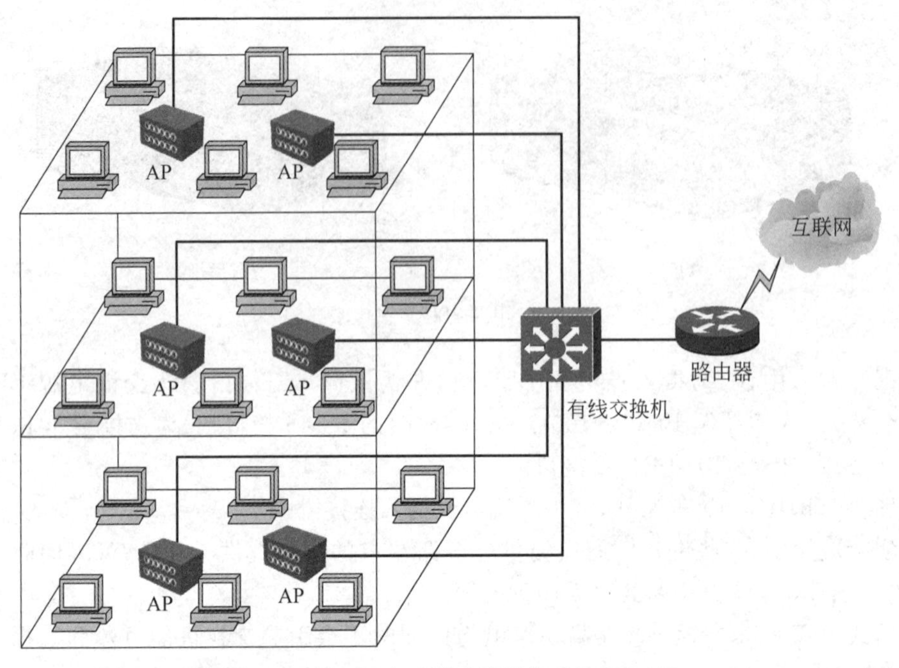

图 5-10 胖 AP 与有线交换机构建的 WLAN

2. 构建胖 AP 架构模式的 WLAN

构建胖 AP 架构模式的 WLAN 方法比较简单。通常是在需要无线覆盖的房间的天花板上安装胖 AP,用网线连接胖 AP 到楼层的电信间中的有线网络交换机。图 5-11 是安装在室内天花板上的胖 AP。

图 5-11 安装在室内天花板上的胖 AP

胖 AP 架构模式的 WLAN 中的 AP 分散在覆盖区域里,独立完成用户的无线接入、权限认证、安全策略实施。因此,在构建胖 AP 架构模式的 WLAN 时每个 AP 都需要分别配置。

3. 胖 AP 架构模式的 WLAN 的特点

胖 AP 架构模式的 WLAN 有以下特点:

(1) 必须使用胖 AP,不能使用瘦 AP。

(2) 组网时需要对各个 AP 分别配置,包括网管 IP 地址、SSID 和加密认证方式等无线业务参数,信道和发射功率等射频参数,ACL(接入控制列表)和 QoS 服务策略等。

(3) 管理 AP,例如对 AP 设备进行软件升级,查看网络运行状况和用户统计,更改服务策略和安全策略,等等,都需要分别登录 AP 执行操作。

5.4 项目实施

5.4.1 项目拓扑

图 5-12 为项目实施拓扑。

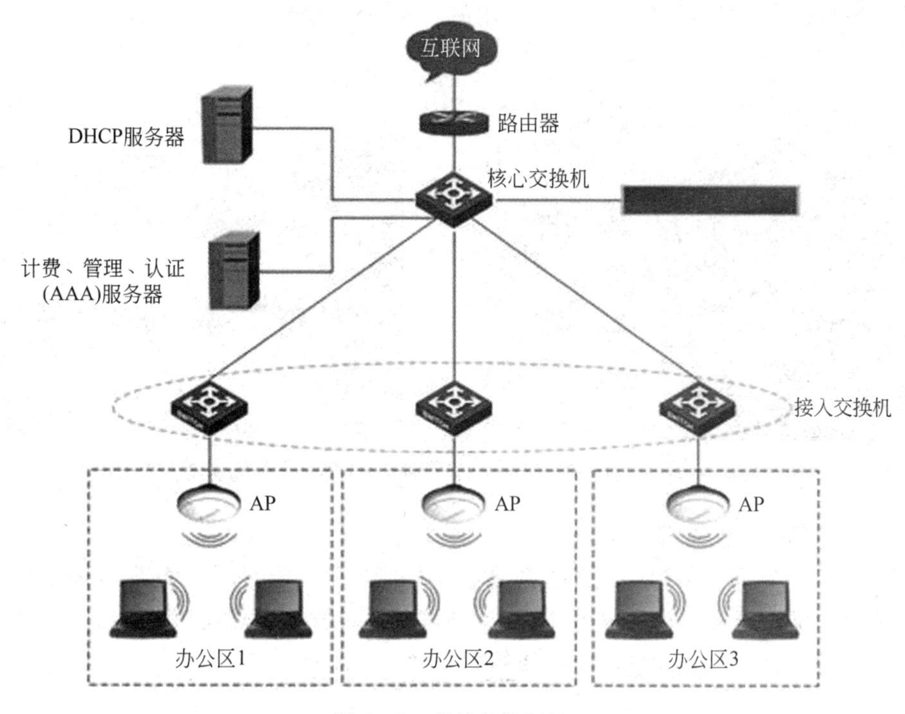

图 5-12　项目实施拓扑

5.4.2　项目设备

本项目需要以下设备：3 台 AP520(W2)，3 台用于给 AP 供电的 PoE 供电器(图 5-13)，3 台有线接入交换机(如 RG-2328G)，足够连接使用的 6 类(支持千兆传输)双绞线和 6 类 RJ-45 连接器，1 台安装了 Windows 7 系统的计算机(用于配置 AP)，几台安装了无线网卡的计算机或支持 WiFi 的手机。

图 5-13　给 AP 供电的 PoE 供电器

5.4.3　项目任务

1. 连接设备

(1) 在办公区室内天花板上分别安装 3 台 AP，如图 5-14 所示。

(2) AP 采用以太网供电。用一根网线(6 类双绞线)将 AP520(W2)的 LAN/PoE 口接入 PoE 供电器的 PoE 口，用另一根网线连接 PoE 供电器的 LAN 口和有线交换机接口。PoE 供电器接入交流电源。

(3) 实际布线时，有线接入交换机安装在楼层电信间的机柜中，在那里接入公司的有线网络。图 5-15 是楼层电信间机柜中安装的设备。

2. AP520(W2)配置准备

1) AP520(W2)和计算机连接

配置 AP520(W2)时，AP520(W2)采用以太网供电。用一根网线将 AP520(W2)的

LAN/PoE口接入PoE供电器的PoE口,用另一根网线连接PoE供电器的LAN口和计算机的网卡接口。

图5-14　在天花板上安装AP

图5-15　有线交换机安装在楼层电信间的机柜中

2) AP520(W2) Web管理系统

AP520(W2)设备内置Web管理系统,可以处理HTTP请求。管理员通过浏览器的Web管理界面发出配置或管理命令,并由AJAX向设备发出请求或命令。设备根据请求或命令返回应答数据。Web管理应用拓扑如图5-16所示。

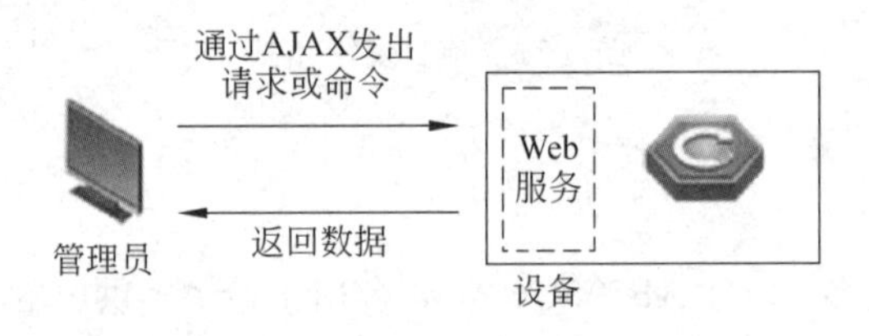

图5-16　Web管理应用拓扑

📖 AJAX即Asynchronous JavaScript And XML(异步JavaScript和XML),是一种创建交互式网页应用的网页开发技术。

3) AP520(W2) Web管理的默认配置

AP520(W2)默认已内建VLAN1,VLAN1网关(虚接口)的IP地址是192.168.110.1/24,这个地址也称为AP的默认管理地址。AP520(W2) Web管理的默认配置如表5-1所示。

表5-1　AP520(W2) Web管理的默认配置

功能特性	默　认　值
Web服务	开启
VLAN	VLAN1
管理地址	192.168.110.1
账号/密码	admin/admin(超级管理员,拥有所有权限)

📖 VLAN(Virtual Local Area Network)是虚拟局域网的缩写,它是在一个物理网络上划分出来的逻辑局域网,有着和普通物理网络同样的属性。可以把一个端口定义为一个

VLAN 的成员，所有连接到这个特定端口的终端都是虚拟网络的一部分。在一个 VLAN 内可以转发第二层的单播、多播和广播帧，而不会直接进入其他的 VLAN 中。VLAN 之间的通信必须通过三层设备并设置 VLAN 网关（虚接口）地址。

4）进入 AP520(W2)Web 管理登录页面

首先配置计算机的 IP 地址与设备管理地址在同一个网段（例如 192.168.110.2），子网掩码为 255.255.255.0。在浏览器地址栏输入 http://192.168.110.1，按回车键后，弹出 AP520（W2）Web 管理登录页面，如图 5-17 所示。

Ruijie
AP无线接入
简网络，玩智分，无线移动体验
支持的浏览器：IE8~IE11，谷歌，360浏览器
admin
登录
忘记密码?　English

图 5-17　AP520(W2) Web 管理登录页面

5）“首页”页面

在输入管理员的账号和密码后就进入 AP520(W2)瘦模式 Web 管理“首页”页面，如图 5-18 所示。在“首页”页面中可以查看 AP 设备的基本信息，如设备型号、设备 MAC 地址、系统告警信息、AP 设备总流量趋势，可以了解 AP 的全部最新动态以及每个 AP 对应的用户信息，时时了解终端用户信号强度分布情况，查看 WAN 口信息和无线信息，等等。

图 5-18　AP520(W2)瘦模式 Web 管理“首页”页面

3. AP 软件版本升级

若 AP520(W2)的软件版本是 RGOS11.1(5)B9P2，而更新的软件版本是 RGOS11.1(5)B9P5，可以对 AP520(W2)的软件版本进行升级。

1）软件升级准备

在锐捷官网 http://www.ruijie.com.cn 上找到新版本软件，如图 5-19 所示，下载并存放到计算机硬盘上。

2）在 AP520(W2)旧版软件 RGOS11.1(5)B9P2 的胖模式中升级

（1）若首先进入的是瘦模式，就在“向导”页面的“当前模式”右侧切换为胖模式，如图 5-20 所示。

（2）单击“当前模式”右侧的【切换胖瘦模式】链接，弹出如图 5-21 所示的页面。单击

图 5-19　在锐捷官网上下载新版本软件

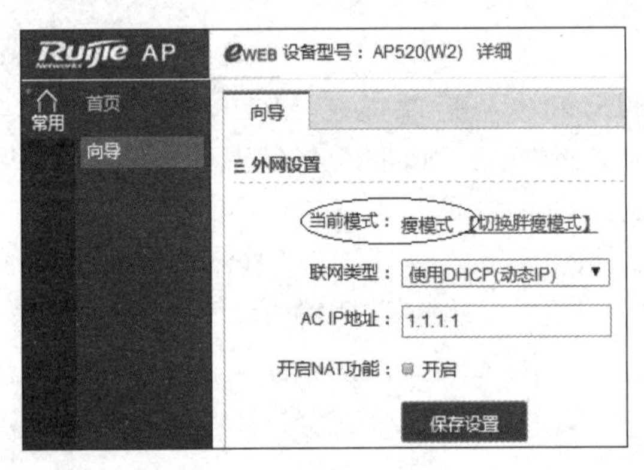

图 5-20　切换到胖模式

“胖 AP 模式”单选按钮，弹出提示对话框，单击“确定”按钮。AP 重启后进入胖 AP 模式。

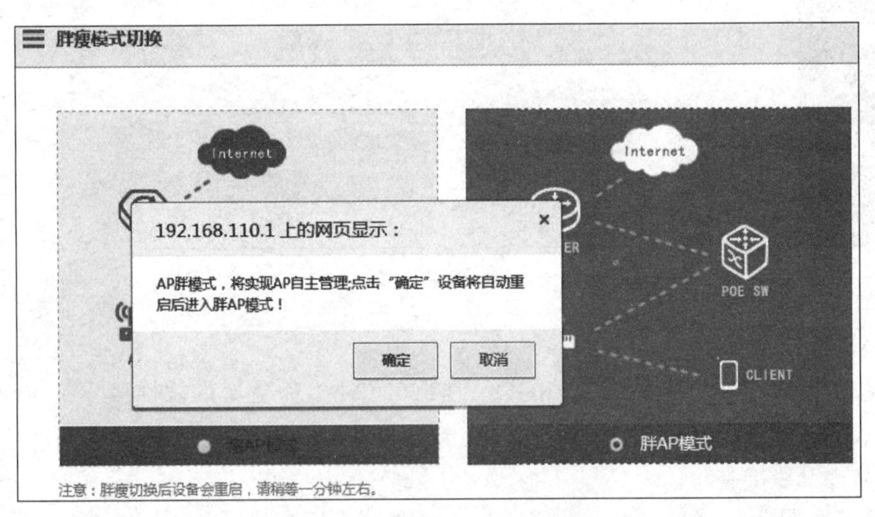

图 5-21　胖瘦模式切换页面

(3) 系统重启后进入 AP520(W2)胖模式 Web 页面，单击“系统”组中的“系统升级”项，打开“本地升级”页面，如图 5-22 所示。单击“浏览”按钮，打开如图 5-23 所示的“打开”窗口，找到本地升级文件，完成升级。

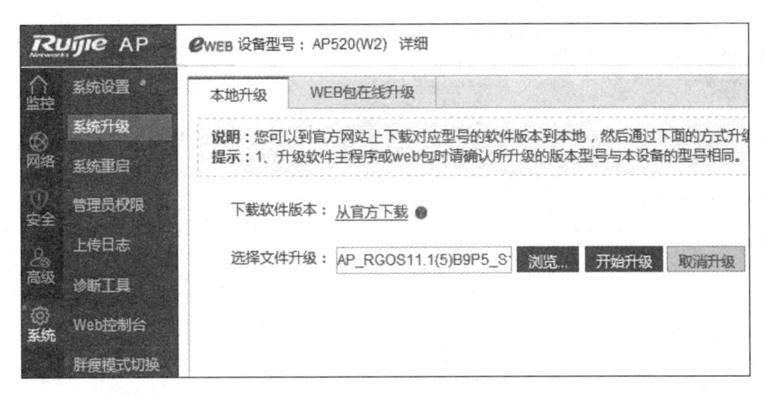

图 5-22　本地升级

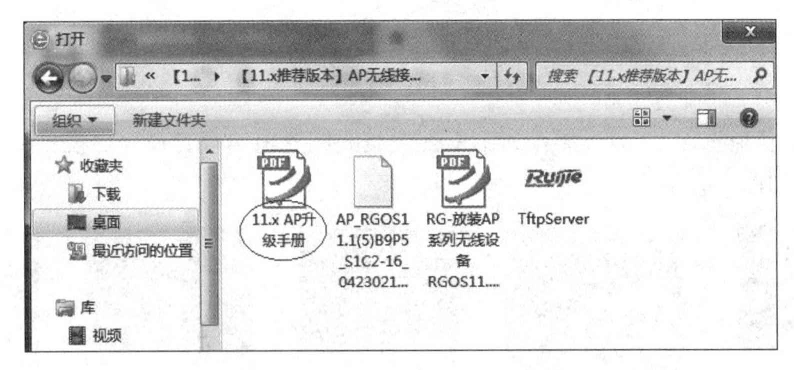

图 5-23　找到本地升级文件

4. AP520(W2)胖模式配置

1) 由瘦 AP 模式切换到胖 AP 模式

将 AP520(W2)和配置计算机连接，在浏览器地址栏输入 http://192.168.110.1，在登录页面输入账号和密码(均为 admin)后，如果进入的是瘦 AP 模式，就切换到胖 AP 模式，如图 5-24 所示。AP 重启后进入图 5-25 所示的胖模式 Web 管理“首页”页面。

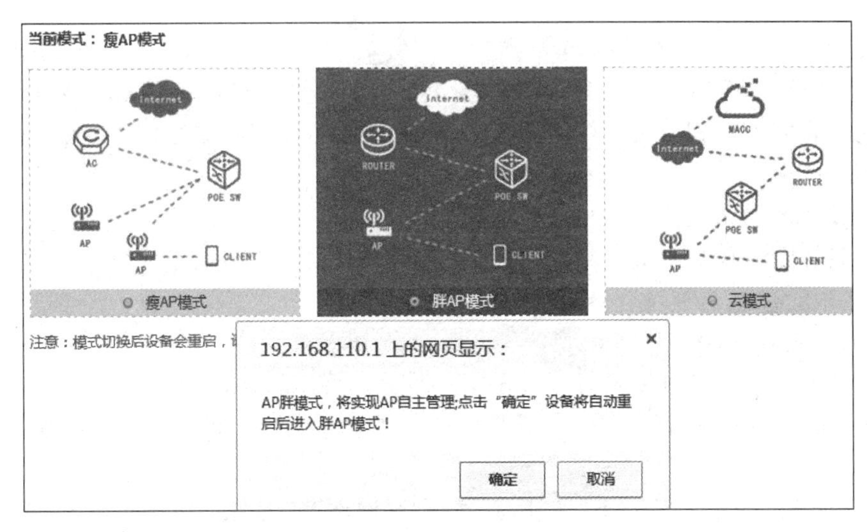

图 5-24　切换到胖 AP 模式

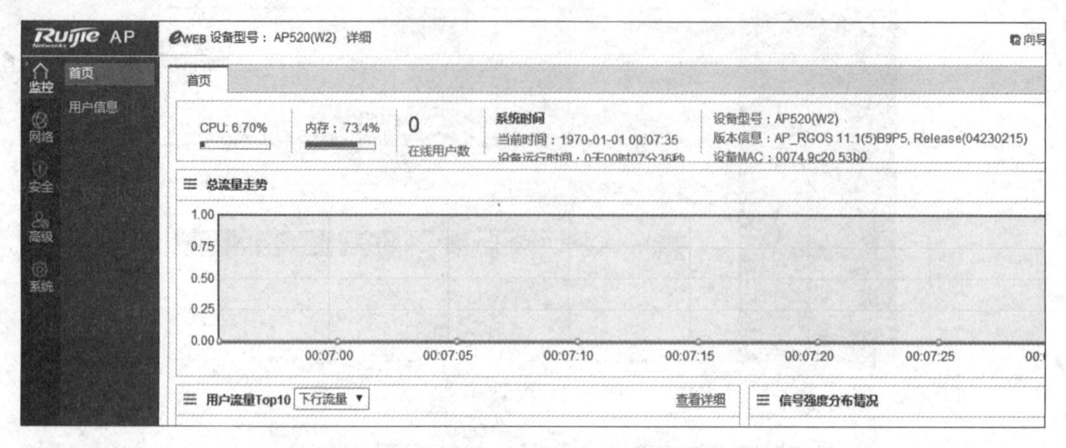

图 5-25　AP520(W2)胖模式 Web 管理“首页”页面

2）胖模式下的配置组和配置项

在 Web 管理页面中，通过胖模式下的配置组和配置项实现管理。胖模式下的全部配置组和配置项如图 5-26 所示。

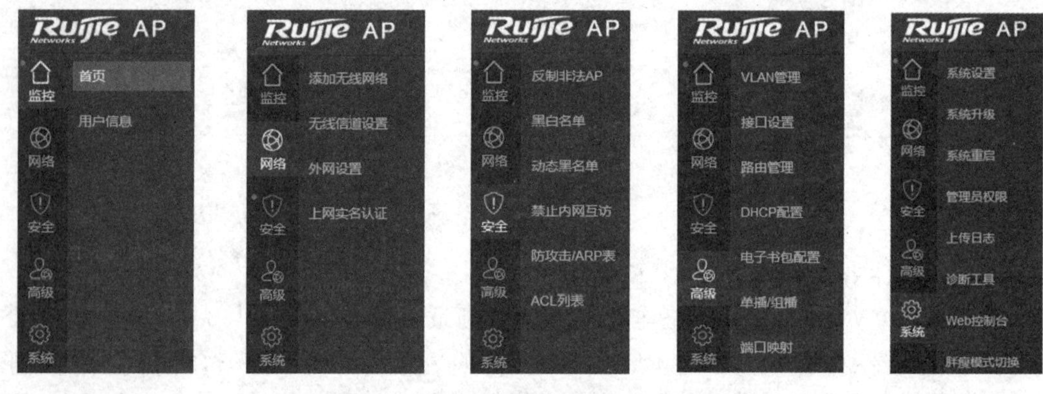

图 5-26　胖模式下的配置组和配置项

3）配置胖模式 AP 的两种工作模式

AP 在胖模式下有两种工作模式：一是“AP 只做接入模式”，二是“无线路由模式”。在这两种模式下，外网可以有两种联网类型：一种是“使用静态 IP(独立 IP)”，另一种是“使用 DHCP(动态 IP)”。

4）“AP 只做接入模式”的配置

“AP 只做接入模式”是指 AP 实际上相当于网络中的一个终端，起到将有线转无线的作用，一般在办公室、酒店等场合使用。

(1) 外网设置。

单击“网络”组中的“外网设置”，弹出“外网设置”页面，如图 5-27 所示。这里的外网是 AP 上联的网络。在“外网设置”页面中选择“AP 只做接入模式”单选按钮，“管理 VLAN”设置为 1。

如果外网给 AP 分配静态 IP 地址，则选择“联网类型”为“使用静态 IP(独立 IP)”。管理 IP 地址用于与外联设备互联，必须与外网在同一网段。管理 IP 掩码、默认网关也根据外

图 5-27　"AP 只做接入模式"和"使用静态 IP(独立 IP)"的配置

网给出的地址填写,如图 5-27 所示。完成后单击"保存设置"按钮。

注意:本例中 AP 的管理 IP 地址由默认的 192.168.110.1 修改为 172.16.1.4。以后要记住使用 172.16.1.4 登录 AP 的 Web 管理页面。

如果外网使用 DHCP(动态 IP)给 AP 分配地址,则选择"联网类型"为"使用 DHCP(动态 IP)",如图 5-28 所示。完成后单击"保存设置"按钮。

图 5-28　"AP 只做接入模式"和"使用 DHCP(动态 IP)"的配置

注意:本例中 AP 的管理 IP 地址由默认的 192.168.110.1 修改为外网动态分配的地址

192.168.2.102,默认管理 IP 地址 192.168.110.1 失效。

如果在实训和使用中设置了外网使用 DHCP(动态 IP)给 AP 分配地址,以后又不清楚修改后的管理地址,就需要用 DHCP 重新分配一个已知的动态管理 IP 地址,再使用它登录 AP 的 Web 管理页面。

(2) 添加无线网络。

单击“网络”组中的“添加无线网络”,弹出如图 5-29 所示的“添加无线网络”页面。在页面中输入 WiFi 名称、加密类型、WiFi 密码后,单击页面下方的“保存设置”按钮。

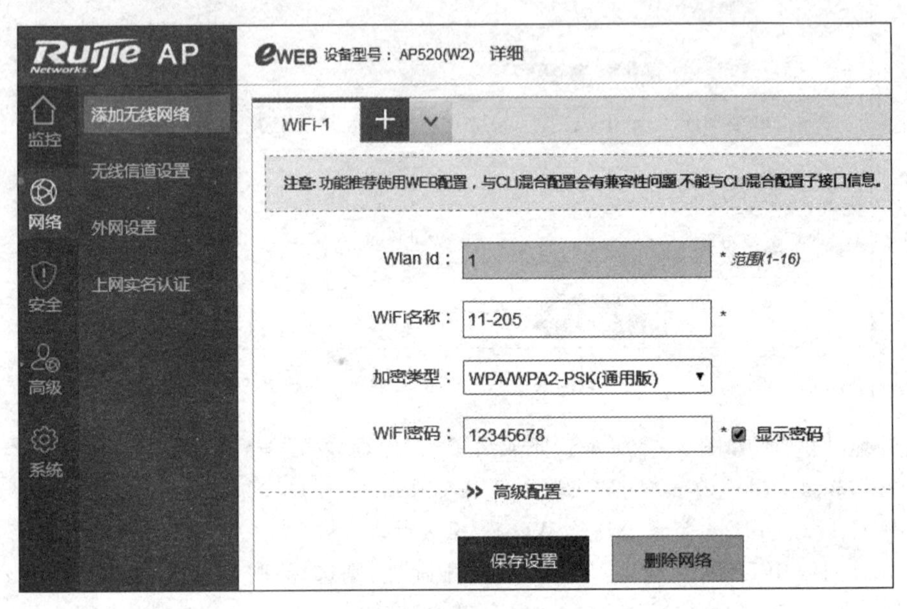

图 5-29 “添加无线网络”页面

图 5-30 所示的“高级配置”页面的内容不需要设置,它是由系统自动生成的。

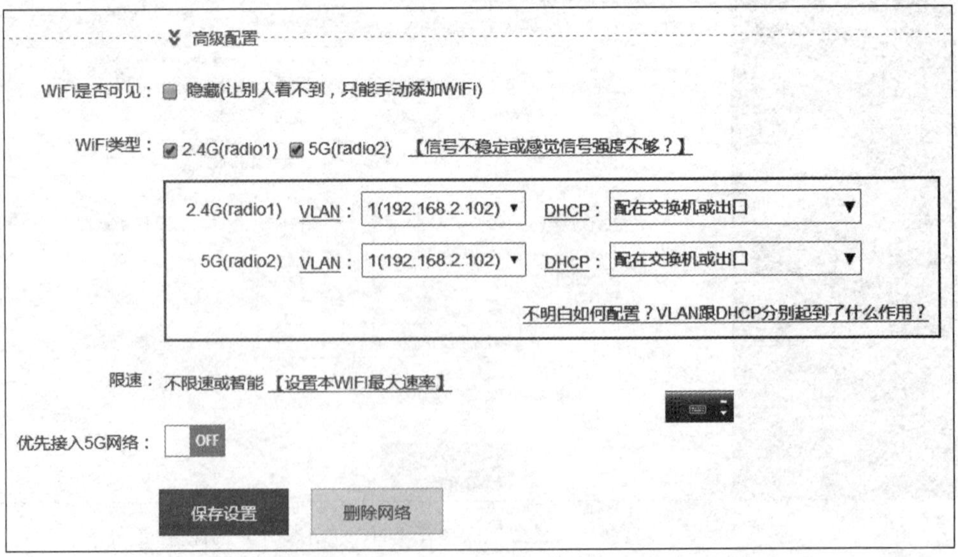

图 5-30 “高级配置”页面

特别要注意的是，如果本AP工作在“AP接入模式”，那么一般不需要配置DHCP，因为DHCP服务在其外联交换机或出口上已经配置好了，这时候AP只起到有线转无线的作用，不作为网关，也无须分配IP地址。

(3) 无线信道设置。

单击“网络”组中的“无线信道设置”项，弹出如图5-31所示的“无线信道设置”页面。在该页面分别对2.4GHz网络和5GHz网络进行设置。

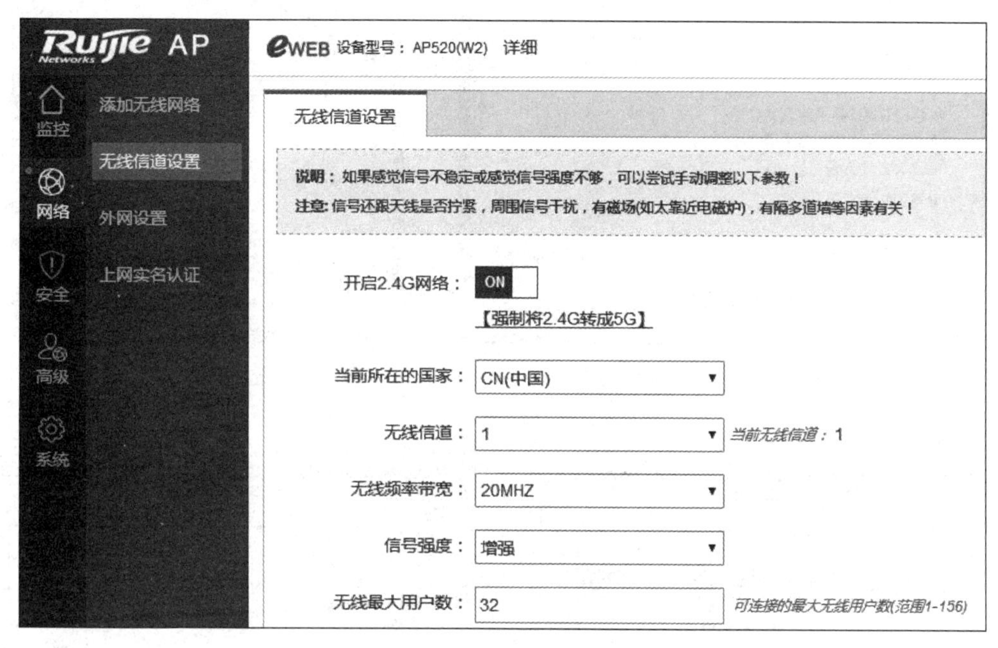

图5-31 “无线信道设置”页面

首先对2.4GHz网络进行设置。在页面中开启2.4GHz网络，选择当前所在的国家、无线信道、无线频率带宽、信号强度、无线最大用户数等配置信息后，单击页面下方的“保存设置”按钮。

其次对5GHz网络进行设置。在页面中开启5GHz网络，选择当前所在的国家、无线信道、无线频率带宽、信号强度、无线最大用户数等配置信息后，单击页面下方的“保存设置”按钮。

(4) 验证使用无线局域网。

① 对工作站配置IP地址。在工作站的“Internet协议版本4(TCP/IPv4)属性”对话框中选择“自动获得IP地址”单选按钮，如图5-32所示。

② 选择无线网络名连接网络。单击任务栏中的按钮，在弹出的无线网络连接列表中选择无线网络名称11-205连接网络，如图5-33所示。

图5-34是网络连接详细信息。图5-35是无线网络连接状态。

③ 可以使用ping命令检查连通性。

④ PC之间使用建立的无线局域网传输数据，如建立共享文件夹传输文件，使用局域网聊天软件“飞秋”，实现在无线局域网计算机之间传输文件或聊天。

⑤ PC无线上网。

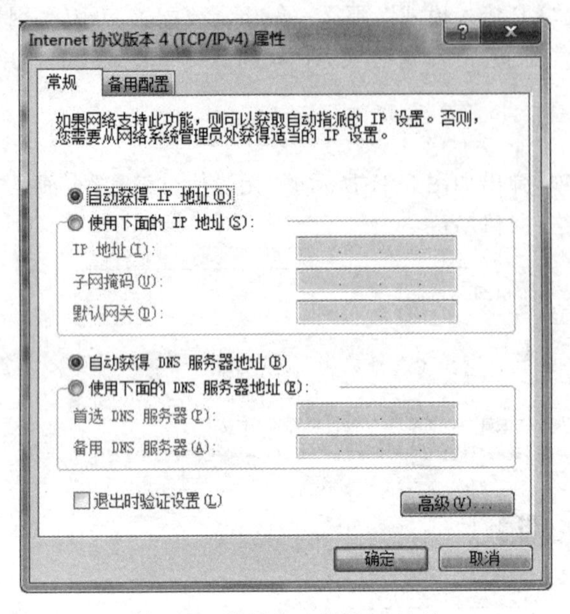

图 5-32　设置自动获得 IP 地址

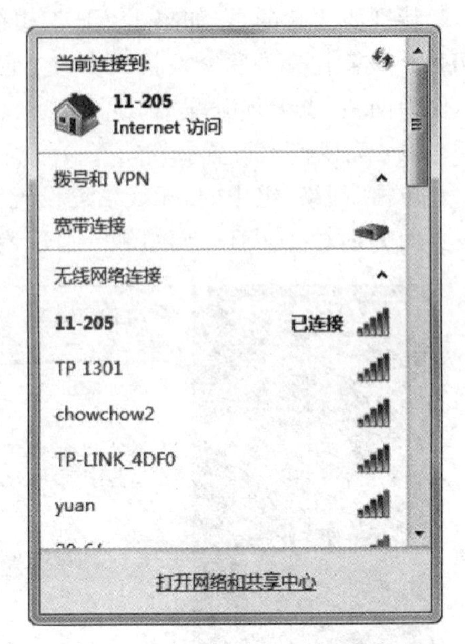

图 5-33　选择 11-205 连接网络

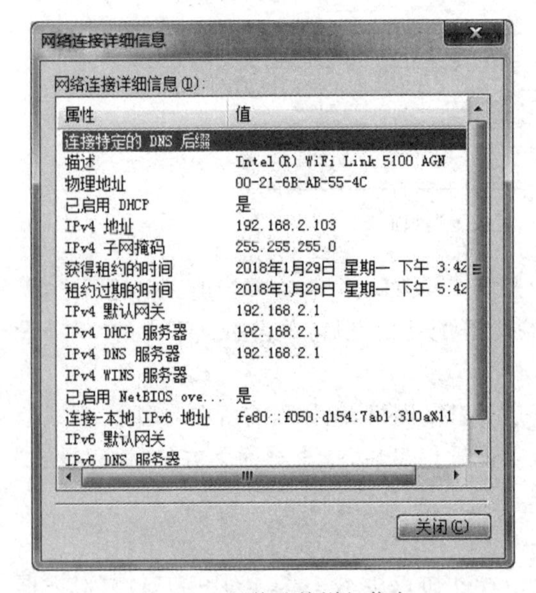

图 5-34　网络连接详细信息

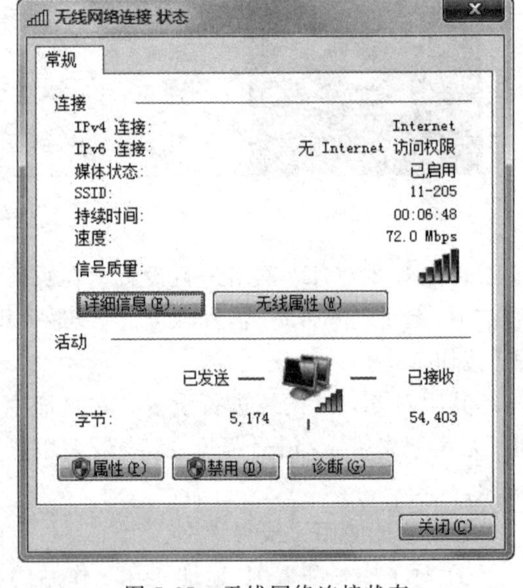

图 5-35　无线网络连接状态

5) 无线路由模式配置

(1) 选择无线路由模式。

在“外网设置”页面，选择“无线路由模式”单选按钮，进行相关设置，单击“保存设置”按钮，如图 5-36 所示。

注意：本例中 AP 的管理 IP 地址修改为外网分配的静态 IP 地址 172.16.1.2。

(2) 无线信道配置。

在“网络”组中选择“无线信道设置”项，弹出“无线信道设置”页面。开启 2.4GHz 网络

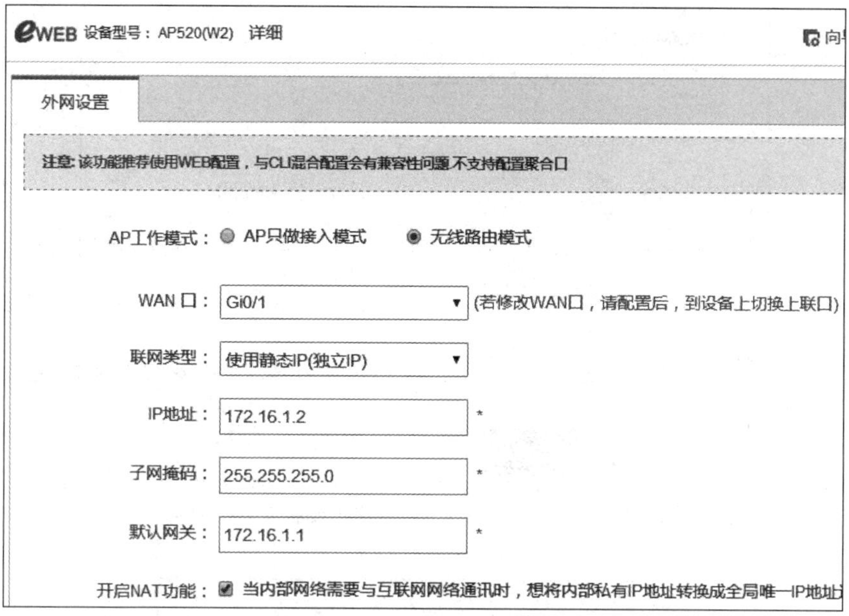

图 5-36　无线路由模式配置

和 5GHz 网络，并进行相关设置，单击“保存设置”按钮，如图 5-37 和图 5-38 所示。

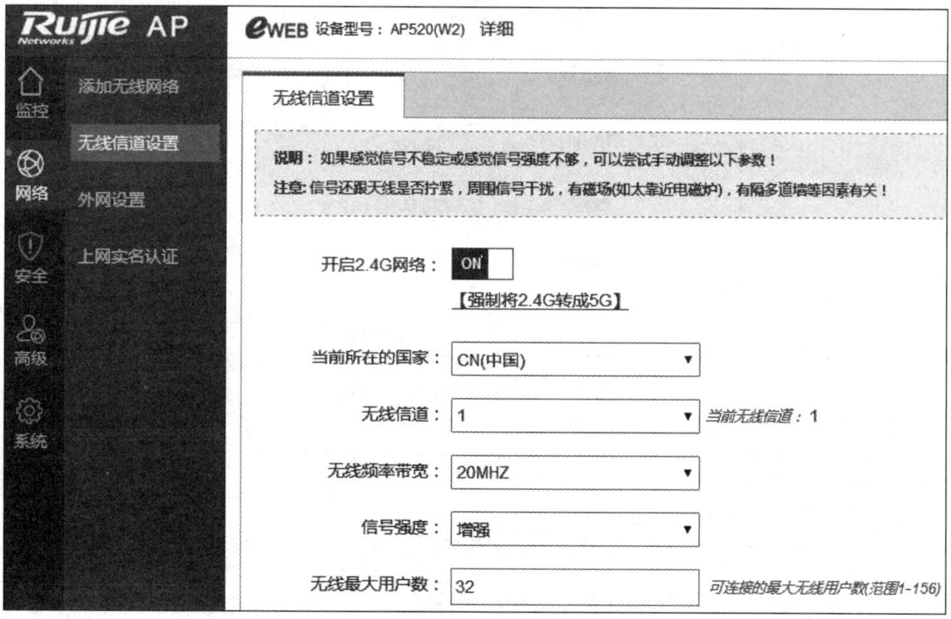

图 5-37　在“无线信道设置”页面中设置 2.4GHz 网络

(3) DHCP 配置。

在“高级”组中选择 DHCP 项，弹出“DHCP 配置”页面，单击“添加 DHCP”，弹出“添加 DHCP”页面，如图 5-39 所示。进行相关设置后，单击“保存设置”按钮。

DHCP 配置完成后的 DHCP 列表如图 5-40 所示。

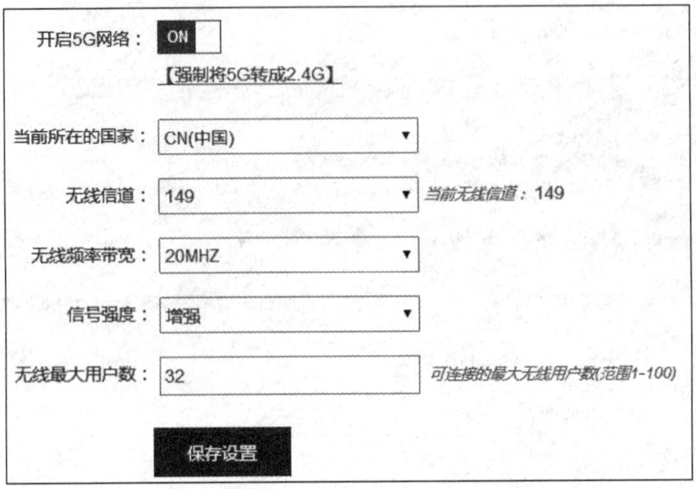

开启5G网络： ON

【强制将5G转成2.4G】

当前所在的国家： CN(中国)

无线信道： 149 当前无线信道：149

无线频率带宽： 20MHZ

信号强度： 增强

无线最大用户数： 32 可连接的最大无线用户数(范围1-100)

保存设置

图 5-38 在"无线信道设置"页面中设置 5GHz 网络

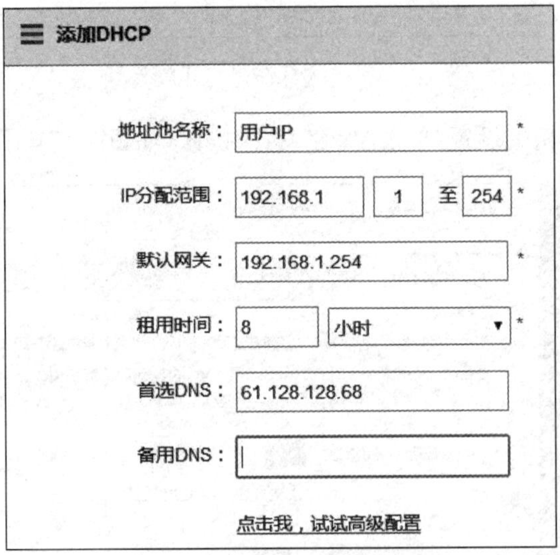

添加DHCP

地址池名称： 用户IP *

IP分配范围： 192.168.1 1 至 254 *

默认网关： 192.168.1.254 *

租用时间： 8 小时 *

首选DNS： 61.128.128.68

备用DNS：

点击我，试试高级配置

图 5-39 "添加 DHCP"页面

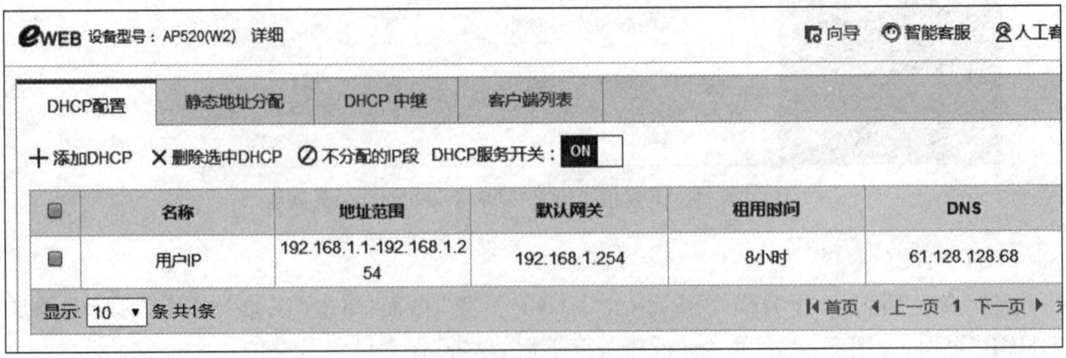

eWEB 设备型号：AP520(W2) 详细 向导 智能客服 人工客

DHCP配置 静态地址分配 DHCP 中继 客户端列表

+添加DHCP ×删除选中DHCP ⊘不分配的IP段 DHCP服务开关： ON

	名称	地址范围	默认网关	租用时间	DNS
	用户IP	192.168.1.1-192.168.1.254	192.168.1.254	8小时	61.128.128.68

显示 10 条 共1条 首页 上一页 1 下一页

图 5-40 DHCP 列表

(4) 添加无线网络。

单击"网络"组中的"添加无线网络"项,弹出如图5-41所示的"添加无线网络"页面。在页面中输入WiFi名称、加密类型、WiFi密码后,单击页面下方的"保存设置"按钮。

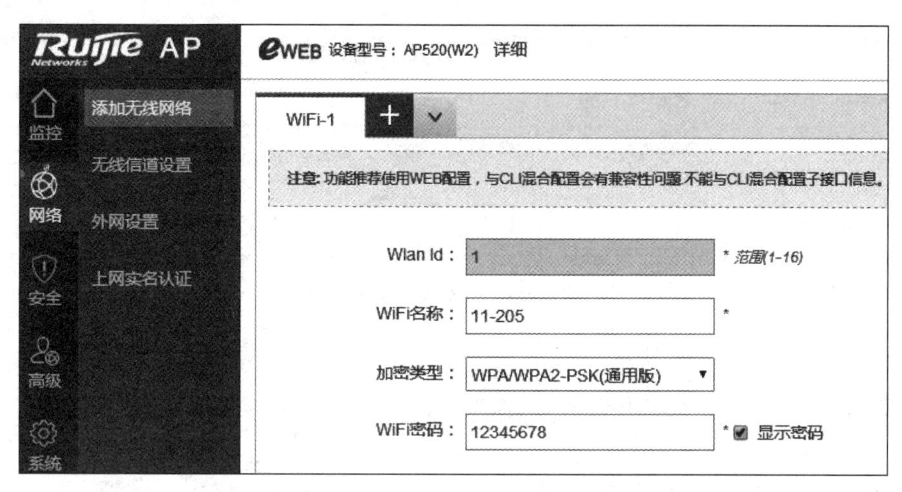

图5-41 "添加无线网络"页面

(5) 查看系统自动设置。

单击"高级"组中的"VLAN管理""接口设置"和"路由管理",可以查看系统自动设置的内容,如图5-42至图5-44所示。这些都不需要进行配置。

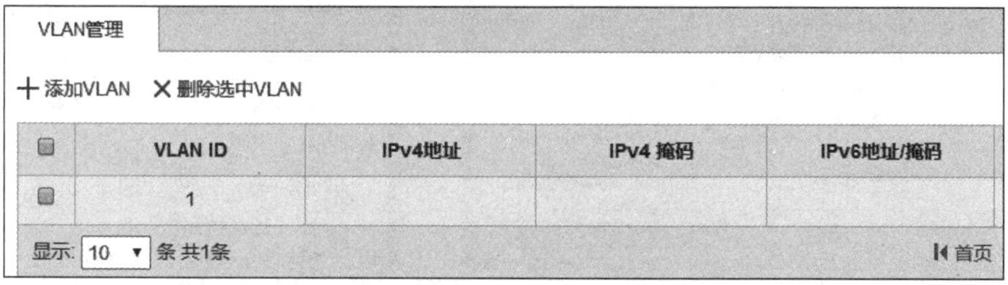

VLAN管理

+ 添加VLAN ✕ 删除选中VLAN

	VLAN ID	IPv4地址	IPv4 掩码	IPv6地址/掩码
	1			

显示: 10 条 共1条 首页

图5-42 查看系统自动设置的VLAN管理内容

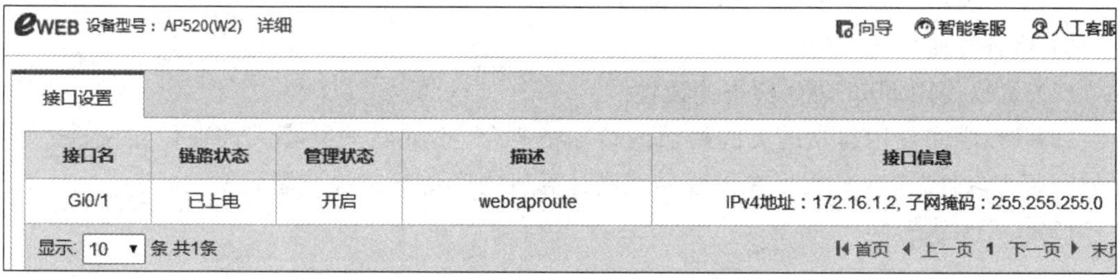

eWEB 设备型号：AP520(W2) 详细 向导 智能客服 人工客服

接口设置

接口名	链路状态	管理状态	描述	接口信息
Gi0/1	已上电	开启	webraproute	IPv4地址：172.16.1.2，子网掩码：255.255.255.0

显示: 10 条 共1条 首页 上一页 1 下一页 末页

图5-43 查看系统自动设置的接口设置内容

(6) 验证使用无线局域网。

在工作站的"Internet协议版本4(TCP/IPv4)属性"对话框中选择"自动获得IP地址"单选按钮,如图5-45所示。再单击任务栏中的▮按钮,在弹出的无线网络连接列表中选择

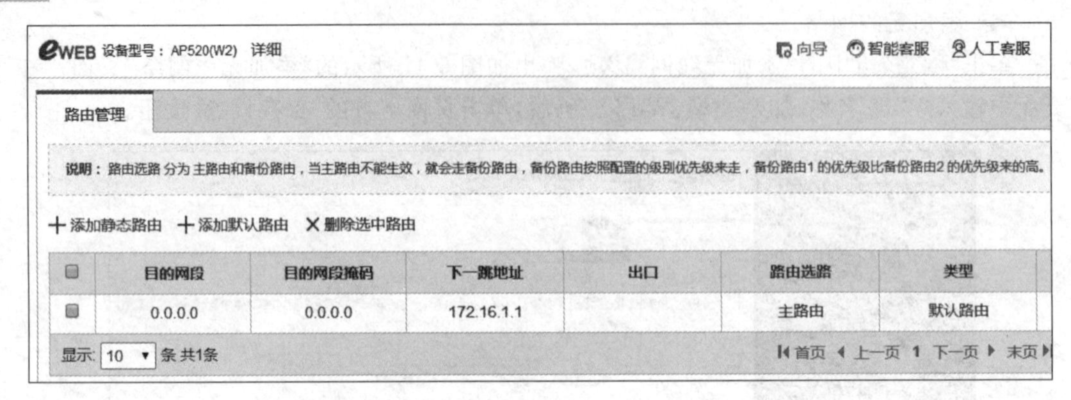

图 5-44　查看系统自动设置的路由管理内容

11-205 连接网络,如图 5-46 所示。

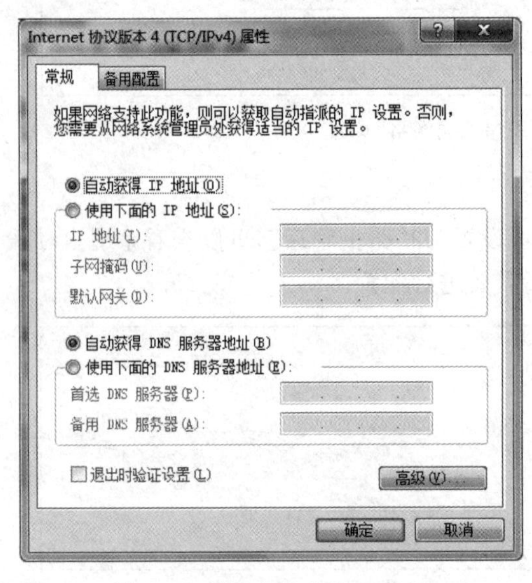

图 5-45　设置自动获得 IP 地址

图 5-46　选择 11-205 连接网络

用以上方法完成其余两个 AP 的配置。

6) 检查并使用 WLAN

(1) 可以使用 ping 命令检查连通性。

(2) PC 之间使用建立的无线局域网传输数据信息,如建立共享文件夹传输文件、使用局域网聊天软件“飞秋”,实现在无线局域网计算机之间传输文件或聊天。

(3) PC 无线上网。

5.5　本章小结

本章主要介绍胖 AP 架构模式的 WLAN 的构建,胖 AP 是这种无线网络的核心设备。

(1) 构建胖 AP 架构模式的 WLAN 的主要任务有现场考察、用户需求分析、规划设计、选购设备、安装设备、配置设备、调试与使用。

(2) 上网关注、查找、收集胖AP产品的型号、性能参数和价格等信息，这有助于了解和使用胖AP。

(3) 以太网供电的优点是节省AP设备专用供电线路。

(4) 在胖AP架构模式的WLAN中，每台AP都需要配置。

5.6　强化练习

1. 判断题

(1) 无线AP提供无线信号发射和接收的功能，支持无线终端与其无线连接。　(　　)

(2) 在我国，室内WLAN设备的收发功率不能超过100W。　(　　)

(3) 无线终端与AP距离越远，信号就越弱，数据传输速率也就越小。　(　　)

(4) PoE以太网交换机或PoE供电适配器是以太网供电设备。　(　　)

(5) 在WLAN中，以太网供电的优点是节省了AP的专用供电线路。　(　　)

(6) 以太网供电是无线供电。　(　　)

(7) 有线交换机可以通过光纤实现以太网供电。　(　　)

(8) 中跨式PoE技术在提供高功率电力的同时不会使交换机过热。　(　　)

(9) AP520(W2)是支持双路双频的无线接入点。　(　　)

(10) IEEE 802.11ac Wave2最大的特点是支持MU-MIMO。　(　　)

(11) MU-MIMO是指在同一时刻可向多个终端发送信息。　(　　)

(12) AP520(W2)产品可支持胖和瘦两种工作模式。　(　　)

2. 填空题

(1) 胖AP架构模式WLAN的核心设备是________。

(2) 胖AP如果有RJ-45接口而没有电源接口，则它一定接受________供电。

(3) PoE有两种类型的供电设备，一种为端跨式供电设备，另一种为________供电设备。

(4) 在PoE系统中，提供电源的设备称为供电设备，而使用电源的设备称为________。

(5) AP520(W2)的2.4GHz频段提供最高300Mb/s的接入速率，5GHz频段提供最高867Mb/s的接入速率，整机提供________Gb/s的接入速率。

(6) AP在胖模式下有两种工作模式：一是“AP只做接入模式”，二是________。

(7) “AP只做接入模式”是指AP只相当于网络中的________，起到将有线转无线的作用。

3. 单选题

(1) 以太网供电使用的传输介质是(　　)。

A. 双绞线电缆　　B. 同轴电缆　　C. 光缆　　D. 电磁波

(2) 无线AP不可缺少的接口是(　　)。

A. 电源接口　　B. 外接天线接口　　C. RJ-45接口　　D. 光纤接口

(3) 构建胖AP架构模式的WLAN可以不需要(　　)。

A. 胖AP　　B. 有线交换机

C. 双绞线电缆　　D. 无线路由器

(4) 构建胖AP架构模式的WLAN时要接入有线网络,这是为了(　　)。
A. 提高网络的安全性　　B. 获取更多的网络资源
C. 提高无线网络的速率　　D. 提高有线网络的速率

(5) 下列不属于胖AP架构模式WLAN的特点的是(　　)。
A. 必须使用胖AP　　B. 可以使用瘦AP
C. 管理AP需要分别登录AP执行操作　　D. 组网时需要对各个AP分别配置

(6) 下列不是AP520(W2) Web默认配置的是(　　)。
A. Web服务关闭　　B. 内建VLAN1
C. 管理IP地址是192.168.110.1　　D. 账号和密码均为admin

4. 多选题

(1) 进入AP520(W2) Web管理页面的正确操作是(　　)。
A. 配置计算机的IP地址与AP管理IP地址为不同网段的不同地址
B. 在浏览器地址栏输入http://192.168.110.1
C. 在登录页面正确输入用户名
D. 在登录页面正确输入密码

(2) 配置AP520(W2)时,在"添加无线网络"页面中可以配置(　　)。
A. WiFi名称　　B. WiFi密码　　C. 加密类型　　D. 无线信道

(3) 配置AP520(W2)时,在"无线信道设置"页面中可以配置(　　)。
A. 无线信道、当前国家　　B. 无线频率带宽、信号强度
C. 开启WiFi、开启DHCP　　D. 开启2.4GHz网络、无线最大用户数

第 6 章　构建中型企业无线局域网

本章的学习目标如下：

- 掌握集中型无线局域网的结构。
- 认识无线局域网控制器。
- 了解无线接入点的控制和配置协议。
- 理解无线接入点的控制和配置协议的隧道传输。
- 掌握无线局域网控制器(WLC)的功能和配置。
- 掌握构建规模较大的集中型无线局域网的主要技术。

6.1　项目导引

中型企业(公司)人员较多,接入网络的无线终端数量较大,因此,中型企业构建的无线局域网规模也较大。由于单台无线 AP 的覆盖范围有限,若要覆盖较大的范围,就需要部署更多的无线 AP,从而形成规模较大的无线局域网。

某中型企业前几年构建了有线网络,为满足企业发展的需要,现决定在总部的 A、B、C 区构建无线局域网,并接入有线网络。规划第一期只做 A 区的无线局域网,第二期做 B 区和 C 区的无线局域网,如图 6-1 所示。

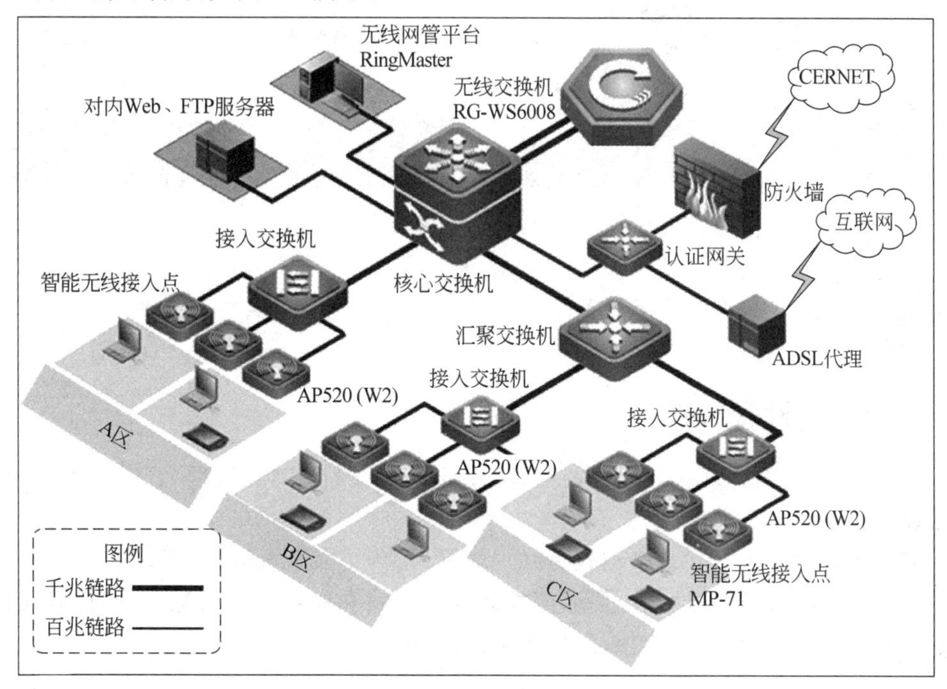

图 6-1　某中型企业无线局域网拓扑

小陈在企业担任网络工程师,负责进行A区无线局域网的建设工作。企业有线局域网给A区无线局域网提供1000Mb/s的静态以太网络接口:IP地址是172.17.1.254,子网掩码是255.255.255.0,默认网关是172.17.1.1。通过它可以将A区无线局域网接入企业的有线局域网,进而接入互联网。

6.2 项目分析

构建规模较大的无线局域网,通常采用无线局域网控制器(Wireless LAN Controller,WLC)加瘦AP的集中控制模式。工程的主要任务是现场考察、用户需求分析、规划设计、选购设备、安装设备、配置设备、调试与使用。

本项目中,首先要做好现场考察,根据用户需求分析进行AP的布局规划,使无线信号覆盖到区域中需要无线网络的所有地方。选购无线局域网控制器、无线AP、接入交换机等设备。在A区覆盖无线网络,需要布置足够的无线AP,用光缆或数据电缆连接各个AP至接入交换机,各AP采用以太网供电,无线局域网控制器RG-WS6008放置在网管中心,接入核心交换机。接入交换机连接核心交换机。在无线网络配置方面,主要是对RG-WS6008进行配置,并规划和设置好无线网络设备的IP地址。由于无线网络设备要和有线网络连接,因此还要对连接的接入交换机和核心交换机做相应的配置。图6-2是中型企业使用的无线局域网。

图6-2 中型企业使用的无线局域网

6.3 技术准备

6.3.1 无线局域网控制器

无线局域网控制器,简称无线控制器或控制器,是用于控制和管理大、中型无线局域网的核心设备。

当需要布置多个无线AP来构建无线局域网时,为了实现配置、管理和监控的省时、省力且高效率的目的,需要借助无线局域网控制器来构建和管理无线局域网。对AP的管理包括下发配置、修改相关配置参数、射频智能管理、接入安全控制等。

1. 思科WLC

思科公司提供了Cisco 2500系列、Cisco 3500系列、Cisco 5500系列和Cisco 8500系列

WLC,适用于不同的企业部署情况。

1）Cisco 2500 系列

Cisco 2500 系列无线局域网控制器是零售、企业分支机构和中小型企业的有效系统无线解决方案。图 6-3 是 Cisco AIR-CT2504-5-K9 无线局域网控制器。Cisco 2500 系列无线局域网控制器与思科轻量级接入点一起使用,可支持最多 50 台轻量级接入点。它们具备多核 CPU,可以同时处理数据层面和无线数据流量,支持 IEEE 802.11a/b/g/n/ac 的稳健覆盖的无线解决方案。前面板有控制台端口(RJ-45)和 4 个千兆以太网端口,其中两个端口具有符合 IEEE 802.3af 标准的以太网供电能力。

2）Cisco 3540 无线局域网控制器

Cisco 3540 无线局域网控制器(图 6-4)针对 IEEE 802.11ac Wave2 优化了性能。它支持多达 150 个无线接入点和 3000 个客户端;支持 AP/客户端基于状态的次秒级切换,1s 内完成控制器的故障切换,保证用户业务连续不中断;全面支持苹果 iOS 快行线 (FastLane) 协议,从而优化 WiFi 连接,并可优先保障企业自定义的关键移动业务,带来更佳的用户体验;绿色节能,小巧静音,配置智能风扇,根据环境温度自动启动运行。

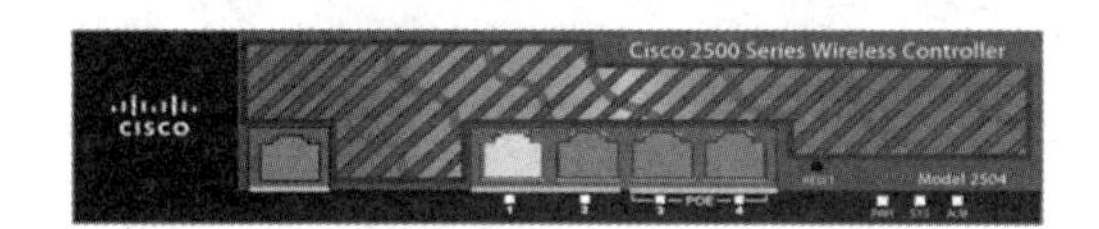

图 6-3　Cisco AIR-CT2504-5-K9 无线局域网控制器

图 6-4　Cisco 3540 无线局域网控制器

3）Cisco 5508 无线局域网控制器

Cisco 5508 无线局域网控制器(图 6-5)是一款能够在大中型企业和园区环境中为关键任务无线局域网提供系统级服务的设备。Cisco 5508 无线局域网控制器采用独特设计,支持 IEEE 802.11n 性能下的最大可扩展性,通过射频的监控和保护能力提供延长的正常工作时间,并且可以同时管理 500 个接入点。它具有卓越的性能,可以提供可靠的视频流和长话级音质。它还具有增强的故障恢复功能,能在要求最严格的环境中提供一致的移动体验。

4）Cisco 8540 无线局域网控制器

Cisco 8540 无线局域网控制器(图 6-6)用于在运营商、企业和大型园区部署环境中提供集中的控制、管理和故障排除功能。它是具有丰富服务的高可扩展性平台,不仅具有恢复能力和灵活性,而且专门针对第二代 IEEE 802.11ac 技术进行了优化。它最多可支持 6000 个无线接入点和 64 000 个客户端。它具有 4 个 10Gb/s SFP 光纤接口,吞吐量为 40Gb/s。

图 6-5　Cisco 5508 无线局域网控制器

图 6-6　Cisco 8540 无线局域网控制器

2. 锐捷 RG-WS6008

1) 高性能无线局域网控制器

RG-WS6008是高性能无线局域网控制器,如图6-7所示。可突破三层网络,保持与AP的通信,部署在任何二层或三层网络结构中,无须改动任何网络架构和硬件设备,从而提供无缝的安全无线网络控制。

图 6-7 RG-WS6008 高性能无线局域网控制器

2) 支持无线接入点的管理数量

RG-WS6008支持32个无线接入点的管理,通过许可证的升级,最多可支持224个AP的管理。

3) 本地转发技术

RG-WS6008通过本地转发技术,可灵活配置AP的数据转发模式,即根据网络的SSID和用户VLAN的规划,决定数据是全部经过RG-WS6008转发还是直接进入有线网络进行本地交换。

📖 本地转发技术将延迟敏感、传输要求实时性高的数据通过有线网络转发,在IEEE 802.11 WLC的大流量下,可以大大缓解RG-WS6008的流量压力,更好地适应未来无线网络更高流量传输(如高清视频点播、VoWLAN传输等)的要求。

4) 终端智能识别

RG-WS6008内置Portal服务器,能根据终端特点,智能识别终端类型,自适应弹出不同大小、页面格局的Portal认证页面。终端智能识别技术免去了用户多次拖动、调整屏幕的操作,为用户提供更加智能的无线体验,并且全面支持苹果iOS、安卓和Windows等主流智能终端操作系统。

5) Web管理界面

RG-WS6008提供WLC的Web管理界面,能进行WLAN配置,更能够整体运营WLAN。通过WLC的Web管理界面能够管理AP和AP下联的用户,可以对用户进行限速和限制用户接入网络等行为,方便对WLAN的规划和运行维护。

RG-WS6008的硬件规格和软件规格见表6-1和表6-2。了解这些技术参数,对掌握RG-WS6008的功能和使用有很大的帮助。

表 6-1 RG-WS6008 硬件规格

项　目	说　明
管理端口	1个Console口
业务端口	6个1000Base-T接口 2个1000Base-T/1000Base-X Combo接口
尺寸、重量	440mm×200mm×43.6mm、2kg
安装方式	19in机架
开关电源	标配一个电源,不可扩展
整机功耗	<40W

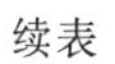

续表

项　　目	说　　明
环境	工作温度：0～45℃；存储温度：－40～70℃
	工作湿度：5%～95%(无凝结)；存储湿度：5%～95%(无凝结)
安全法规	GB 4943—2011、EN/IEC 60950-1—2005
EMC法规	GB 9254—2008、EN 301 489

表6-2 RG-WS6008软件规格

项　　目	说　　明	
性能指标	基础可管理AP数目	32个
	最大可管理AP数目	224个，可升级到不同的许可证，灵活扩展
	最大可配置AP数目	2048个
	最大可管理用户数	7168个
	IEEE 802.11性能	8Gb/s
	VLAN	4KB
	内置Portal最大支持用户数	1500
	WLCL	64KB
	MWLC地址表	16KB
	ARP地址表	12KB
	本地认证	支持800个无线用户
	WLC内漫游切换时间	小于50ms
WLAN功能	IEEE 802.11局域网协议	IEEE 802.11，IEEE 802.11b，IEEE 802.11a，IEEE 802.11g，IEEE 802.11d，IEEE 802.11h，IEEE 802.11w，IEEE 802.11k，IEEE 802.11r，IEEE 802.11i，IEEE 802.11e，IEEE 802.11n
	CAPWAP协议	AP和WLC之间支持二层/三层网络拓扑；AP可以自动发现可接入的WLC；AP可以自动从WLC更新软件版本；AP可以自动从WLC下载配置；CAPWAP可穿透NAT
	漫游	支持WLC内二层/三层漫游；支持WLC间二层/三层漫游；支持本地转发下WLC内二层/三层漫游；支持本地转发下WLC间二层/三层漫游
	转发	集中转发；本地转发；基于业务的灵活转发
	无线QoS	基于AP的带宽限速；基于WLAN的带宽限速；基于用户的静态限速和智能限速；支持公平调度
	用户隔离	基于全局WLC的用户隔离；基于AP的用户隔离；基于WLAN的用户隔离

续表

项　目		说　明
WLAN功能	可靠性	双WLC间快速切换;多WLC热备份(1:1 A/A和A/S热备份、N:1);多WLC集群(N:N);边缘智能感知技术(RIPT);业务不间断升级
	用户管理	基于AP用户数的接入控制;基于SSID用户数的接入控制;基于AP用户数的负载均衡接入控制;基于AP流量的负载均衡接入控制;支持5G用户优先接入;用户接入RSSI门限
	配置STA RSSI门限	0～100
	配置STA空闲超时时间	60～86 400s(精度:1s)
	配置STA平均速率门限	8～261 120kb/s(精度:8kb/s)
	调整BeWLCon和Probe应答发送功率	支持
	射频管理	支持国家码设置;支持手动设置发射功率;支持自动设置发射功率;支持自动设置工作信道;支持自动调整传输速率;支持黑洞补偿;支持无线射频干扰检测和规避
安全功能	IPv4安全认证	Web认证;IEEE 802.1x认证;无感知认证;短信认证;二维码认证
	IPv6安全认证	IEEE 802.1x认证;Web认证
	IEEE 802.11安全和加密	支持多SSID、隐藏SSID、IEEE 802.11i标准PSK认证;支持WPA、WPA2标准;WEP(WEP/WEP128);WAPI支持;TKIP;CCAP;支持防ARP欺骗
	CPP,NFPP,WIDS	支持
IP协议	IPv4协议	ping、TrWLCeroute;DHCP客户端;DHCP服务器;DHCP中继;DHCP嗅探;DNS客户端;NTP;Telnet;TFTP服务器;TFTP客户端;FTP服务器;FTP客户端
	IPv6协议	DNSv6客户端;DHCPv6中继;DHCPv6服务器;TFTPv6客户端;FTPv6服务器;FTPv6客户端;IPv6 CAPWAP;ICAPv6;IPv6 ping;手工隧道、自动隧道;手工配置地址、自动创建本地地址;IPv6 TrWLCert
	IPv4路由	静态路由、OSPF
	IPv6路由	静态路由
管理维护	网络管理	SNAPv1/v2c/v3;RMON;Syslog
	网络管理平台	支持Web管理(SmartWEB)、RG-SNC管理、RILL管理;热敏图
	用户接入管理	支持Console口、Telnet、SSH登录;支持FTP上传

6.3.2　集中型WLAN

传统的基于胖AP的无线局域网中没有支持集中管理的控制器设备,所有的胖AP都通过有线交换机连接起来，每个AP分别单独负担RF、通信、身份验证、加密等工作。对于网络管理员来说，对众多AP分别进行配置、维护、管理的工作量非常大。

📖 射频（Radio Frequency，RF）表示可以辐射到空间的电磁频率，频率范围为300kHz～300GHz。

规模比较大的无线局域网需要能够统一管理系统的整体解决方案，使用胖AP构建的无线局域网不能满足这样的需求，于是诞生了基于无线局域网控制器的集中型WLAN。

集中型WLAN基于无线局域网控制器和瘦AP组网。每个AP只单独负责RF和通信的工作，所有关于无线网络的配置和管理都可以通过配置无线局域网控制器统一完成。图6-8是集中型WLAN。

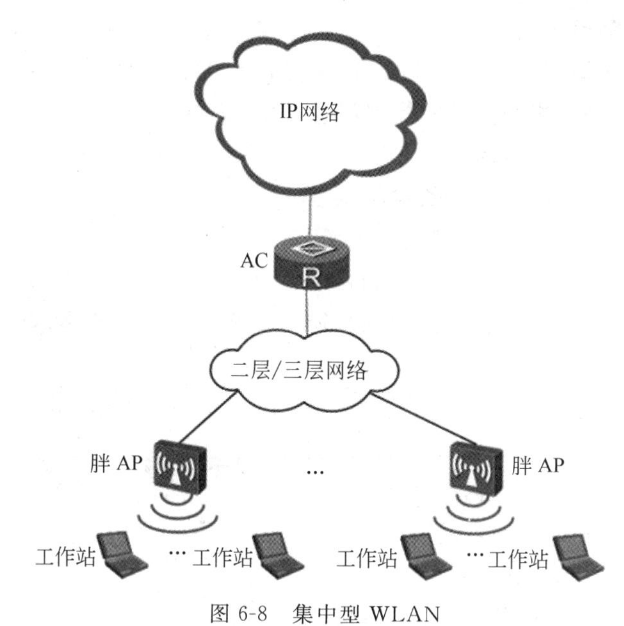

图6-8 集中型WLAN

6.3.3 CAPWAP协议

无线接入点的控制和配置（Control And Provisioning of Wireless Access Points，CAPWAP）协议约定集中型WLAN中接入点和无线局域网控制器之间的通信交互，实现无线局域网控制器对所关联的AP的控制管理与数据转发。

1. CAPWAP协议的通信主体

CAPWAP协议的通信主体如下：

（1）无线局域网控制器：作为网络实体，在网络架构的数据层、控制层、管理层或者将这几层联合起来提供AP到网络的访问服务。

（2）接入点：物理或网络实体，包含一个射频天线和无线物理层，可以传输和接收工作站无线存取的网络数据。

（3）工作站：包含无线接口的设备。

（4）CAPWAP控制信道：双向信道，由WLC的IP地址、AP的IP地址、WLC控制端口、AP控制端口、传输层协议（UDP或UDP-Lite）定义，在这之上可以收发CAPWAP的控制报文。

(5) CAPWAP数据信道：双向信道，由WLC的IP地址、AP的IP地址、WLC数据端口、AP数据端口、传输层协议(UDP或UDP-Lite)定义，在这之上可以收发CAPWAP的数据报文。

🕮 UDP-Lite协议比较新，与UDP协议类似，但更适合网络差错率较大而应用对轻微差错不敏感的情况，例如实时视频播放等。

2. CAPWAP协议的隧道传输

1) CAPWAP协议的两种隧道

隧道传输技术是指隧道协议将其他协议封装的数据帧或包再封装后进行传输的技术。CAPWAP协议支持隧道传输。

CAPWAP协议传输层有两种类型的荷载(payload)：一是封装转发无线帧的数据消息；二是管理AP和WLC之间交换的控制消息。WLC与AP之间要建立数据隧道和控制隧道，用于传输数据消息和控制消息。

隧道封装是将一种协议封装的数据帧或包直接作为另一种协议(隧道)的荷载进行封装。隧道传输是将隧道封装的打包荷载传输到目的地后，解开隧道封装的数据帧或包，交给内层协议处理。

2) CAPWAP协议的隧道传输

如图6-9所示，AP与WLC协商建立CAPWAP隧道，AP与WLC路由可达。

(1) WLC将配置信息通过CAPWAP隧道封装并传送至AP，配置信息包括无线信道、功率、SSID等。AP广播无线信号，工作站接入WLAN。

(2) AP将工作站数据通过CAPWAP隧道封装并传送至WLC。源地址是AP的IP地址，目的地址是WLC的IP地址。图6-10是由AP通过CAPWAP隧道封装并传送至WLC的CAPWAP协议报文。

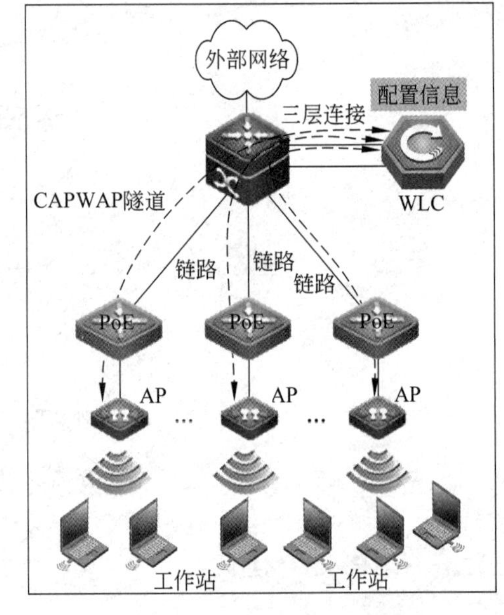

图6-9　CAPWAP隧道传输

源IP (AP)	目的IP (WLC)	UDP头部(CAPWAP)	用户VLAN	工作站IEEE 802.11帧

图6-10　由AP通过CAPWAP隧道封装并传送至WLC的CAPWAP协议报文

WLC收到CAPWAP协议报文后，去掉CAPWAP协议报文封装头部，将工作站的原始IEEE 802.11帧转换为IEEE 802.3帧，并通过链路接口转发给核心交换机。

(3) 数据返回的过程。

数据由核心交换机转发给WLC。WLC将数据转换为IEEE 802.11帧，并封装在CAPWAP协议报文中，转发给相应的AP。AP对数据解封装，将IEEE 802.11帧转发给相应的工作站。

6.3.4 AP的启动方式

AP的启动方式根据它与WLC的部署连接方式而有所不同。

1. 二层分布式部署中AP的启动

AP与WLC的二层分布式部署是指AP与WLC处于同一个子网(VLAN)。它们之间的通信传输只需要二层交换机转发数据。

如图6-11所示,一台AP通过PoE交换机与DHCP服务器和WLC相连,DHCP服务器为AP分配IP地址。AP的启动过程分为以下3个阶段:

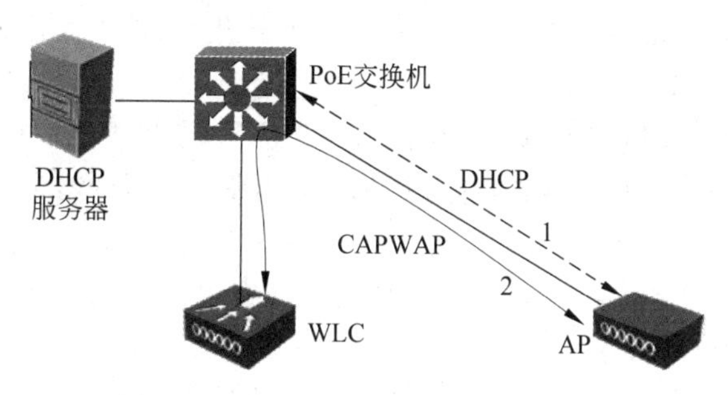

图6-11 二层分布式部署中AP的启动

(1) AP加电启动,发送DHCP发现消息并请求IP地址,通过与DHCP的交互过程,获得DHCP服务器分配的与WLC在同一个网段的地址。

(2) 当AP获得IP地址后,使用CAPWAP协议通过UDP5000端口以广播的形式发送查找WLC的消息。由于AP和WLC在同一个广播域,所以WLC能接收到AP的广播消息。WLC收到消息后,就响应该消息,WLC、PoE交换机与AP协商建立CAPWAP连接。

(3) CAPWAP连接建立后,WLC将向AP发送无线频道镜像文件、配置文件,然后该AP接入网络,可以正常使用。

2. 三层分布式部署中AP的启动

AP与WLC的三层分布式部署是指AP与WLC分别处于不同的子网。它们之间的通信传输需要跨越子网。如图6-12所示,核心交换机具有三层交换的能力,AP的启动过程分为以下3个阶段:

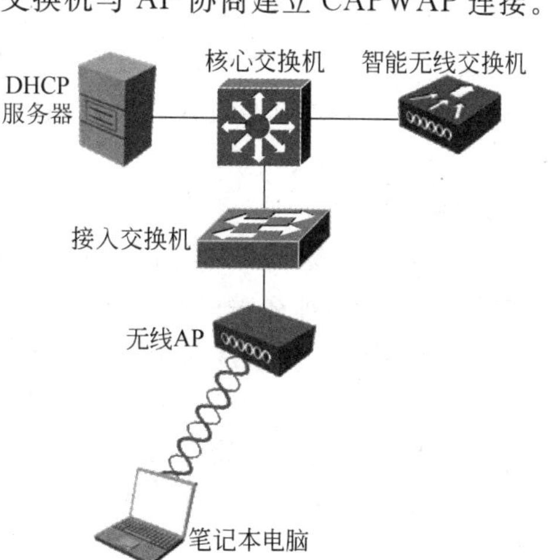

图6-12 三层分布式部署中AP的启动

(1) AP加电启动,发送DHCP发现消息并请求IP地址,通过与DHCP的交互过程,获得DHCP服务器分配的与WLC不在同一个网段的地址。

(2) 当AP获得IP地址后,将通过CAPWAP协议来发现WLC。AP首先检查DHCP服务器提供的报文中的Option 43字段是否有WLC的地址,如该字段中包含WLC的地址,则AP将发送CAPWAP查找消息给该地址(或主机名,如果是主机名,则需要部署DNS服务器)对应的WLC,并与之建立CAPWAP连接。

(3) CAPWAP连接建立后,WLC将向AP发送无线频道镜像文件、配置文件,然后该AP接入网络,可以正常使用。

在三层分布式AP部署中,DHCP服务器必须能够使用Option 43字段为AP指定WLC的地址或主机名,否则无线网络无法正常运行。

6.3.5 影响无线AP布放数量的因素

1. 影响无线AP布放数量的主要因素

在无线局域网中,布放AP的数量直接影响网络的覆盖范围和通信质量。而影响无线AP布放数量的主要因素是网络带宽、吞吐率、AP覆盖范围、接入用户数。

1) 网络带宽

通常,链路的带宽是指链路上每秒所能传送的比特(二进制位)数,并且强调的是最大能达到的传送速率。例如百兆以太网的带宽是100Mb/s,千兆以太网的带宽是1000Mb/s。

2) 吞吐率

吞吐率是指网络、设备、端口、虚电路或其他设施在单位时间内成功地传送数据的数量(以比特、字节、分组等测量)。

带宽和吞吐率是很容易混淆的概念。带宽强调的是通信链路最大能达到的传送速率,而吞吐率强调的是实际通信时的速率。由于现实情况受各种低效率因素的影响,通常更倾向于用吞吐率来表示网络的性能。

3) AP覆盖范围

在非高密区域的场景,可以根据实际场景的面积以及推荐覆盖范围大概确定AP的数量。一些情况下也可以计算最大覆盖范围,同时可以根据功率适当地调整覆盖范围。

4) 接入用户数

在高密区域的场景,还需要考虑接入用户数。不同型号的无线AP在不同场景下的推荐接入用户数不同,可以通过并发接入用户数来确定无线AP数量(笔记本电脑和手机稍有区别)。

2. 带宽计算

设计无线局域网,要考虑部署的AP需要多大的出口带宽。在某个场景下部署的AP,如果带宽不支持,那么用户的网速就会很慢。

可以根据最大并发接入用户数和每个用户分配的带宽来得到出口带宽。公式如下:

WLAN带宽=最大并发接入用户数×每用户带宽

最大并发接入用户数可以根据覆盖场景的用户数的50%~70%估计。

为了让每个无线终端有足够的带宽可利用,一般建议一个无线AP接入10~15个无线终端。

AP数量计算公式如下:

AP数量=最大并发接入用户数÷单AP接入用户数

以RD-W25AP为例,其单AP接入用户数为15。

对于每个用户分配的带宽,一般可以自行设置一个中间值进行计算,如100kb/s。

例如,某高校在校用户人数为30 000人,移动终端用户数为15 000人,并发比例按70%计算,每个用户分配的带宽为512kb/s,求WLAN带宽和AP数量。

解答：

(1) 最大并发接入用户数＝15 000×70%＝10 500个。

(2) AP数量＝10 500÷15＝700个。

(3) WLAN带宽＝10 500×0.512Mb/s＝5376Mb/s。

3. 实际上网应用带宽计算

很多人做项目演示的时候，都会直观地通过设备连接WiFi测试速率。不过，通过下载的速率也可以简单地估计上网应用的理论宽带速率。

在实际上网应用中，下载软件时常常看到诸如下载速率显示为128KB/s等，因为ISP提供的线路带宽使用的单位是比特(b)，而一般下载软件显示的是字节(B)，1B＝8b，所以要通过换算才能得到实际值。

可以按照换算公式换算一下：

$$128\text{KB/s}=(128\times 8)\text{Kb/s}=1024\text{Kb/s}=1\text{Mb/s}$$

理论上，2M(即2Mb/s)宽带的理论速率是256KB/s(即2048Kb/s)，实际速率为80～200kB/s；4M(即4Mb/s)宽带的理论速率是512KB/s，实际速率为200～440kB/s。上述数据主要是受用户计算机性能、网络设备质量、资源使用情况、网络高峰期、网站服务能力、线路衰耗、信号衰减等因素影响的结果。

6.3.6 无线网络规划

组建无线局域网，首先要做好规划工作，而规划无线局域网时主要应考虑以下方面的问题。

1. 客户分布及密度

通过实地勘测，确认客户需要覆盖的无线信号位置及每个位置大约需要多少个客户端。如果客户有建筑结构图，则可以向客户索要，方便后续进行AP位置规划及确认。

2. 客户应用

客户的应用和AP接入用户数是息息相关的。只有确认了无线用户应用类型，才能确认AP接入用户数。

客户的各种应用需要转化为流量。对于不清楚具体流量的大流量应用都需要实测。例如高清摄像头，根据像素的不同，占用的网络带宽也是不同的。另外，还需要注意应用对网络的其他要求，例如漫游、特殊的STA对信号强度的要求等。表6-3所列的是常见应用对网络流量的需求。

表6-3 常见应用对网络流量的需求

应用名称	单个客户流量
网页浏览(新浪等)	50kB/s(流畅，5s能打开)
网络游戏(网页游戏)	40kB/s
网络游戏(3D网游、CS、穿越火线)	30～80kB/s
在线音乐(普通音乐)	300kB/s
P2P相关应用(下载)	320kB/s

续表

应用名称	单个客户流量
P2P流媒体(PPLive、PPStream)	200kB/s
视频分享(优酷、土豆、酷6)	250kB/s
视频服务(标清)	150kB/s
视频服务(高清)	500kB/s以上

在信号强度得到保证的情况下,单个射频卡用户数参考计算公式为

用户数=5MB/s÷单个客户流量

无线用户可能需要使用多种应用,单个客户流量取最高应用的流量值。

3. 覆盖信号强度指标

可以根据客户类型的不同设定覆盖信号强度指标。表6-4是根据客户类型设定覆盖信号强度的参考指标。

表6-4 根据客户类型设定覆盖信号强度的参考指标

客户类型	覆盖信号强度指标/dBm	说明
教育行业、运营商	−75	对于手机用户,−75dBm的信号强度无法保证手机用户正常上网,但由于主要是娱乐应用,而且手机用户也不会固定在信号最差的位置上网,所以信号强度指标不用太高。不过在学校要保证教学设备的接收信号强度大于−70dBm
政府、金融行业	−70	高端商务人士多,应用较重要,对于通信报文可靠性要求较高
医疗行业	−65	应用极其重要,而且工作站种类多,经常会有PDA等手持终端设备,PDA接收灵敏度较低,对信号强度要求更高

📖 dBm用于信号强度时表示分贝毫瓦。这个数值越大(注意,数值是负数,因此数值的绝对值越小,数值越大),表示信号越好。

4. 客户建筑结构信息

建筑结构信息包括实际尺寸、墙体结构和厚度、门窗和房间分布以及房间作用等。可以向客户索取建筑结构图。如果图纸上没有包含所有信息,一定要通过实地勘测来确认。

不同物体对信号的衰减作用不同,现场环境可能也很复杂,需要进行实地考察。表6-5列出的是常见物体和环境对信号的衰减作用。

表6-5 常见物体和环境对信号的衰减作用

名称	信号衰减/dB	名称	信号衰减/dB
地板	30	窗户玻璃(10mm厚)	3
承重墙	20~40	人体	3
砖墙	10	空旷走廊	30db(每50m)
金属门	60	室外高处	30db(每200m)

5. 射频环境

确认射频环境中是否有其他 2.4GHz 频段或者 5.8GHz 频段的 WLAN 无线信号，是否有微波炉、雷达或某些医疗设备等产生的其他频谱的干扰。如果有，需要在部署方案中考虑这个影响因素。

售前工程师通过实地考察输出建筑结构草图、射频环境风险报告、无线用户密度、无线用户应用类型等信息。售后工程师根据售前工程师提供的这些信息计算出无线用户限速值、AP 接入用户数、信号强度指标。

📖 售前工程师应该是业务销售人员与项目开发人员之间的桥梁。在业务销售人员眼中，售前工程师扮演的是技术人员或技术专家的角色；而在项目开发人员眼中，售前工程师是专注技术的销售人员；在用户眼中，售前工程师是代表公司技术水平的技术专家。

📖 售后工程师是指产品销售出去之后向客户提供服务的技术人员。与售前工程师相比，售后工程师更懂得产品的技术性能和原理，能够解答客户的专业性问题，消除客户对于公司产品的疑虑，增强客户对公司产品性能的信心。

6. 根据场景选择不同 AP 型号

售前工程师根据不同应用场景选择不同 AP 型号以满足客户的需求，可参考如下建议进行选型：

(1) 大会议室或者图书馆等环境开阔的区域对 AP 接入用户数要求比较高，建议使用 AP220-E。

(2) 对于小办公室等环境、需要覆盖的区域没有遮挡物、不需要穿墙覆盖的情况，建议使用 AP220-I。

(3) 医院病房、学生宿舍、酒店等环境需要覆盖的都是小房间，并且人数相对固定，建议使用 AP220-E(M)。

(4) 对于酒店环境并且不方便对房间开孔布放智分天线的情况，建议使用 AP220-SH WOC。

(5) 对于室外环境，例如覆盖操场，建议使用 AP620H。

(6) 对于要求 AP 接入用户数不多，但是要保证信号强度的覆盖型无线网络，建议使用 AP220-SH。

7. AP 部署位置确认

售前工程师根据建筑结构图及现场环境进行 AP 部署位置确认。

建议 AP 和无线终端之间没有遮挡物，避免穿墙覆盖。如果客户场景较为复杂，需要穿墙覆盖，则要架设胖 AP 进行信号测试，保证覆盖区域信号强度不低于信号强度指标。图 6-13 是教室 AP 部署和信道规划示例。

8. 信道规划

信道规划主要规划 2.4GHz 频段，而 5.8GHz 频段信道资源较多，并且干扰较少，可以不必进行规划（如果遇到特殊情况，例如 5.8GHz 频段需要频宽绑定，多数网卡都是 5.8GHz，则也需要进行 5.8GHz 频段信道规划）。

信道规划需要遵循如下几个原则：

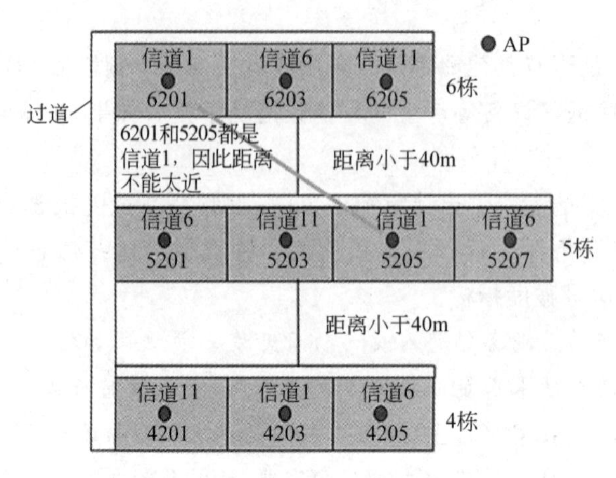

图 6-13　教室 AP 部署和信道规划示例

(1) 2.4GHz 频段只能使用信道 1、信道 6、信道 11 进行规划，这 3 个信道在 2.4GHz 频段中互不干扰。

(2) 同频信号不能超过−70dB，同频信道 AP 尽量拉开距离。

9. AP 命名

AP 出厂时默认名称为 AP MAC 的值，为了方便后续维护，需要对 AP 进行命名。建议根据 AP 位置对 AP 进行命名。例如，有一个 AP 安装在教学楼 11 栋 2 层 205 教室，可以命名为 JXL_11_205。表 6-6 是 AP 安装规划表，其中 AP MAC 可以从 AP 背面获取。

表 6-6　AP 安装规划表

AP 命名	AP MAC	Radio 1 信道	Radio 2 信道	物理位置
JXL_11_205		1	153	教学楼 11 栋 2 层 205 教室
JXL_11_206		6	153	教学楼 11 栋 2 层 206 教室

售前工程师需要输出 AP 型号及 AP 部署位置，售后工程师根据 AP 型号及 AP 部署位置进行信道规划和命名。

6.4　项目实施

6.4.1　项目设备

A 区需要以下设备：1 台 RG-WS6008(高性能无线局域网控制器)、1 台核心交换机(三层，如 RG-S3760-24)、1 台接入交换机(二层，如 RG-2328G-24)、4 台 AP520(W2)无线 AP、1 台安装了 Windows 7 系统的计算机 STA1、多台安装了无线网卡的笔记本电脑和充足的网线等。

6.4.2　项目拓扑

图 6-14 是 A 区 WLAN 拓扑。

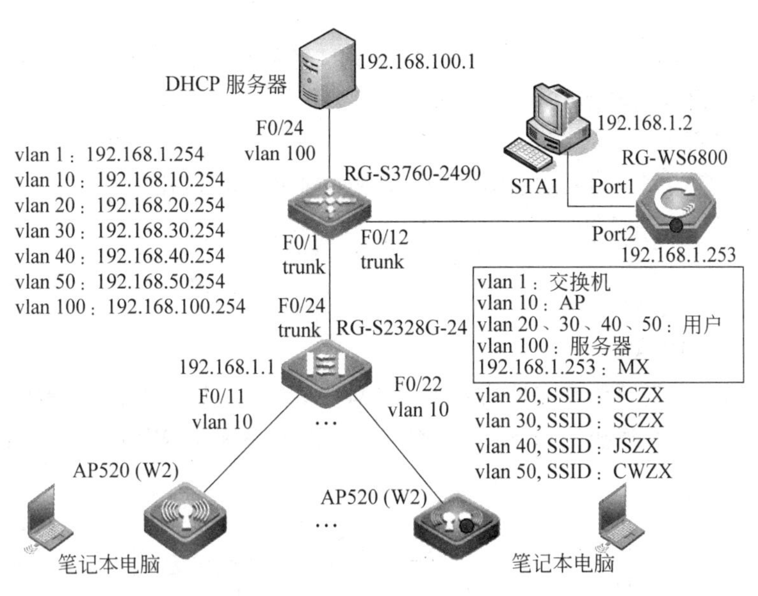

图 6-14 A 区 WLAN 拓扑

6.4.3 规划设计

1. 规划设计 A 区 WLAN 拓扑

小陈经现场考察和用户需求分析，并根据企业已建成的有线网络结构，规划设计了图 6-14 所示的 A 区 WLAN 拓扑。中心机房设置在 2 楼，放置机柜、配线架、控制器、核心交换机等，各个楼层电信间放置机柜、接入交换机。

2. AP 规划信息

AP 规划主要是确定 AP 所在的位置、命名、型号、MWLC 地址、接入交换机端口号、接入交换机等，如表 6-7 所示。

表 6-7 AP 规划表

位置	命名	型号	MWLC 地址	接入交换机端口	接入交换机
营销中心	AP1～AP3	AP520(W2)	待查	F0/11～F0/13	RG-2328G-24
生产中心	AP4～AP6	AP520(W2)	待查	F0/14～F0/16	RG-2328G-24
技术中心	AP7～AP9	AP520(W2)	待查	F0/17～F0/19	RG-2328G-24
财务中心	AP10～AP12	AP520(W2)	待查	F0/20～F0/22	RG-2328G-24

3. 设备连接规划

设备连接规划如下：

(1) 采用单核心三层结构，独立设置一台核心交换机 RG-S3760-2490 作为无线用户网关，从而使无线用户网关和有线用户网关分离。

(2) 无线局域网控制器 RG-WS6008 与核心交换机 RG-S3760-2490 互连，转发 CAPWAP 数据以及不同 VLAN 的无线用户二层数据。

(3) 接入交换机 RG-2328G-24 的端口 F0/24 与核心交换机 RG-S3760-2490 的端口

F0/1 连接。

(4) 各台 AP 连接到接入交换机 RG-2328G-24 的端口。

4. VLAN 应用规划与划分

1) VLAN 应用规划

为了保证信息的安全,根据使用的需要规划 4 种 VLAN 应用:

(1) 交换机管理 VLAN。

(2) 无线 AP VLAN。

(3) 无线用户 VLAN。

(4) 有线用户 VLAN。

在核心交换机上需要创建交换机管理 VLAN、无线 AP VLAN、无线用户 VLAN,在接入交换机上需要创建交换机管理 VLAN 及无线 AP VLAN,在 WLC 上需要创建无线用户 VLAN,如图 6-15 所示。

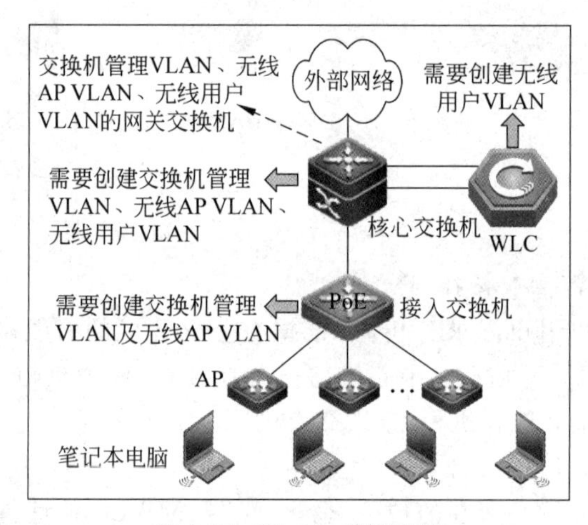

图 6-15 VLAN 应用规划

📖 VLAN 是虚拟局域网。每个 VLAN 是一个子网,也是一个广播域。跨 VLAN 的传输需要经过 VLAN 虚接口(也就是 VLAN 的网关)。

2) VLAN 划分

A 区 VLAN 划分如表 6-8 所示,所有划分的 VLAN 应与有线网络用户使用的 VLAN 不同。

表 6-8 A 区 VLAN 划分

应用名称	VLAN 号	网 络	应用名称	VLAN 号	网 络
服务器	100	192.168.100.0	生产中心无线用户	30	192.168.30.0
交换机管理	1	192.168.1.0	技术中心无线用户	40	192.168.40.0
无线 AP	10	192.168.10.0	财务中心无线用户	50	192.168.50.0
营销中心无线用户	20	192.168.20.0			

5. SSID 规划

SSID 是 WLAN 服务集标识,在 WLC 中进行设置。WLC 通过关联 AP 的序列号来配置、控制和管理AP。WLC将设置的SSID传给AP，由AP广播到空间。众多的无线工作站可以划归不同的VLAN，每个VLAN关联一个SSID。各无线用户通过选择SSID，连接到广播SSID的AP，实现无线连接。

本项目中SSID的规划是：设置营销中心、生产中心、技术中心、财务中心的SSID分别是YXZX、SCZX、JSZX、CWZX。

6. 服务器规划

网络服务器在网络中有特殊作用，有线网络中已经连接了相关的服务器，组建WLAN时可以使用这些服务器，不需要重复设置。下面只介绍在WLAN中怎样设置网络服务器。

(1) DHCP服务器规划(必选)。

规模较大的WLAN都需要DHCP服务，其来源如下：

① 专用DHCP服务器，在Windows系统中配置。

② 由三层交换机内置的DHCP服务。

③ 由WLC内置的DHCP服务(不推荐)。

这里采用Windows服务器提供的DHCP服务，为所有的AP及营销中心、生产中心、技术中心、财务中心的无线用户动态分配地址。

(2) DNS服务器规划(可选)，取决于AP查找WLC的方式(在未配置Option 43的情况下使用)。

(3) 其他服务器规划(可选)。

(4) SAM服务器规划(可选)。

6.4.4 设备安装与连接

按图6-14所示的A区WLAN拓扑中的连接关系连接设备。

(1) 在A区厂部办公楼一楼(营销中心)、二楼(生产中心)、三楼(技术中心)、四楼(财务中心)的天花板上分别安装3台AP，充分覆盖工作区域。

(2) 从各个AP的安放处布线到中心机房(设置在2楼)，将各个AP连接到接入交换机。注意用线管把这些双绞线保护起来。

(3) 将接入交换机连接到核心交换机。

(4) 将WLC连接到核心交换机。

6.4.5 配置服务器

1. 配置DHCP服务

(1) 用一台安装了Windows 2003操作系统的主机作为服务器。配置服务器的IP地址、子网掩码、默认网关，如图6-16所示。

(2) 在该服务器上配置DHCP服务。在Windows 2003中进入DHCP管理窗口，选择本机名称(IP地址为192.168.100.1)项，添加作用域，如图6-17所示。

(3) 作用域以vlan 10、vlan 20、vlan 30、vlan 40、vlan 50命名，如图6-18所示。

定义各作用域分配的地址范围和将分配的默认网关，如表6-9所示。

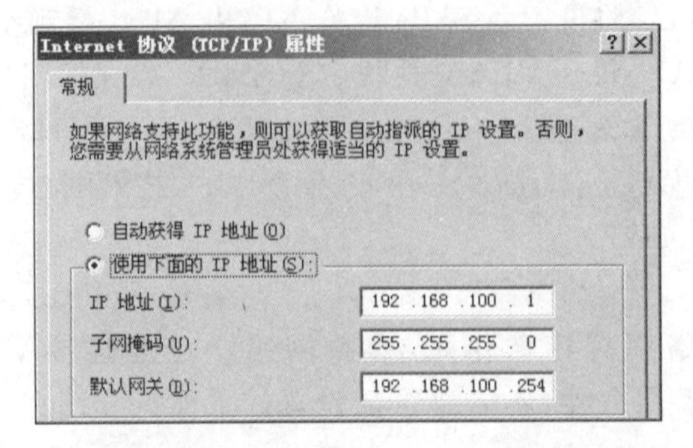

图 6-16　配置 DHCP 服务器的 IP 地址、子网掩码、默认网关

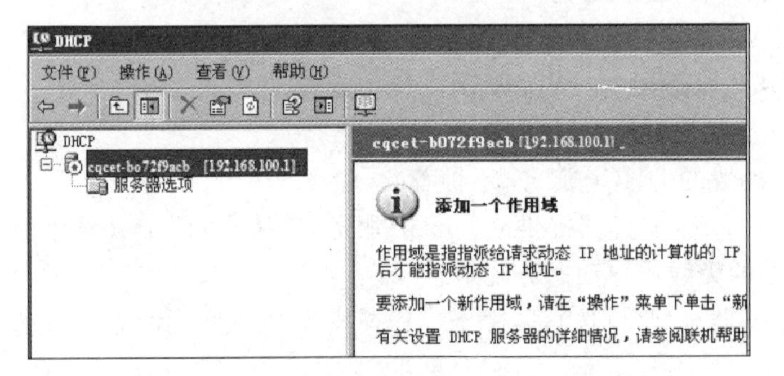

图 6-17　添加作用域

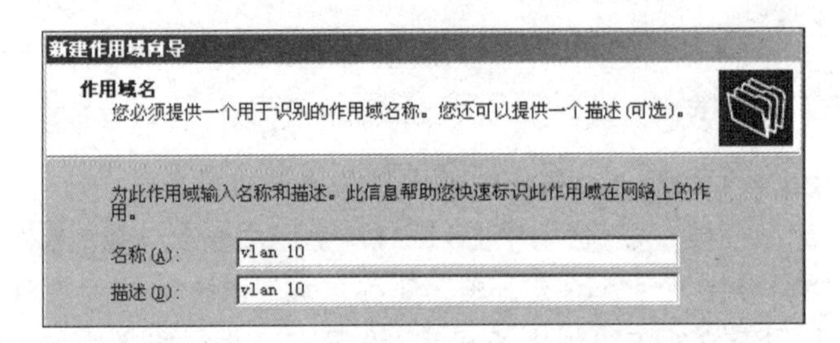

图 6-18　输入作用域名称和描述

表 6-9　各作用域分配的地址范围和默认网关

作用域	起始 IP 地址	结束 IP 地址	将分配的默认网关
vlan 10(AP)	192.168.10.50	192.168.10.200	192.168.10.254
vlan 20(营销中心用户)	192.168.20.50	192.168.20.200	192.168.20.254
vlan 30(生产中心用户)	192.168.30.50	192.168.30.200	192.168.30.254
vlan 40(技术中心用户)	192.168.40.50	192.168.40.200	192.168.40.254
vlan 50(财务中心用户)	192.168.50.50	192.168.50.200	192.168.50.254

(4) 设置作用域地址范围,如图 6-19 所示。

(5) 设置作用域分配的默认网关,如图 6-20 所示。

(6) 配置作用域的 043 选项(选做)。因为三层模式的 AP 和控制器处在不同的网段,

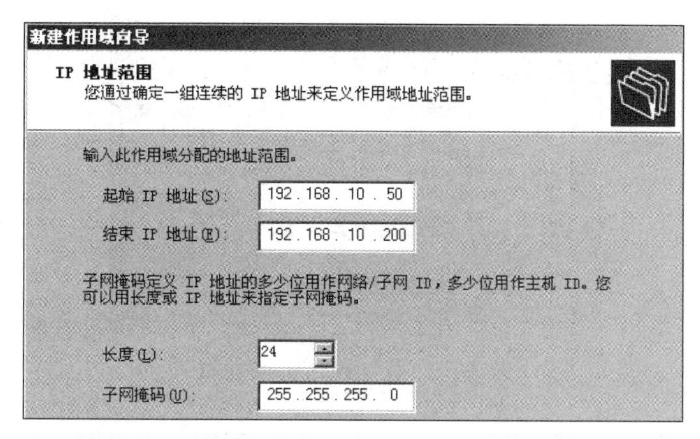

图 6-19　设置作用域地址范围

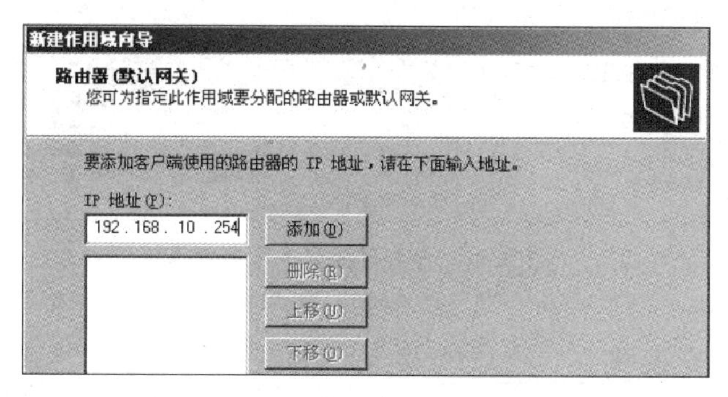

图 6-20　设置作用域分配的默认网关

对于 AP 所在的 vlan 10 作用域要配置 043 选项，这样无线 AP 才知道与哪个无线局域网控制器建立联系。单击图 6-21 中的“作用域[192.168.10.0]vlan 10”项进入“服务器 选项”对话框，选择“043 供应商特定信息”复选框，并在“数据输入”的 ASCII 栏输入无线局域网控制器的 IP 地址 192.168.1.253，左侧的“数据”和“二进制”两栏内容会自动产生，不用输入，如图 6-22 所示。设置好的各个作用域如图 6-23 所示。

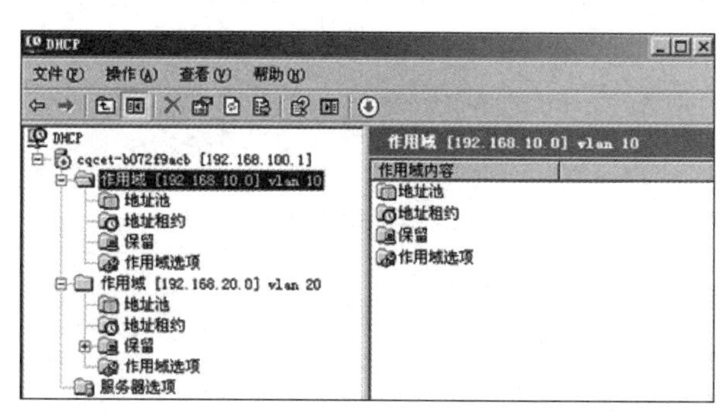

图 6-21　DHCP 窗口中的作用域选项

2. 配置 DNS 服务

DNS 服务是 AP 查找 WLC 的一种方式，在未配置 DHCP Option 43 的情况下使用(选做)。

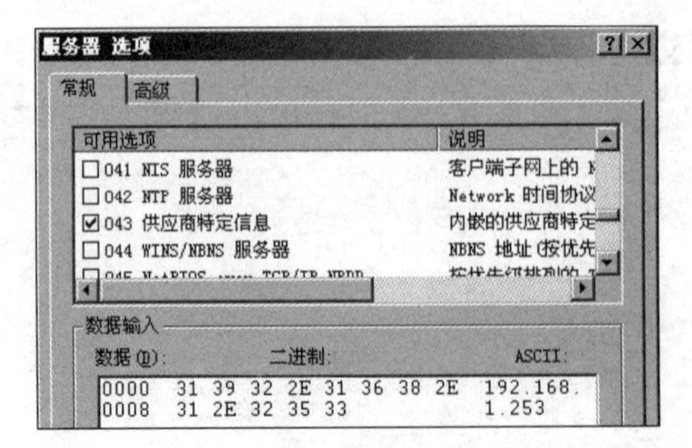

图 6-22 “服务器 选项”对话框

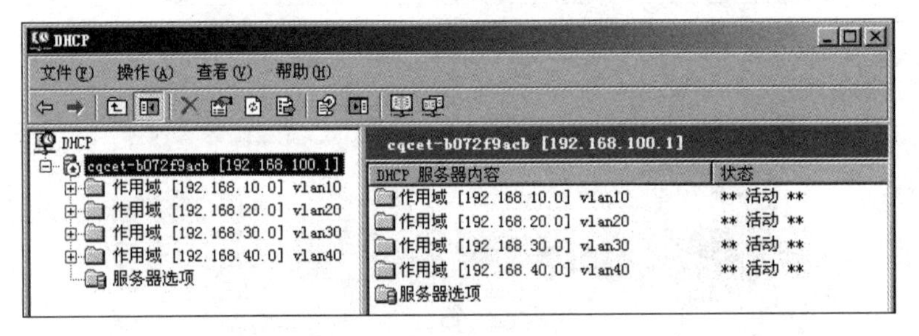

图 6-23 设置好的各个作用域

6.4.6 配置核心交换机

下面是对核心交换机 RG-S3760 的配置。

1. 创建 VLAN

在核心交换机 RG-S3760 上创建 vlan 10、vlan 20、vlan 30、vlan 40、vlan 50 和 vlan 100。配置命令如下:

```
Switch> enable                        /*进入特权模式*/
Switch# configure terminal            /*进入全局配置模式*/
Ruijie(config)# vlan 10               /*创建 vlan 10*/
Ruijie(config-vlan)# exit
Ruijie(config)# vlan 20               /*创建 vlan 20*/
Ruijie(config-vlan)# exit
Ruijie(config)# vlan 30               /*创建 vlan 30*/
Ruijie(config-vlan)# exit
Ruijie(config)# vlan 40               /*创建 vlan 40*/
Ruijie(config-vlan)# exit
Ruijie(config)# vlan 50               /*创建 vlan 50*/
Ruijie(config-vlan)# exit
Ruijie(config)# vlan 100              /*创建 vlan 100*/
Ruijie(config-vlan)# exit
Ruijie# show vlan                     /*查看配置的 VLAN 信息*/
Ruijie# write memory                  /*保存配置*/
```

2. 创建虚拟接口

(1) 创建虚拟接口 vlan 1。配置命令如下：

```
Ruijie(config)# interface vlan 1                              /*创建虚拟接口 vlan 1*/
Ruijie(config-if)# ip address 192.168.1.254 255.255.255.0    /*设置虚拟接口的 IP 地址*/
Ruijie(config-if)# no shutdown                                /*开启端口*/
Ruijie(config-if)# exit
```

(2) 创建虚拟接口 vlan 10。配置命令如下：

```
Ruijie(config)# interface vlan 10                             /*创建虚拟接口 vlan 10*/
Ruijie(config-if)# ip address 192.168.10.254 255.255.255.0   /*设置虚拟接口的 IP 地址*/
Ruijie(config-if)# no shutdown                                /*开启端口*/
Ruijie(config-if)# exit
```

(3) 创建虚拟接口 vlan 20。配置命令如下：

```
Ruijie(config)# interface vlan 20                             /*创建虚拟接口 vlan 20*/
Ruijie(config-if)# ip address 192.168.20.254 255.255.255.0   /*设置虚拟接口的 IP 地址*/
Ruijie(config-if)# no shutdown                                /*开启端口*/
```

(4) 创建虚拟接口 vlan 30。配置命令如下：

```
Ruijie(config)# interface vlan 30                             /*创建虚拟接口 vlan 30*/
Ruijie(config-if)# ip address 192.168.30.254 255.255.255.0   /*设置虚拟接口的 IP 地址*/
Ruijie(config-if)# no shutdown                                /*开启端口*/
```

(5) 创建虚拟接口 vlan 40。配置命令如下：

```
Ruijie(config)# interface vlan 40                             /*创建虚拟接口 vlan 40*/
Ruijie(config-if)# ip address 192.168.40.254 255.255.255.0   /*设置虚拟接口的 IP 地址*/
Ruijie(config-if)# no shutdown                                /*开启端口*/
```

(6) 创建虚拟接口 vlan 50。配置命令如下：

```
Ruijie(config)# interface vlan 50                             /*创建虚拟接口 vlan 50*/
Ruijie(config-if)# ip address 192.168.50.254 255.255.255.0   /*设置虚拟接口的 IP 地址*/
Ruijie(config-if)# no shutdown                                /*开启端口*/
```

(7) 创建虚拟接口 vlan 100。配置命令如下：

```
Ruijie(config)# interface vlan 100                            /*创建虚拟接口 vlan 100*/
Ruijie(config-if)# ip address 192.168.100.254 255.255.255.0  /*设置虚拟接口的 IP 地址*/
Ruijie(config-if)# no shutdown                                /*开启端口*/
```

(8) 查看并保存配置。配置命令如下：

```
Ruijie# show ip interface                                     /*查看虚拟接口的状态*/
Ruijie# write memory                                          /*保存配置*/
```

3. 定义端口 F0/1、F0/12 为 trunk 模式

把核心交换机 RG-S3760 的 F0/12 定义为 trunk 模式，与 WLC-8 的 Port2 相连。把

F0/1 定义为 trunk 模式,与 RG-S2328G 的 F0/24 相连。配置命令如下:

```
Ruijie> enable                                          /*进入特权模式*/
Ruijie# configure terminal                              /*进入全局配置模式*/
Ruijie(config)# int fa 0/12                             /*进入接口配置模式*/
Ruijie(config-if)# switchport mode trunk                /*把 F0/12 定义为 trunk 模式*/
Ruijie(config)# int fa 0/1
Ruijie(config-if)# switchport mode trunk                /*把 F0/1 定义为 trunk 模式*/
Ruijie# show interface fastethernet 0/12 switchport     /*查看接口配置情况
Interface  Switchport   Mode     access  Native  Protected  VLAN lists
---------  ----------  --------- ------- -------- ---------  ---------
 Fa0/12     Enabled     Trunk      1        1     Disabled      All
Ruijie # show ip interface                              /*查看该接口的 IP 协议相关属性*/
```

4. 将三层交换机 RG-S3760 端口 F0/24 划分到 vlan 100

配置命令如下:

```
Ruijie(config)# interface fastethernet 0/24             /*接口模式*/
Ruijie(congfig-if)# switchport access vlan 100
Ruijie(config-vlan)# exit
Ruijie# write memory                                     /*保存配置*/
```

5. 启用 DHCP 中继功能

如果 DHCP 客户机与 DHCP 服务器在同一个物理网段,则客户机可以正确地获得动态分配的 IP 地址。如果两者不在同一个物理网段,则需要在三层交换机上启用 DHCP 中继功能并添加全局服务器地址,才可以正确地获得动态分配的 IP 地址。

```
Ruijie(config)# service dhcp                            /*启用 DHCP 中继功能*/
Ruijie(config)# ip helper-address 192.168.100.1         /*添加全局服务器地址*/
```

6. 静态路由配置

配置命令如下:

```
Ruijie# configure terminal
Ruijie(config)# ip route 192.168.20.0 255.255.255.0 192.168.1.253
/*去往 192.168.20.0 的路由,下一跳 IP 地址为 192.168.1.253*/
Ruijie(config)# ip route 192.168.30.0 255.255.255.0 192.168.1.253
/*去往 192.168.30.0 的路由,下一跳 IP 地址为 192.168.1.253*/
Ruijie(config)# ip route 192.168.40.0 255.255.255.0 192.168.1.253
/*去往 192.168.40.0 的路由,下一跳 IP 地址为 192.168.1.253*/
Ruijie(config)# ip route 192.168.50.0 255.255.255.0 192.168.1.253
/*去往 192.168.50.0 的路由,下一跳 IP 地址为 192.168.1.253*/
```

6.4.7 配置接入交换机

1. 创建 AP VLAN 和用户 VLAN

在接入交换机 RG-S2328G 上创建 vlan 10、vlan 20、vlan 30、vlan 40 和 vlan 50,并将作

为 AP 接口的 F0/11～F0/22 划分到 vlan 10，其余接口默认划分到 vlan 1。配置命令如下：

```
Switch> enable                                          /*进入特权模式*/
Switch# configure terminal                              /*进入全局配置模式*/
Switch(config)#  hostname Ruijie                        /*命名*/
Ruijie(config)# vlan 10                                 /*创建 vlan 10*/
Ruijie(config-vlan)# name vlan10                        /*命名为 vlan 10*/
Ruijie(config-vlan)# exit
Ruijie(config)# interface range fastethernet 0/11-22/*接口模式*/
Ruijie(congfig-if)# switchport access vlan 10           /*为 vlan 10 的成员端口*/
Ruijie(config-vlan)# exit
Ruijie(config)# vlan 20                                 /*创建 vlan 20*/
Ruijie(config-vlan)# name vlan20                        /*命名为 vlan 20*/
Ruijie(config-vlan)# exit
Ruijie(config)# vlan 30                                 /*创建 vlan 30*/
Ruijie(config-vlan)# name vlan30                        /*命名为 vlan 10*/
Ruijie(config-vlan)# exit
Ruijie(config)# vlan 40                                 /*创建 vlan 40*/
Ruijie(config-vlan)# name vlan40                        /*命名为 vlan 40*/
Ruijie(config-vlan)# exit
Ruijie(config)# vlan 50                                 /*创建 vlan 50*/
Ruijie(config-vlan)# name vlan50                        /*命名为 vlan 50*/
Ruijie(config-vlan)# exit
```

2. 定义接口的 trunk 模式

接入交换机 RG-S2328G 的 F0/24 端口与核心交换机 RG-S3760 的 F0/01 端口相连，要通过无线用户的多个 VLAN，因此需要定义为 trunk 模式。配置命令如下：

```
Ruijie> enable                               /*进入特权模式*/
Ruijie# configure terminal                   /*进入全局配置模式*/
Ruijie(config)# int fa 0/24                  /*进入接口配置模式*/
Ruijie(config-if)# switchport mode trunk     /*把 F0/24 定义为 trunk 模式*/
```

6.4.8 RG-WS6008 的 Web 页面配置基础

本项目组建的是集中型无线局域网，选用了 RG-WS6008 作为 WLC。对它的配置是组建集中型无线局域网的核心技术。RG-WS6008 的配置主要有 Web 页面配置和命令行配置两种方式。下面主要介绍 RG-WS6008 的 Web 页面配置，而关于命令行配置方式放在第 7 章介绍。

1. 进入 Web 页面

RG-WS6008 默认 IP 地址是 192.168.110.1/24，因此将 STA1 的 IP 地址配置为 192.168.110.2/24，并打开浏览器，在地址栏输入 https://192.168.110.1，按回车键后，弹出 RG-WS6008 配置管理登录页面，如图 6-24 所示。

图 6-24　RG-WS6008 配置管理登录页面

2. 首页页面

系统默认的管理员账户和密码都是 admin。输入管理员账户和密码后就进入如图 6-25 所示的 RG-WS6008“首页”页面。

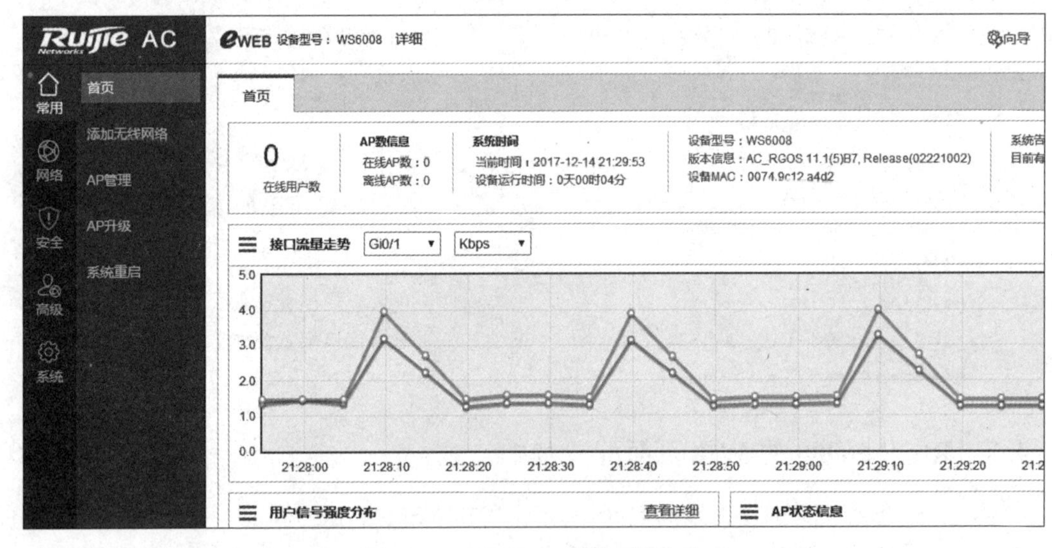

图 6-25　RG-WS6008“首页”页面

RG-WS6008 的 Web 页面左侧区域列出了配置组及配置项，右侧区域是配置区。

3. 配置组及配置项

RG-WS6008 有常用、网络、安全、高级和系统 5 个配置组，配置组里有相关的配置项，可以通过这些配置项对应的页面来完成相关配置。RG-WS6008 的配置组和配置项如图 6-26 所示。

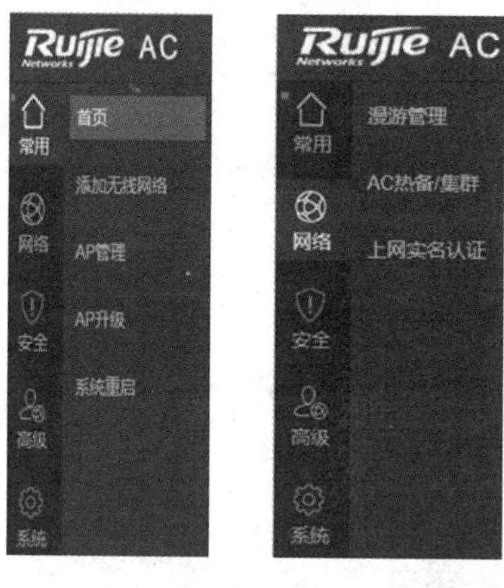

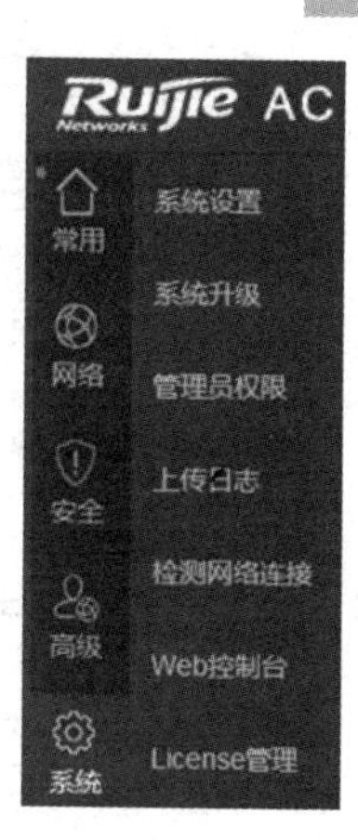

图 6-26　RG-WS6008 的配置组和配置项

4. 系统升级

升级软件主程序或 Web 包时请确认所升级的版本型号与本设备的型号相同。可以到官方网站下载对应型号的软件版本到本地，然后通过下面的方式升级设备。

在“系统”配置组中，选择“系统升级”项，显示如图 6-27 所示的“系统升级”页面。

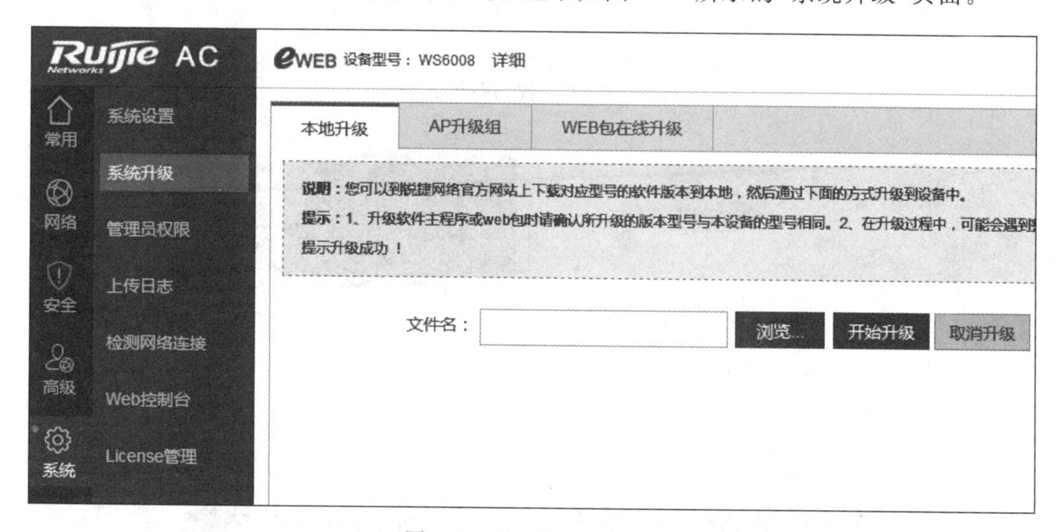

图 6-27　“系统升级”页面

再选择“本地升级”选项卡，单击其中的“浏览”按钮，在本地计算机硬盘上找到下载的新版本文件夹和升级文件 WLC_RGOS11.1(5)B9P5_G2C6-01_04212302_install.bin，如图 6-28 所示。

单击“开始升级”按钮进行升级。在升级过程中，可能会遇到整理闪存从而导致页面暂时没有响应的现象，此时不能断电或者重启设备，直到提示升级成功。

升级后重新进入系统，当输入管理员账户和密码时，系统会提示修改密码，如图 6-29 所示，修改密码(注意：一定要记住修改后的密码)后再进入系统。

5. 升级后的配置组及配置项

RG-WS6008 升级后的系统有监控、网络、安全、网优、高级和系统 6 个配置组，配置组里

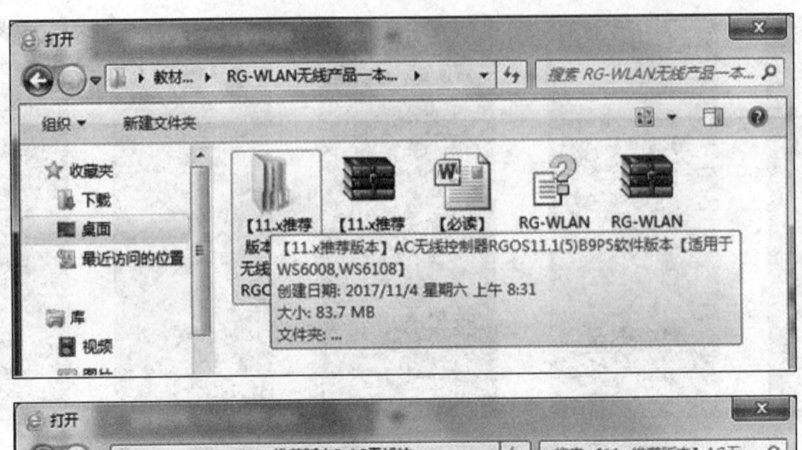

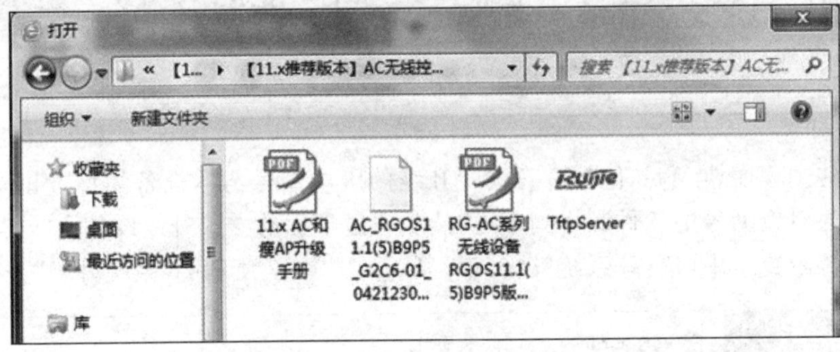

图 6-28　浏览找到升级文件

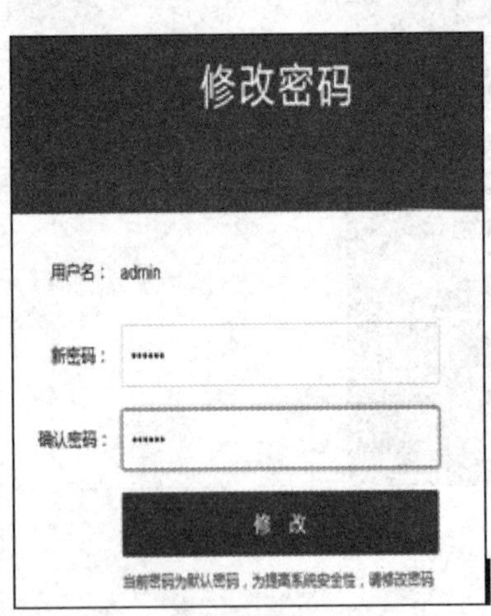

图 6-29　登录后修改密码

有相关的配置项,可以通过这些配置项对应的页面来完成相关配置。升级后的配置组及配置项如图 6-30 所示。

6. 升级后的首页页面

RG-WS6008 的 Web 页面左侧区域列出了配置组及配置项,右侧区域是配置区。

在“首页”页面能看到当前网络工作状态和系统软件版本“AC_RGOS11.1(5)B9P5, Release(04212302)”等信息,如图 6-31 所示。

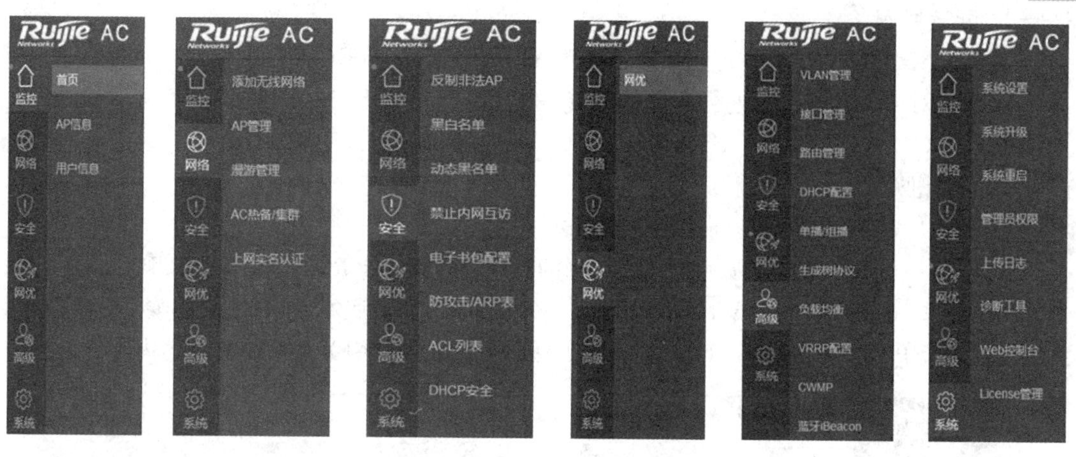

图 6-30　升级后 RG-WS6008 的配置组及配置项

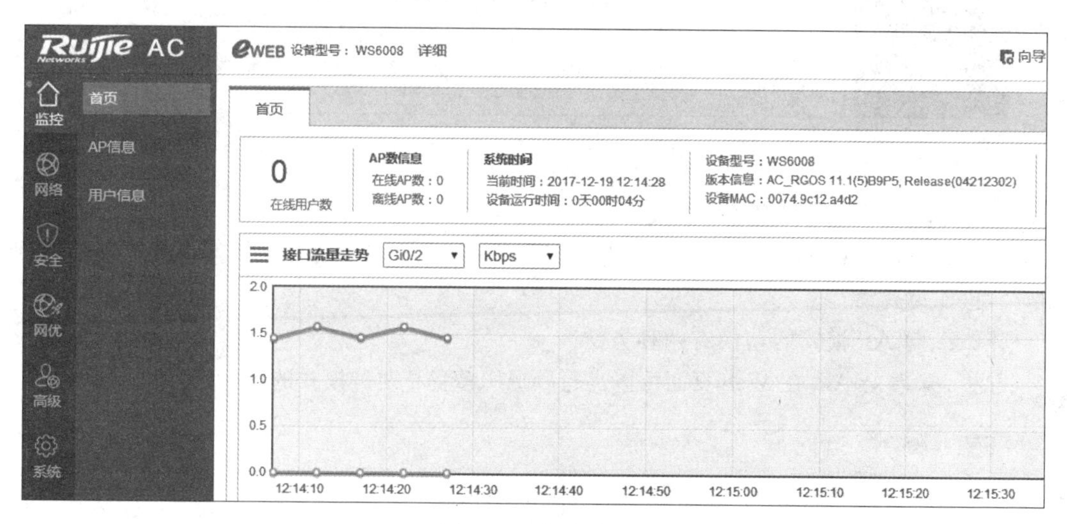

图 6-31　首页页面

6.4.9　WLC 与瘦 AP 直连或分布式连接的 WLAN

1. 直连或分布式连接

当 WLAN 中使用的瘦 AP 较少，而且需要统一管理和配置时，可以采用 WLC 与瘦 AP 直连的方式。图 6-32 为 WLC 与 AP 直连拓扑。

图 6-32　WLC 与 AP 直连拓扑

当无线局域网需要部署较多的 AP，而且需要统一管理和配置时，则可以采用 WLC 与瘦 AP 通过二层交换机或三层交换机分布式连接的方式。分布式连接需要使用有线交换机，增加了有线网络配置环节。

无线局域网控制器 RG-WS6008 有 8 个千兆接口可以直连 8 台 AP，而 8 台 AP 无线信号覆盖的范围不是很大，所以，这种直连模式适合构建规模不大的无线局域网。

若将多台 AP 接入二层交换机的慢速端口，将 WLC 接入二层或三层交换机的快速端口，这种连接模式构建的无线局域网规模可以做得更大。

2. 配置案例

案例：AP520(W2)直连或分布式连接无线局域网控制器 RG-WS6008。

这里先对 RG-WS6008 进行简单的配置，在熟悉了 RG-WS6008 配置页面后，再根据项目规划内容(VLAN、IP 地址、SSID 等)进行配置。

1) 配置准备

(1) 确认 WLC 和 AP 是同一个软件版本。

例如，在瘦 AP 的 Web 首页可以看到 AP 的软件版本是 AP_RGOS 11.1(5)B9P2，如图 6-33 所示，而 WLC 的软件版本是 WLC_RGOS 11.1(5)B9P5。两者版本不同，需要将瘦 AP 的软件版本升级为 AP_RGOS 11.1(5)B9P5。升级方法参见 6.4.8 节中关于系统升级的内容。

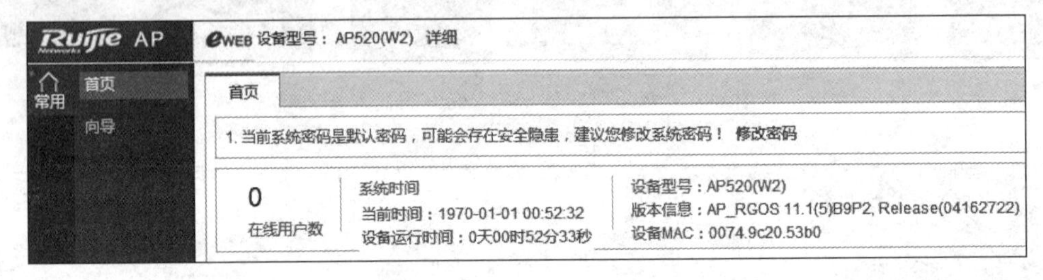

图 6-33 查看 AP 的软件版本

(2) 确认 AP 工作在瘦 AP 模式下。

由于 AP520(W2)有胖 AP、瘦 AP 两种工作模式，在使用时要按无线网络的需要切换到相应的工作模式。

胖 AP、瘦 AP 模式的切换有两种方法。

方法一：登录 AP，在 Web 页面可以进行胖 AP、瘦 AP 两种模式的切换，如图 6-34 所示。

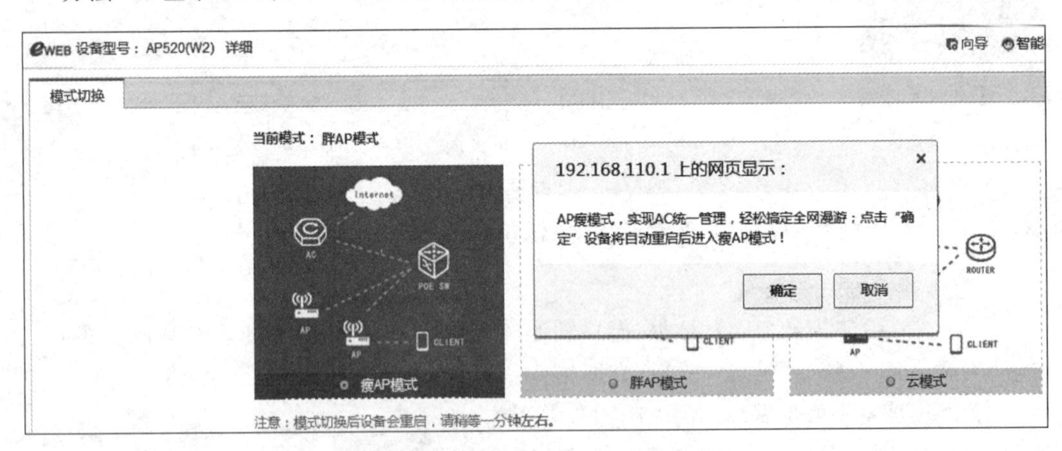

图 6-34 从胖 AP 模式切换为瘦 AP 模式

方法二：使用 Telnet 命令行。

在 Windows 的 DOS 命令界面，使用 telnet 192.168.110.1 登录 AP，在 Password 后输入密码 ruijie，进入普通模式。再使用 Ruijie>show ap-mode 命令验证 AP 当前的工作模式，如图 6-35 所示。如显示 fit，就是瘦模式；如显示 fat，就是胖模式。

如果显示为胖模式，那么需要使用以下 Telnet 命令进行更改：

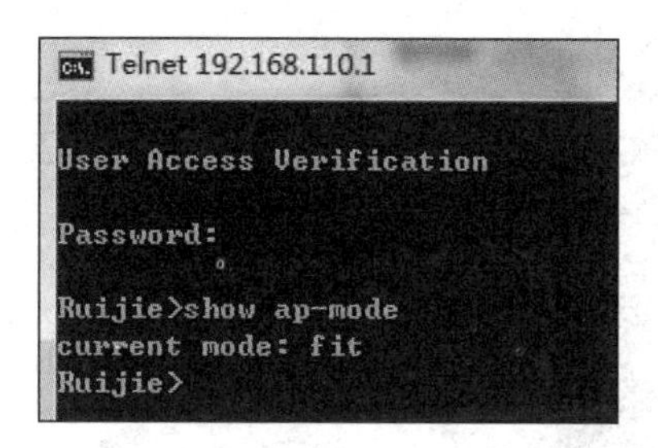

图 6-35　使用 Telnet 命令检查 AP 当前工作模式

```
Ruijie> enable                          /* 进入特权模式 */
Ruijie# configure terminal              /* 进入全局配置模式 */
Ruijie(config)# ap-mode fit             /* 修改成瘦模式 */
Ruijie(config)# end                     /* 退回到特权模式 */
Ruijie# write                           /* 确认配置正确,保存配置 */
```

(3) 配置规划。

表 6-10 是本案例的配置规划。

表 6-10　配置规划

设备/用户	连接	VLAN	IP 地址
计算机	到 WLC 接口 1		192.168.110.10/24 网关：192.168.110.1
AP520(W2)	到 WLC 接口 2	1	172.16.1.2/24
无线用户	到 WLC 无线接口	1	DHCP：192.168.110.0/24 网关：192.168.110.254

SSID 为 11-205。隧道地址为 192.168.110.1。

2) 配置 WLC(RG-WS6008)

(1) 登录 WLC 管理页面。

① 选用 WLC 的接口 1 作为管理端口,它属于 WLC 的 VLAN1, VLAN1 虚接口的 IP 地址为 192.168.110.1,子网掩码为 255.255.255.0。用直通双绞线连接计算机的网卡和 WLC 的接口 1,AP 接入 WLC 的接口 2。

② 配置计算机 IP 地址为 192.168.110.10,子网掩码为 255.255.255.0,网关为 192.168.110.1。

③ 打开浏览器,在地址栏中输入 http://192.168.110.1,WLC 默认的账号及密码都是 admin,按提示修改密码为 11-205,进入 Web 管理页面。

(2) 配置 WLC 接口。

选择“高级”组中的“接口管理”项,在如图 6-36 所示的“接口管理”页面中查看 WLC 接口的设置和工作状态。WLC 的接口 VLAN 归属、接口聚合、接口设置都可以在这里进行配置。

选择“接口设置”选项卡,选择 Gi0/2 接口,设置其 IP 地址为 172.16.1.2,子网掩码为 255.255.255.0,如图 6-37 所示。

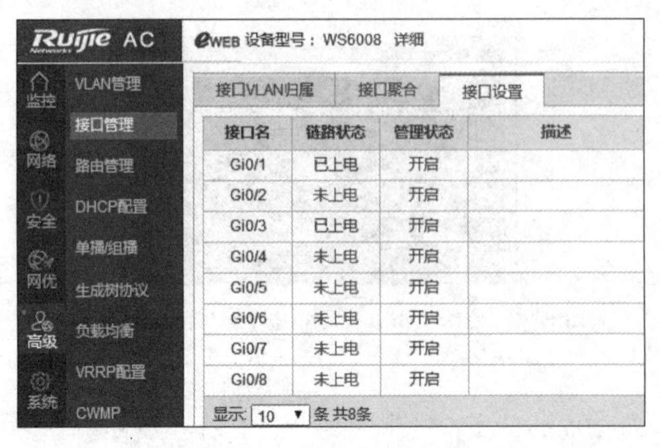

图 6-36 “接口管理”页面

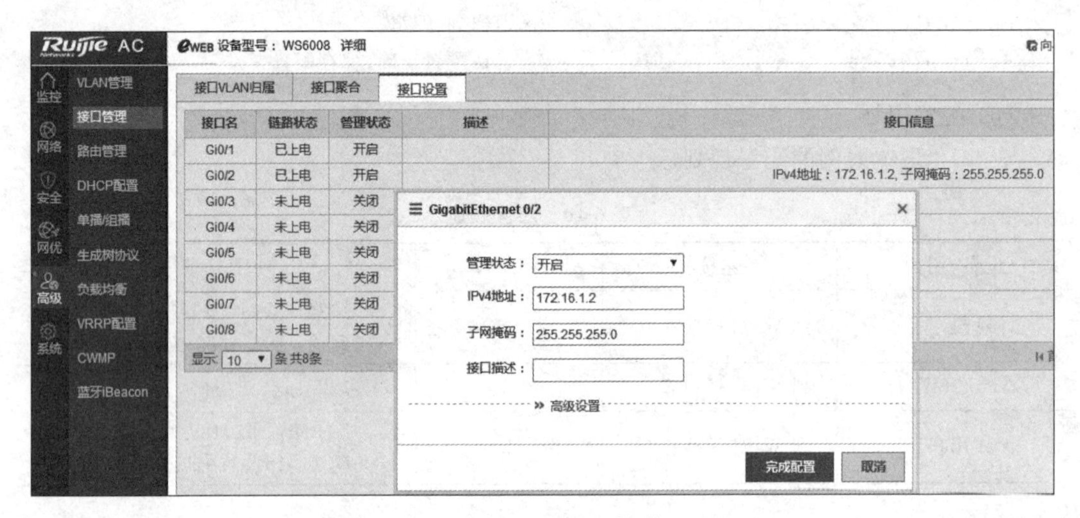

图 6-37 配置 WLC 的 Gi0/2 接口地址

(3) 选择 WLC 与 AP 的连接方式。

由 WLC 控制瘦 AP 构成的无线局域网有两种拓扑：一是 WLC 和 AP 直连，二是 WLC 和 AP 通过交换机连接。

单击“首页”下面的“向导”，弹出如图 6-38 所示的页面，根据实际网络中 WLC 与 AP 的连接方式选择“AC 和 AP 通过交换机互联”或“AC 和 AP 直连”，单击“下一步”按钮。

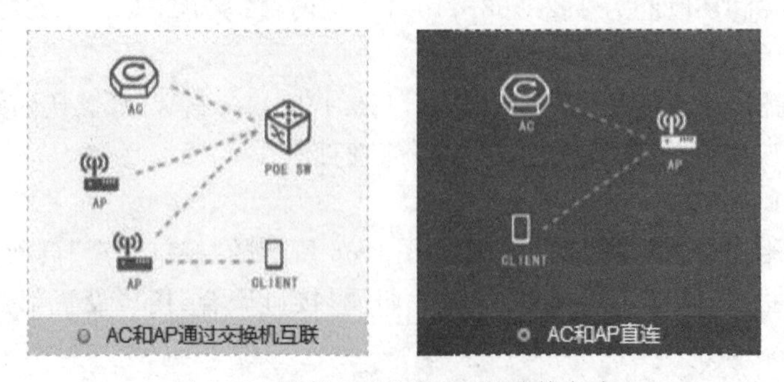

图 6-38 选择 WLC 和 AP 的连接方式

(4) 配置 WLC 与 AP 互联。

① 配置 AP 与 WLC 互联隧道 IP 地址。

在“AC,AP 的互联配置”页面配置 AP 与 WLC 互联隧道 IP 地址,如图 6-39 所示。单击“下一步”按钮。

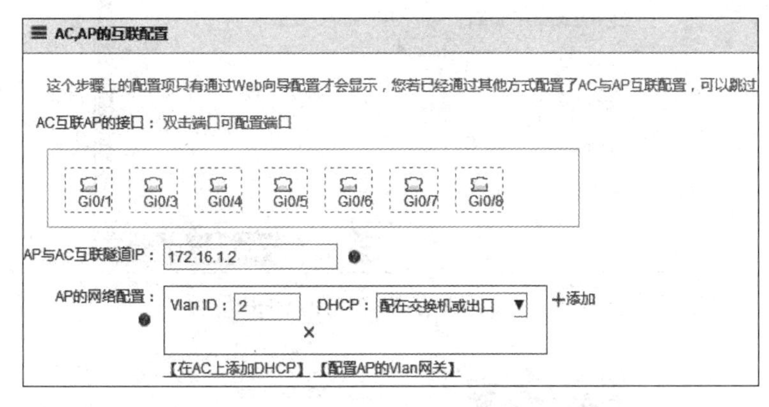

图 6-39　配置 AP 与 WLC 互联隧道 IP 地址

📖 在网络设备中,回环口(loopback)代表某些用于管理目的的虚拟接口,其含义并没有“回环”的意思。回环口会分配到一个 IP 地址(这个地址称为回环地址),但是这个 IP 地址不对应实际的物理接口。

网络设备中的管理应用程序使用回环地址发送或接收数据流,而不是使用物理接口的地址。对外部来说,直接使用回环地址来查看设备对应的信息(如报警信息),与网卡的物理地址无关。

📖 AP 与 WLC 互联隧道 IP 地址(即 WLC 的回环地址)是建立 AP 与 WLC 互联隧道的标识地址。它把 WLC 的 IP 地址告诉 AP,使 AP 可以注册到 WLC 上,这里即是 WLC 端口 1 的地址 172.16.1.2。WLC 的默认回环口是 loopback 0。

② 配置 AP 网络(VLAN2)。

单击“高级”组中的“VLAN 管理”项,打开“VLAN 管理”页面,如图 6-40 所示。添加 AP 网络为 VLAN2,其 IPv4 地址为 172.16.2.1,子网掩码为 255.255.255.0。

VLAN管理

+添加VLAN　×删除选中VLAN

	VLAN ID	IPv4地址	IPv4 掩码
	1	192.168.110.1	255.255.255.0
	2	172.16.2.1	255.255.255.0

显示 10 条 共2条

图 6-40　配置 AP 网络(VLAN2)

③ 配置 AP 网络的 DHCP。

瘦 AP 获得了 IP 地址,才能实现 WLC 的控制和转发工作站点的数据。单击“高级”组中的“DHCP 配置”项,配置 AP 网络的 DHCP,如图 6-41 所示。

(5) 配置 WiFi 网络名称。

单击“网络”组中的“添加无线网络”项,打开如图 6-42 所示的“添加无线网络”页面。

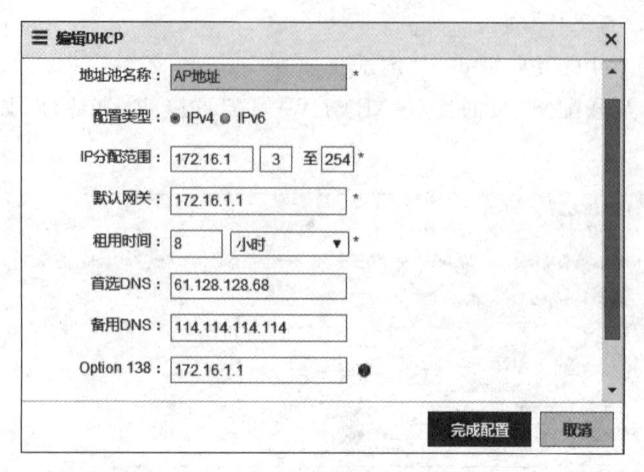

图 6-41　配置 AP 网络的 DHCP

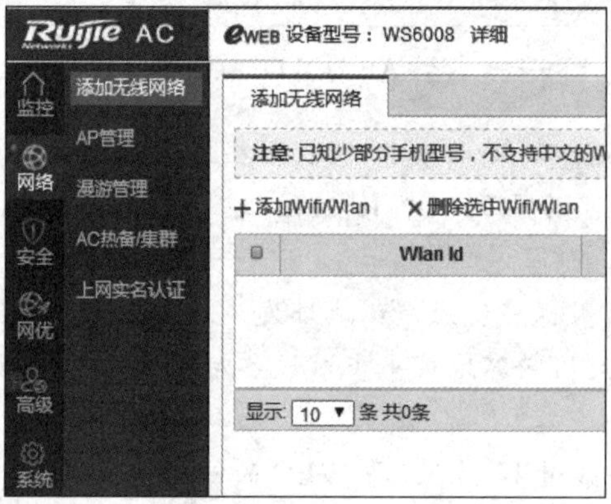

图 6-42　“添加无线网络”页面

单击图 6-42 中的“添加 WiFi/Wlan”，弹出如图 6-43 所示的“配置 WiFi/Wlan”页面。该页面中已有默认配置，可根据需要修改 WiFi 网络名称、加密类型和 WiFi 密码。

单击图 6-43 中的“高级配置”，打开如图 6-44 所示的“高级配置”页面。在高级配置中，可以选择报文是通过 WLC(图 6-44 中称为 AC)还是通过 AP 转发出去、SSID 的编码方式、WiFi 是否可见、最大无线用户数、关闭网络时间、是否优先接入 5G 网络等。

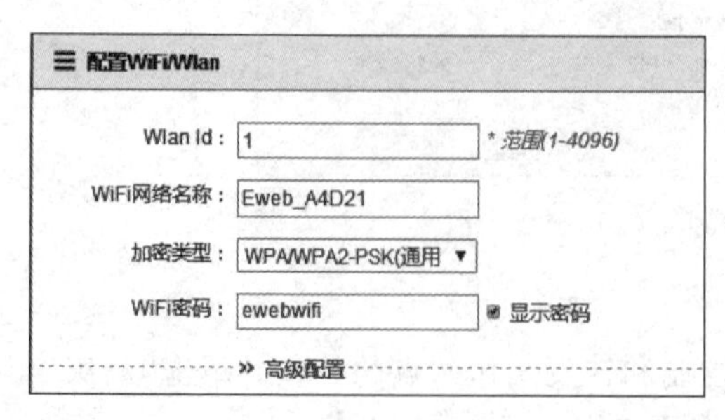

图 6-43　“配置 WiFi/Wlan”页面

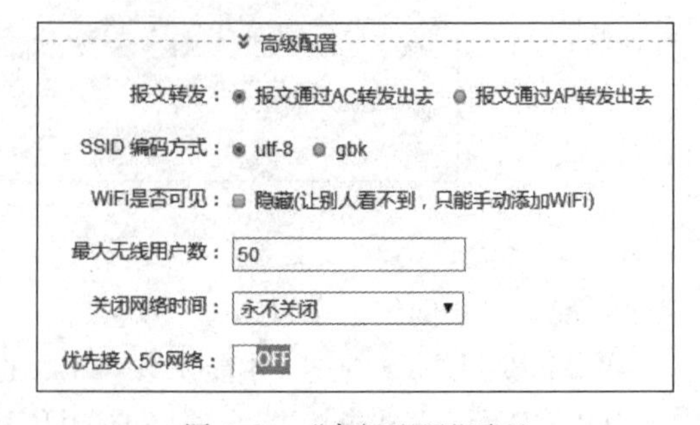

图 6-44　“高级配置”页面

📖 UTF-8(8-bit Unicode Transformation Format)是一种针对 Unicode 的可变长度字

符编码，又称万国码。

📖 GBK 全称为《汉字内码扩展规范》(GB 和 K 分别是“国标”和“扩展”汉语拼音的第一个字母，该规范的英文名称为 *Chinese Internal Code Specification*)。GBK 采用双字节编码方案，其编码范围为 8140～FEFE，剔除 xx7F 码位，共 23 940 个码位。

在高级配置完成后，单击“下一步”按钮，进入如图 6-45 所示的“无线用户的上网配置”页面，配置无线用户的上网内容，如图 6-46 所示。

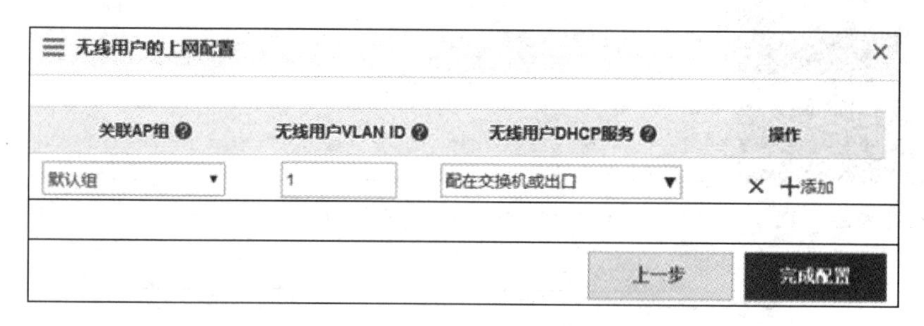

图 6-45　“无线用户的上网配置”页面

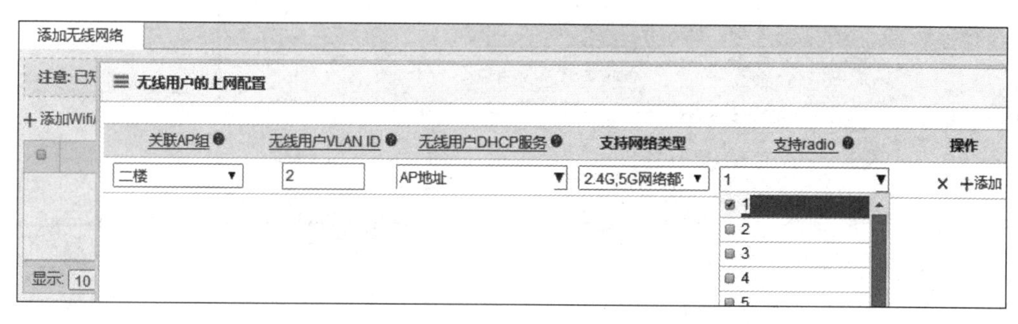

图 6-46　配置无线用户的上网内容

(6) 建立 VLAN。

VLAN 网关(虚接口)用 VLAN IP 地址表示。为便于管理，将建立无线局域网控制器管理 VLAN、AP 所在的 VLAN 和无线用户 VLAN。

① 建立无线局域网控制器管理 VLAN。

单击“高级”组中的“VLAN 管理”项，打开“VLAN 管理”页面，可以查看到无线局域网控制器系统默认设置的 VLAN 是 VLAN1，VLAN1 网关(虚接口)IP 地址是 192.168.110.1，网络掩码是 255.255.255.0，如图 6-47 所示。这里直接使用默认 VLAN1 作为无线局域网控制器管理 VLAN。

② 建立 AP 所在的 VLAN。

AP 所在的 VLAN 指的是所有 AP 所在的虚拟局域网。在“VLAN 管理”页面，单击“添加 VLAN”，打开“添加 VLAN”页面，配置 AP 的 VLAN ID 和 VLAN IP 地址、子网掩码等，如图 6-48 所示。

③ 建立无线用户 VLAN。

无线用户 VLAN 指定无线终端用户所在的虚拟局域网。

在规模较小的无线局域网中，AP 数量较少，采用 WLC 与 AP 直连拓扑，可以将无线用

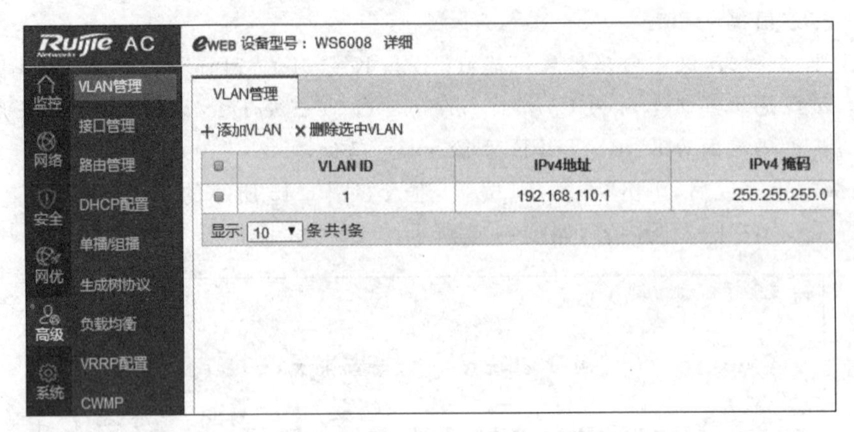

图 6-47 “VLAN 管理”页面

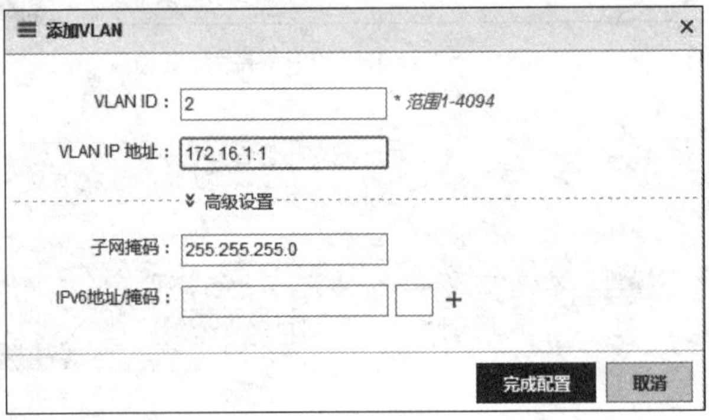

图 6-48 添加 VLAN2

户 VLAN 配置在 WLC 上。

在规模较大的无线局域网中，AP 数量较多，要采用 WLC 和 AP 通过交换机连接的拓扑。这种情况下，一般无线用户 VLAN 配置在核心交换机上。注意，该地址必须与无线用户的 DHCP 在同一个网段。

无线用户 VLAN 配置为 VLAN3。在“VLAN 管理”页面，单击“添加 VLAN”，打开“添加 VLAN”页面，按如图 6-49 所示进行 VLAN3 配置。

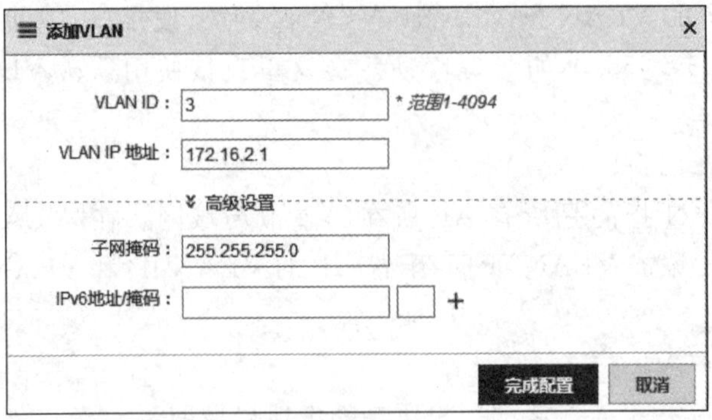

图 6-49 添加 VLAN3

在“VLAN 管理”页面，可以查看、编辑和删除已经建立的 VLAN。图 6-50 是 VLAN 列表。

VLAN ID	IPv4地址	IPv4 掩码
1	192.168.110.1	255.255.255.0
2	172.16.1.1	255.255.255.0
3	172.16.2.1	255.255.255.0

图 6-50　“VLAN 管理”页面

(7) 建立 AP 组。

一个 WiFi 热点用一个 WiFi 名称表示。通常同一个 WiFi 热点信号可以同时由多个 AP 发出，为了便于管理，就将这些 AP 放在一个 AP 组内。

① 建立 AP 组。

系统已建立了一个名称为“默认组”的 AP 组。如需要建立其他的 AP 组，可以单击“关联 AP 组”，弹出“AP 管理”页面，再单击页面中的“添加组”按钮，弹出如图 6-51 所示的“添加 AP 组”对话框。输入需要添加的 AP 组的名称，如“一楼”“二楼”“三楼”等。

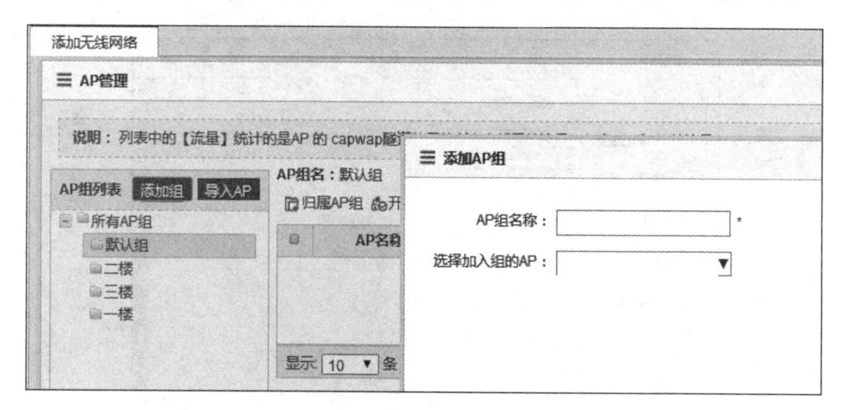

图 6-51　“添加 AP 组”对话框

② 添加 AP。

对已建立的 AP 组，可以将 AP 加入其中。选中一个 AP 组，如“默认组”，单击“更多操作”中的“添加 AP”项，如图 6-52 所示。

在弹出的“编辑 AP”对话框中输入添加的 AP 的名称、MAC 地址及所在位置、开启有线口、有线口归属 VLAN、有线口的速率等，单击“完成配置”按钮。在“编辑 AP”对话框中可以查看和修改 AP 设置，如图 6-53 所示。

在“高级设置”中，设置 AP 归属组、Telnet 管理 AP 账号、密码及 AP 与 WLC 互联隧道 IP 地址后，单击“完成配置”按钮，如图 6-54 所示。

AP管理
智分+AP
说明：列表中的【流量】统计的是AP的capwap隧道使用的所有有线口的流量，包含STA和AP的流量。
AP组列表
添加组
导入AP
所有AP组
默认组
二楼
三楼
一楼
AP组名：默认组
归属AP组
开启AP
关闭AP
更多操作
添加AP
删除AP
重启AP
恢复出厂设置
AP名称
AC地址
显示 10 条共0条

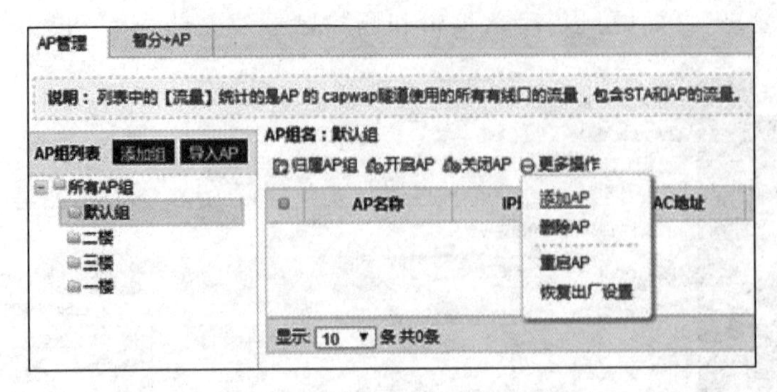

图 6-52　在“默认组”中添加 AP

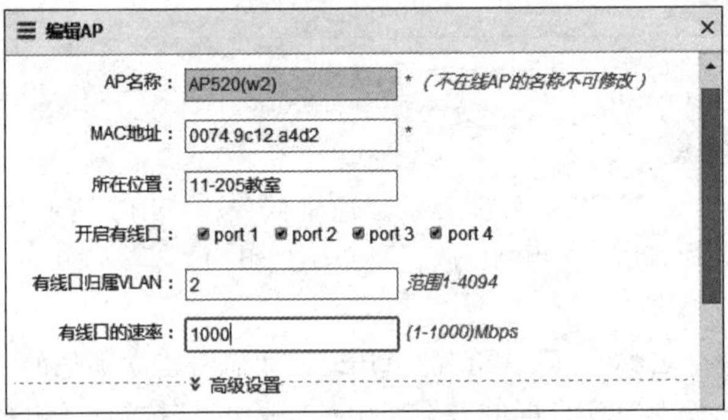

编辑AP
AP名称： AP520(w2) *（不在线AP的名称不可修改）
MAC地址： 0074.9c12.a4d2 *
所在位置： 11-205教室
开启有线口： port 1 port 2 port 3 port 4
有线口归属VLAN： 2 范围1-4094
有线口的速率： 1000 (1-1000)Mbps
高级设置

图 6-53　添加 AP

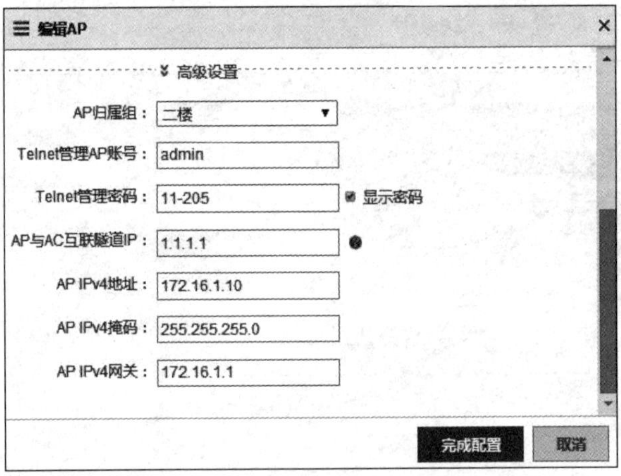

编辑AP
高级设置
AP归属组： 二楼
Telnet管理AP账号： admin
Telnet管理密码： 11-205 显示密码
AP与AC互联隧道IP： 1.1.1.1
AP IPv4地址： 172.16.1.10
AP IPv4掩码： 255.255.255.0
AP IPv4网关： 172.16.1.1
完成配置
取消

图 6-54　在“高级设置”中配置 AP

重复以上的操作，添加多台 AP。在 AP 列表中可以查看到 AP 组中的 AP，如图 6-55 所示。

(8) 配置 DHCP，给无线用户分配 IP 地址。

在与 WLC 互联的交换机上配置 DHCP 服务，特别提醒：该 DHCP 分配给无线用户的 IP 地址池和前面设置的无线用户 VLAN 的地址应在同一个网段。

选择“高级”组中的“DHCP 配置”项，弹出如图 6-56 所示的“DHCP 配置”页面。

图 6-55　已经添加到默认组中的 AP520(W2)

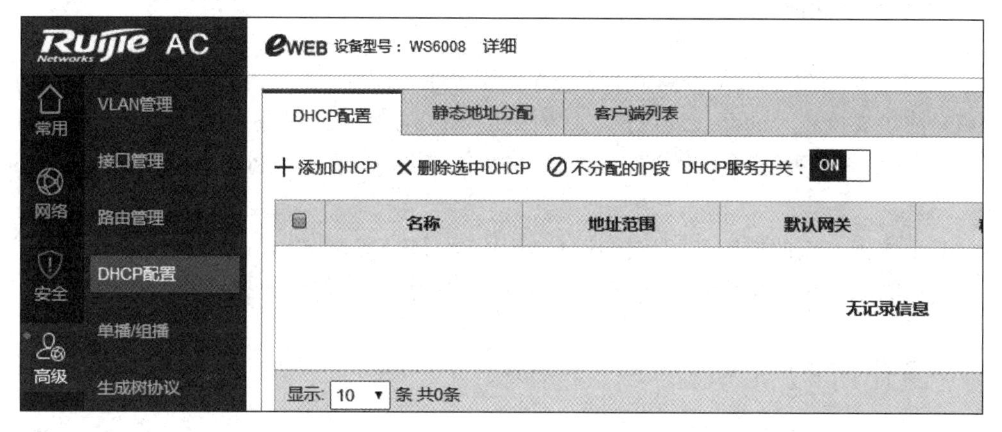

图 6-56　“DHCP 配置”页面

将“DHCP 服务开关”置于 ON，单击“添加 DHCP”，弹出“添加 DHCP”对话框，在其中对添加的 DHCP 进行配置，如图 6-57 所示。单击 “完成配置”按钮，保存配置。

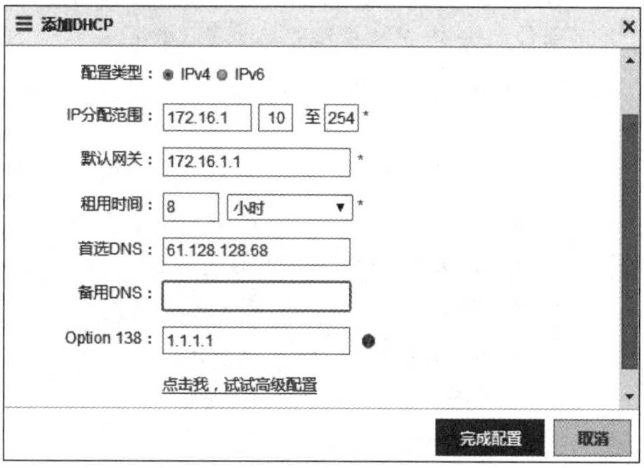

图 6-57　对添加的 DHCP 进行配置

Option 在无线网络管理中用于说明 WLC 的 IP 地址，使 AP 可以注册到 WLC 上，一般应填写 WLC 设备回环口(lookback)地址。不同 AP 设备对于 Option 的支持情况不一样，需要根据要管理的 AP 设备选择 Option 43 或 Option 138。

(9) 验证无线局域网的连通性。

① 可以使用 ping 命令检查连通性。

② PC之间使用已建立的无线局域网传输数据，如建立共享文件夹以传输文件，使用局域网聊天软件“飞秋”，实现无线局域网计算机之间进行传输文件或聊天。

6.4.10 分布式连接 WLAN

根据项目规划内容(VLAN、IP 地址、SSID 等)对无线局域网控制器进行配置，完成之后，验证无线局域网的连通性。

6.5 本章小结

本章主要介绍规模较大的集中型 WLAN 的构建。

(1) 构建规模较大的无线局域网，通常采用 WLC 加瘦 AP 的集中控制模式。

(2) WLC 是一种适用于大中型无线网络的核心设备，用来控制和管理 WLAN 中的所有无线 AP。

(3) 无线接入点的控制和配置协议(CAPWAP)是 AP 和 WLC 之间通信的专用协议。

(4) WLC 与 AP 之间要建立数据隧道和控制隧道，用于传输数据和控制消息。

6.6 强化练习

1. 判断题

(1) 无线工作站是包含无线接口的设备。 ( )

(2) AP 包含射频天线和无线物理层，可以传输和接收无线终端的网络数据。 ( )

(3) WLC 包含射频天线和无线物理层，可以传输和接收 AP 的网络数据。 ( )

(4) WLC 与 AP 之间通信时要建立数据隧道和控制隧道。 ( )

(5) WLC 与 AP 之间的数据隧道用于传输数据。 ( )

2. 单选题

(1) AP 和 WLC 直连的集中型 WLAN 可以不使用( )。

A. AP　B. WLC　C. 接入交换机　D. 笔记本电脑

(2) AP 和 WLC 分布式连接的集中型 WLAN 不使用( )。

A. AP　B. WLC　C. 接入交换机　D. 无线路由器

(3) RG-WS6008 可管理的 AP 基础数目是( )个。

A. 10　B. 32　C. 64　D. 224

(4) AP 和 WLC 之间通信使用的协议是( )。

A. CAPWAP　B. DHCP　C. CSMA/CA　D. CSMA/CD

3. 多选题

(1) 物理端口又称为接口，是可见端口，通常 WLC 具有( )。

A. 配置端口　B. 有线端口　C. 无线端口　D. 天线接口

(2) 规模较大的集中型 WLAN 需要使用( )。

A. AP　B. WLC　C. 有线交换机　D. 笔记本电脑

(3) 下列关于集中型 WLAN 的说法中正确的是( )。

A. 无线工作站和AP之间是无线连接　　B. AP和WLC之间是无线连接
C. 无线工作站和AP之间是有线连接　　D. AP和WLC之间是有线连接

(4) WLC集成DHCP服务功能,可以为(　　)动态分配IP地址。
A. WLC　　B. 无线终端　　C. AP　　D. 以太网供电器

4. 设计题

为某学校教学楼设计规模较大的集中型WLAN,写出设计书,需要包括以下方面的内容:

(1) 现场考察。
(2) 用户需求分析。
(3) 规划设计。
(4) 选购设备。
(5) 安装设备。
(6) 配置设备。
(7) 调试与使用。

第7章　构建安全无线局域网

本章的学习目标如下：

- 了解 WLAN 的安全威胁。
- 理解有线等效保密(WEP)。
- 掌握 WPA 和 WPA2(WiFi 保护访问)的应用。
- 理解 IEEE 802.11i 标准。
- 掌握预共享密钥认证模式的应用。
- 掌握 IEEE 802.1x 端口访问控制技术和 Radius 服务器的功能。
- 掌握临时密钥完整性协议(TKIP)的应用。
- 掌握高级加密标准(AES)的应用。
- 了解 WLAN 认证和隐私的基础设施(WAPI)标准。
- 掌握 WLAN 中的 Web 认证。
- 掌握 WLAN 中基于 Radius 服务器认证的配置。

7.1　项目导引

星际网络公司有运行维护中心、销售中心、技术支持中心、网络管理中心和客户服务中心，该公司正在构建 WLAN。网络工程师小谢需要针对各个部门的实际情况制定和实现相应的无线网络安全策略，确保公司无线网络的安全。

7.2　项目分析

由于有线网络的数据传输被局限于传输线之内，要接入有线网络，必须使用传输线。无线局域网与有线网络不同，携带网络数据的电磁波在空中传播，具有开放性。这样，拥有无线终端设备的用户都可以触及无线网络，进而获取网络数据。

必须构建安全的 WLAN，才能确保网络应用的高效与安全。构建安全的 WLAN，实质是在无线网络通信正常的基础上，应用 WLAN 安全技术，对网络进行安全选项的设置。WLAN 安全技术主要有 WEP 共享密钥(Shared Key)认证、WPA 和 WPA2 的认证方式(分别有预共享密钥模式和采用 IEEE 802.1x 认证体系并使用 Radius 服务器进行身份认证的模式)等。对小规模 WLAN 使用 WEP 共享密钥认证或 WPA 和 WPA2 的预共享密钥模式认证，对大规模 WLAN 可采用基于 Radius 服务器的 IEEE 802.1x 认证体系。

7.3 技术准备

7.3.1 WLAN安全威胁分析

1. WLAN的安全威胁

WLAN具有安装便捷、使用灵活、经济节约、易于扩展等有线网络无法比拟的优点，因此WLAN得到越来越广泛的应用。但是由于WLAN信道开放的特点，使得攻击者能够恶意入侵、窃听、修改、转发、获取资源等。WLAN的安全威胁主要有以下4个方面的表现：

(1) 未经授权的接入。在开放的WLAN系统中，未经授权的用户也可以接入AP，从而对合法用户形成安全威胁，同时还导致合法用户可用带宽减少。

(2) MAC地址欺骗。对于使用了MAC地址过滤的AP，也可以通过抓取无线包来获取合法用户的MAC地址，进而通过AP的认证非法获取资源。

(3) 无线窃听。对于WLAN来说，所有的数据都是可以监听到的，无线窃听不仅可以窃听到AP和工作站的MAC，而且可以在网络中伪装成AP来获取工作站的身份验证信息。

(4) 企业级入侵。相比传统的有线网络，WLAN更容易成为入侵内网的入口。大多数企业的WLAN在防火墙之内，如果黑客成功地攻破了WLAN系统，则基本上就成功地进入了企业的内网。而有线网络黑客往往找不到合适的接入点，只能从外网入侵。

2. WLAN系统安全机制

为了增强WLAN系统的安全性，主要采取认证和加密两种安全机制。

(1) 认证机制。用来对用户的身份进行认证，以使授权的用户可以使用网络资源。

(2) 加密机制。用来对无线链路的数据进行加密，以保证其只被所期望的用户接收和理解。

此外，还需要提供有效的密钥管理机制，如密钥的动态协商，以实现无线安全方案的可扩展性。

IEEE及WiFi联盟为了保障WLAN的安全性，先后推出了WEP、IEEE 802.11i (WPA、WPA2)等安全标准，这些标准对认证机制和加密机制进行了更新换代，增强了WLAN的安全性。

🕮 密钥是一种参数，它是在明文转换为密文或密文转换为明文的算法中输入的数据。密钥分为两种：对称密钥与非对称密钥。

对称密钥加密又称私钥加密或会话密钥加密，即数据的发送方和接收方使用同一个密钥去加密和解密数据。它的最大优势是加/解密速度快，适合于对大数据量进行加密，但密钥管理困难。

非对称密钥加密又称公钥加密。它需要使用不同的密钥来分别完成加密和解密操作。一个公开发布，即公开密钥；另一个由用户自己秘密保存，即私用密钥。数据发送者用公开密钥去加密，而信息接收者则用私用密钥去解密。公钥加密机制灵活，但加密和解密速度却比对称密钥加密慢得多。

7.3.2 IEEE 802.11b中的WEP协议

1. 有线等效保密

有线等效保密(Wired Equivalent Privacy,WEP)是1999年通过的IEEE 802.11b标准的一部分,是WLAN最初使用的安全协议。

2. WEP加密算法

WEP使用RC4加密算法实现机密性,并使用CRC32验证数据完整性。WEP标准的64位密钥使用40位的设置密钥加上24位的初始化向量(Initialization Vector,IV)来形成。

📖 RC4加密算法是RSA三人组中的Ron Rivest在1987年设计的密钥长度可变的流加密算法簇。之所以称其为簇,是由于其核心部分的长度可任意,但一般为256B。该算法的速度可以达到DES加密算法的10倍左右,且具有很高级别的非线性。RC4起初是用于保护商业机密的,但是在1994年9月,它的算法被发布在互联网上,就不再用于保护商业机密。

3. WEP共享密钥格式

WEP共享密钥格式有ASCII和十六进制两种,其中ASCII字符要输入5个(64位模式)或13个(128位模式),十六进制字符(0～9及A～F)要输入10个(64位模式)或26个(128位模式)。

4. WEP认证方式

WEP认证有开放系统认证和共享密钥认证两种方式。

1) 开放系统认证

采用开放系统认证(open system authentication),此时WEP密钥只用于数据加密,即使密钥不一致,用户也可以连接,但连接后传输的数据会因为密钥不一致而被接收端丢弃。

开放系统认证是最简单的认证算法,即不认证。开放系统认证包括两个步骤:第一步是请求认证,第二步是返回认证结果,如图7-1所示。

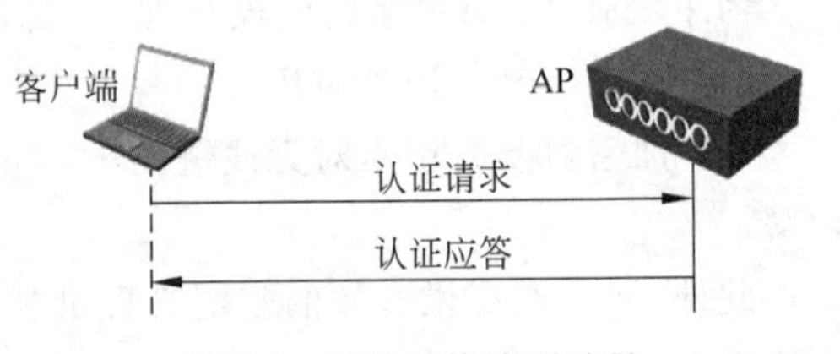

图7-1 开放系统认证过程

2) 共享密钥认证

采用共享密钥认证(shared key authentication),客户端与接入点都要设置静态密钥。此时WEP密钥用于链路认证和数据加密,如果密钥不一致,则客户端链路认证失败,无法连接。

对于共享密钥认证,需要进行如图7-2所示的4个步骤:

(1) 客户端向AP发送认证请求。

(2) AP会随机产生一个字符串明文发送给客户端。

(3) 客户端利用预存的密钥对收到的明文加密后再次发给AP。

(4) AP用密钥将该消息解密,然后对解密后的字符串和最初发给客户端的字符串明文进行比较。如果相同,则说明客户端拥有与AP端相同的共享密钥,即通过了共享密钥认证;否则共享密钥认证失败。

开放系统认证实质上是都不认证,因此,共享密钥认证的安全性高于开放系统认证。

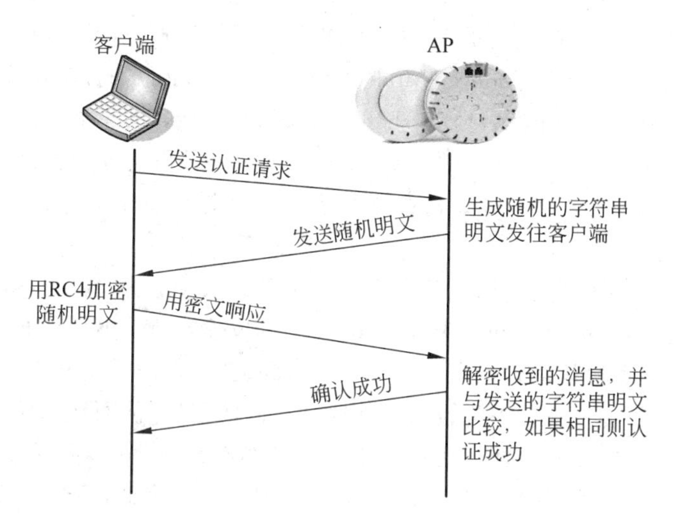

图 7-2　WEP 共享密钥认证机制

WEP 协议不支持动态密钥，只适用于小规模 WLAN。

7.3.3　IEEE 802.11i 标准

1. WPA 和 WPA2

WPA 是 WiFi Protected Access 的英文缩写，中文意思是 WiFi 保护访问。

针对 WEP 协议的严重弱点和不安全性，WiFi 联盟先后提出了 WPA 和 WPA2（WPA 第 2 版）。WPA 和 WPA2 可保证 WLAN 用户的数据受到保护，并且只有授权的网络用户才可以访问 WLAN 网络。

WPA 和 WPA2 标准的数据加密采用 TKIP（Temporary Key Integrity Protocol，临时密钥完整性协议），认证有两种模式可供选择，一种称为预先共享密钥，（Pre-Shared Key，PSK），另一种是使用 IEEE 802.1x 协议进行认证。

无线网络的安全问题从暴露到最终解决经历了相当长的时间，而各大厂通信芯片商显然无法接受在此期间什么都不出售，所以迫不及待的 WiFi 厂商以 IEEE 802.11i 的草案 3 为蓝图设计了一系列通信设备，随后称之为支持 WPA 的设备。这个协议包含了向前兼容 RC4 的加密协议 TKIP，它沿用了 WEP 所使用的硬件并修正了一些缺失，但仍然不是毫无安全弱点的。WiFi 厂商随后将支持 IEEE 802.11i 最终版协议的通信设备称为支持 WPA2 的设备。

今天的无线网络设备仍然支持 WPA 和 WPA2。

2. IEEE 802.11i 标准

IEEE 802.11i 标准是为了弥补 IEEE 802.11 脆弱的安全加密功能（WEP）而制定的修正案，该标准于 2004 年 7 月完成并发布。

IEEE 802.11i 引用了大量 WPA 和 WPA2 的内容。IEEE 802.11i 规定使用 IEEE 802.1x 的认证和密钥管理方式，在数据加密方面，定义了 TKIP、计数器模式/CBC-MAC 协议（Counter-Mode/CBC-MAC Protocol，CCMP）和无线健壮认证协议（Wireless Robust Authenticated Protocol，WRAP）3 种加密机制。

TKIP 采用 WEP 机制中的 RC4 作为核心加密算法，可以通过升级固件和驱动程序的方法达到提高 WLAN 安全性的目的。CCMP 机制基于 AES(Advanced Encryption Standard)加密算法和 CCM(Counter-Mode/CBC-MAC)认证方式,使得 WLAN 的安全性大大提高,是实现强健安全网络(Robust Security Network,RSN)的强制性要求。WRAP 机制基于 AES 加密算法和 OCB(Offset Codebook),是一种可选的加密机制。

📖 WiFi 联盟于 2018 年 1 月 8 日在美国拉斯维加斯的国际消费电子展(CES)上发布了 WiFi 新加密协议 WPA3。

IEEE 802.11 协议中沿用了 13 年的 WPA2 加密协议于 2017 年 10 月被完全破解,比利时鲁汶大学研究员 Mathy Vanhoef 爆出 KRACK 的安全漏洞。KRACK 攻击并不是破解加密密钥,而四路握手协议的理论在安全上也没有问题,只是没有定义终端设备何时要安装加密密钥。攻击者可通过诱使终端设备多次安装相同的密钥,从而让初始化向量重置,通过比对使传输封包的解密变为可能。也就是攻击者虽然不知道密码,但通过重置加密协议使用的随机数和重放计数器将密码重写为 0,可以实现破解。为此,WiFi 联盟宣布将从 2018 年底开始普及 WPA3 加密协议。

3. TKIP 加密

TKIP 加密方式只用于 IEEE 802.11a、IEEE 802.11b、IEEE 802.11g 标准的无线设备,IEEE 802.11n 标准的无线设备不支持此种加密方式。图 7-3 是 TKIP 密钥生成方式。

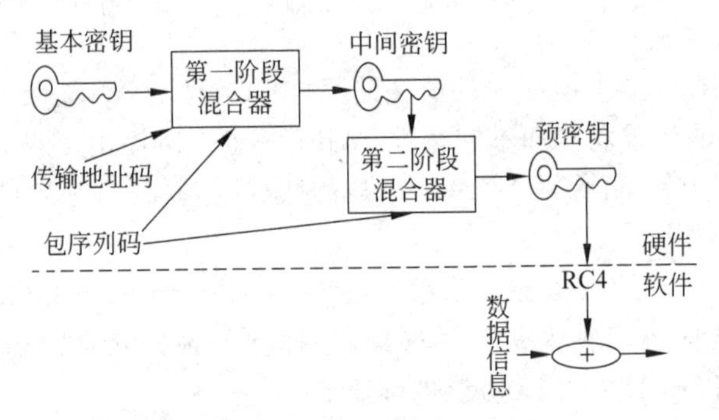

图 7-3　TKIP 密钥生成方式

利用 TKIP 传送的每一个数据包都具有独有的 48 位序列号,这个序列号在每次传送新数据包时递增,并被用作初始化向量和密钥的一部分。将序列号加到密钥中,确保了每个数据包使用不同的密钥。

TKIP 密钥通过将多种因素混合在一起生成,包括基本密钥、发射站的 MAC 地址以及数据包的序列号。经过两个阶段的密钥混合过程,从而生成一个新的、在每一次报文传输时都不一样的密钥,该密钥才是用于直接加密的密钥,通过这种方式大大增强了数据传输的安全性。

4. 高级加密标准

高级加密标准(AES)是美国国家标准技术研究所选择的加密算法,它取代了早期的数据加密标准(DES)。AES 的基本要求是,采用对称分组密码体制,密钥长度为 128 位、192 位、256 位,分组长度为 128 位,算法易于通过各种硬件和软件实现。

AES 加密数据块的大小最大是 256b,但是密钥大小在理论上没有上限。AES 加密有很多轮的重复和变换,大致步骤如下:

(1) 密钥扩展(key expansion)。

(2) 初始轮(initial round)。

(3) 重复轮(round)：每一轮又包括SubBytes、ShiftRows、MixColumns和AddRoundKey。

(4) 最终轮(final round)：最终轮没有MixColumns。

5. WPA或WPA2的认证模式

WPA或WPA2的认证模式有预共享密钥认证模式和采用基于Radius服务器的IEEE 802.1x认证模式。通常对于规模较小的WLAN，采用预共享密钥认证模式；对于规模较大的WLAN，则采用基于Radius服务器的IEEE 802.1x认证模式。

📖 Radius为远程拨号用户认证服务(Remote Authentication Dial In User Service)。

1) 预共享密钥认证模式

预共享密钥认证分为WPA-PSK和WPA2-PSK。预共享密钥认证模式是设计给家庭和小型公司WLAN使用的，无须额外的认证服务器。预共享密钥认证的使用方法同WEP相似，需要在无线客户端和AP配置相同的预共享密钥。如果密钥相同，预共享密钥认证成功；如果密钥不同，预共享密钥认证失败。预共享密钥认证体系如图7-4所示。预共享密钥可以是8～63个ASCII字符，也可以是64个十六进制数(256位)。

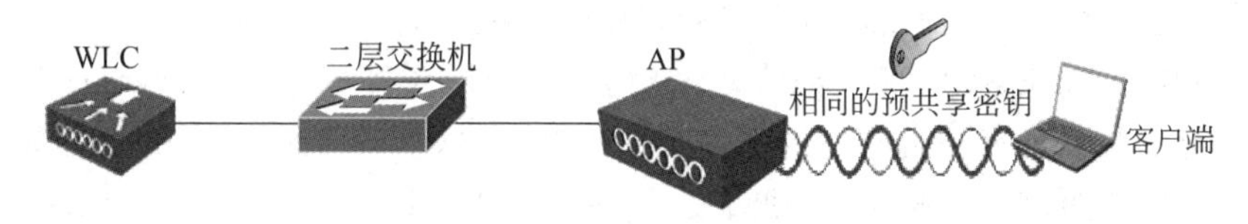

图7-4　预共享密钥认证体系

2) 基于Radius服务器的IEEE 802.1x认证模式

(1) 基于端口的网络接入控制。

IEEE 802.1x是一种基于端口的网络接入控制协议。WLAN的IEEE 802.1x认证模式在WLAN接入设备的端口这一级对接入的用户设备进行认证和控制。连接接入设备端口的用户设备如果能通过认证，就可以访问WLAN中的资源；如果不能通过认证，则无法访问WLAN中的资源。

(2) WLAN中的IEEE 802.1x认证。

IEEE 802.lx认证要求有申请者、认证者、认证服务器3个实体，这些实体是网络设备的逻辑实体。在WLAN中，申请者为无线终端，认证者一般为AP。AP的端口可以理解为两个逻辑端口：受控端口和非受控端口。非受控端口过滤所有的网络数据流，只允许使用可扩展的认证协议(Extensible Authentication Protocol，EAP)帧通过。在认证时，通过非受控端口和AP交换数据，若通过认证，则AP为用户打开一个受控端口，可通过受控端口传输各种类型的数据帧。

📖 IEEE 802.1x本身并不提供实际的认证机制，需要和EAP配合来实现用户认证和密钥分发。认证系统将EAP帧封装到Radius报文中，并通过网络发送给认证服务器。当认证系统接收到认证服务器返回的认证响应后(被封装在Radius报文中)，再从Radius报文中提取出EAP信息并封装成EAP帧发送给请求者。

WLAN中的IEEE 802.1x认证体系如图7-5所示。其认证过程如下：

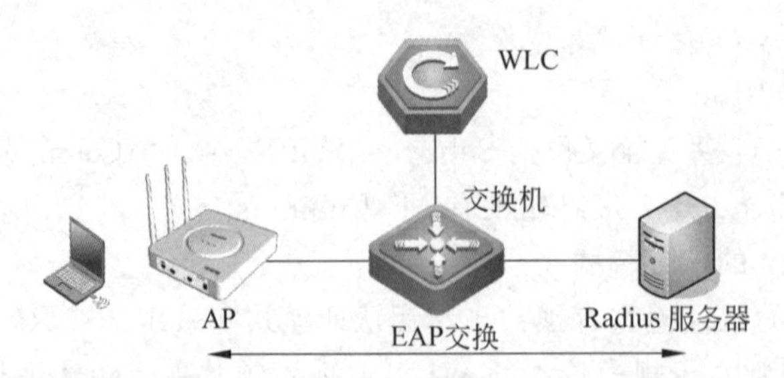

图 7-5 WLAN 中的 IEEE 802.1x 认证体系

(1) 无线终端向 AP 发出请求,试图与 AP 进行通信。

(2) AP 将有关无线终端用户身份的加密数据发送给认证服务器进行用户身份认证。

(3) 认证服务器确认用户身份后,AP 允许该用户接入。

(4) 建立网络连接后,授权用户就可以通过 AP 访问网络资源。

AP 通过不受控端口与 WLAN 用户进行通信,两者之间运行 EAPOL(EAP Over LAN)协议,而 AP 与认证服务器之间运行 EAP 协议。EAP 协议并不是认证系统和认证服务器通信的唯一方式,其他的通信通道也可以使用。例如,如果认证系统和认证服务器集成在一起,两个实体之间的通信就可以不采用 EAP 协议。

WLAN 中的 IEEE 802.1x 认证体系采用客户端/服务器(Client/Server)的体系结构,需要在终端上安装认证客户端软件。但在某些情况下,这个条件是无法满足的,如一些无线打印机。出于网络管理和安全考虑,如果这些终端无 IEEE 802.1x 认证客户端,网络管理员就需要采取另外的方法控制这些接入设备的合法性。

7.3.4 中国 WAPI 安全标准

WAPI 意为无线区域网络认证和隐私的基础设施(Wireless Area Network Authentication and Privacy Infrastructure),它是中国无线局域网强制性标准中的安全机制。针对 IEEE 802.11i(WPA、WPA2)标准的不完善之处,如缺少对 WLAN 设备身份的安全认证,中国在 WLAN 国家标准 GB 15627.11—2003 中提出了安全等级更高的 WAPI 安全机制来实现 WLAN 的安全保障。

与其他 WLAN 安全体制相比,WAPI 认证的优越性集中体现在支持双向鉴别和使用数字证书两方面。图 7-6 是 WAPI 鉴别流程。AP 为提供无线接入服务的 WLAN 设备,鉴别服务器主要帮助无线客户端和无线 AP 进行身份认证,而 AAA 服务器主要提供计费服务。

7.3.5 Web 认证技术

1. Web 认证概念

Web 认证是一种防止外来人员随意接入网络的安全措施。Web 认证是指用户在接入网络时需要通过 Web 认证服务器的认证页面交互输入用户名和密码的一种网络接入方法。

Web 认证通常也称为入口认证,一般将 Web 认证网站称为门户(portal)网站。未认证用户上网时,将被强制登录特定站点,用户可以免费访问其中的服务。当用户需要使用互联

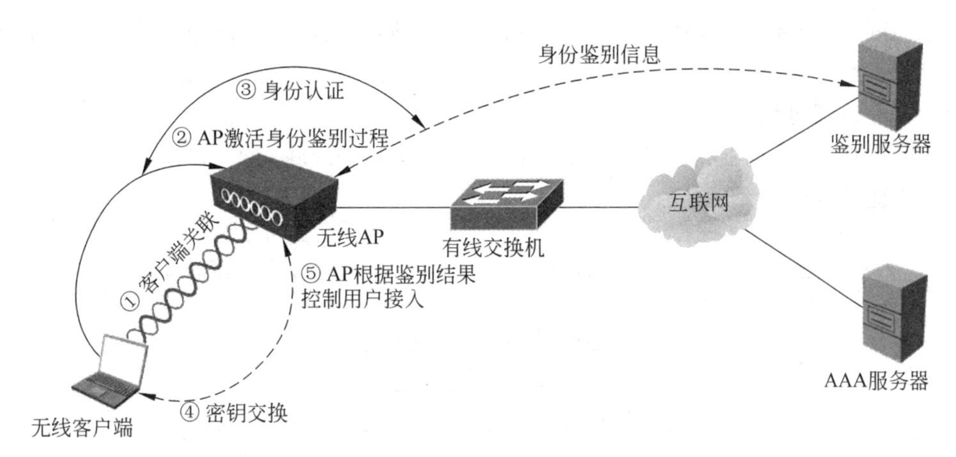

图 7-6　WAPI 鉴别流程

网中的其他信息时，必须在门户网站进行认证，在认证通过后才可以使用互联网资源。

用户可以主动访问已知的 Web 认证网站，输入用户名和密码进行认证，这种认证方式称为主动认证。反之，如果用户试图通过 HTTP 访问其他外网，将被强制访问 Web 认证网站，从而开始 Web 认证过程，这种方式称为强制认证。图 7-7 是 Web 认证页面。

图 7-7　Web 认证页面

2. Web 认证系统的组成

Web 认证系统由以下 3 部分组成：

(1) 接入控制器(access controller)。实现用户强制入口，进行业务控制，接收门户网站发起的认证请求，完成用户认证功能。

(2) 门户网站。推送认证页面及用户使用状态页面，接收 WLAN 用户的认证信息，向 AC 发起用户认证请求以及用户下线通知。

(3) Radius 服务器(Radius server)。和 WLC 一同完成用户认证,并为用户使用的网络信息提供后台计费系统。

3. Web 认证过程

Web 认证的质询握手认证协议(Challenge Handshake Authentication Protocol, CHAP)认证过程如图 7-8 所示。

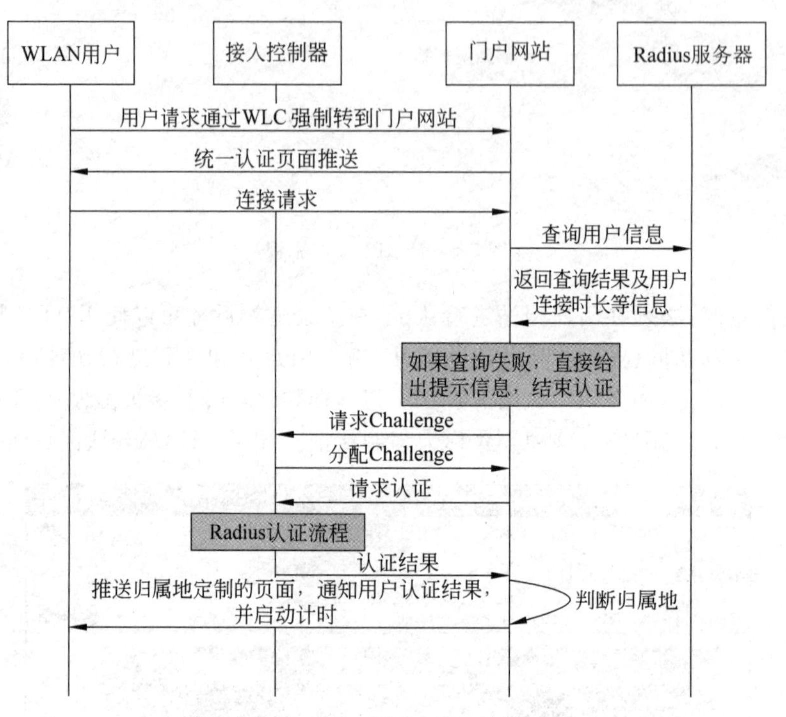

图 7-8　Web 认证的 CHAP 认证过程

7.3.6　MAC 地址认证

MAC 地址认证是基于端口和 MAC 地址对用户的网络访问权限进行控制的认证方法。通过手工维护一组允许访问的 MAC 地址列表,实现对客户端的物理地址过滤。这种方法的效率会随着终端数目的增加而降低,因此 MAC 地址认证适用于安全需求不太高的场合,如家庭、小型办公室等环境。

MAC 地址认证分为以下两种方式:

(1) 本地 MAC 地址认证,如图 7-9 所示。

当选用该方式进行 MAC 地址认证时,需要在设备上预先配置允许访问的 MAC 地址列表,如果客户端的 MAC 地址不在允许访问的 MAC 地址列表中,AP 将拒绝其接入请求。

(2) 通过 Radius 服务器进行 MAC 地址认证,如图 7-10 所示。

当 MAC 接入认证发现当前接入的客户端为未知客户端时,会主动向 Radius 服务器发起认证请求,在 Radius 服务器完成对该用户的认证后,通过认证的用户可以访问无线网络以及相应的授权信息。

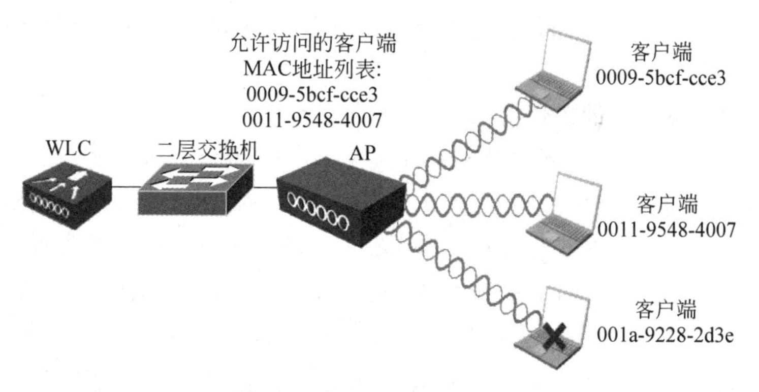

图 7-9 本地 MAC 地址认证

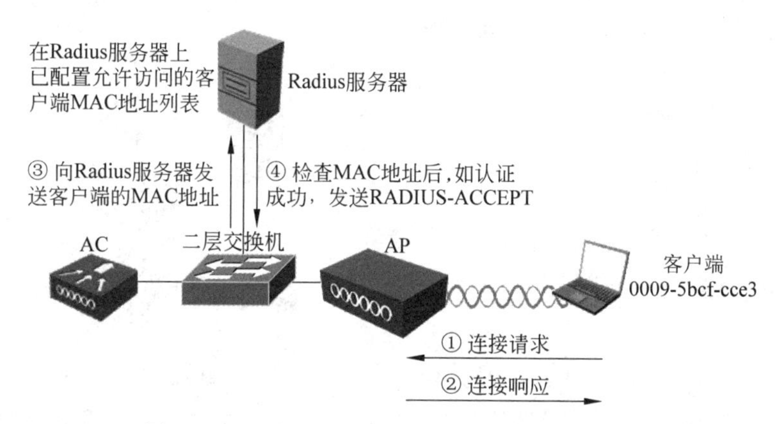

图 7-10 通过 Radius 服务器进行 MAC 地址认证

7.3.7 无线入侵检测系统

1. 无线入侵检测系统

无线入侵检测系统(Wireless Intrusion Detection System,WIDS)可以对恶意攻击行为和入侵行为进行早期检测,保护企业网络和用户不被无线网络上未经授权的设备访问。

2. 无线入侵检测系统架构

无线入侵检测系统有集中式和分散式两种。

1) 集中式

集中式无线入侵检测系统通常用于连接单独的探测器(sensor,传感器,俗称探头),搜集数据并转发到存储和处理数据的中央系统中。

2) 分散式

分散式无线入侵检测系统通常包括多种设备来完成 IDS 的处理和报告。分散式无线入侵检测系统比较适合较小规模的无线局域网,因为它价格便宜且易于管理。当过多的探测器需要检测时,探测器的数据处理将被禁用。所以,多线程处理和报告的探测器管理比集中式无线入侵检测系统花费更多的时间。

WLAN 通常被配置在一个较大的场所,为了更好地收发信号,需要配置多个无线 AP。无线入侵检测系统在无线 AP 的位置部署探测器,以提高入侵检测的覆盖范围。这种物理架构能够检测到大多数的黑客行为,并且通过各个探测器同无线 AP 的关联更好地定位黑客的详细地理位置。

3. 无线入侵检测系统的工作机制

可以把 AP 设置为以下不同的模式来对欺骗(rogue)设备进行检测:

(1) 监听模式。在这种模式下,AP 需要扫描 WLAN 中的设备,此时 AP 仅作为监测 AP,不作为接入 AP。当 AP 工作在监听(monitor)模式时,该 AP 提供的所有 WLAN 服务都将关闭。如图 7-11 所示,AP1 作为接入 AP,AP2 作为监听 AP。AP2 监听所有 IEEE 802.11 帧,检测无线网络中的非法设备,但不能提供无线接入服务。

(2) 混合模式。在这种模式下,AP 既作为接入 AP 又作为监听 AP。AP 可以扫描 WLAN 中的设备,也可以传输 WLAN 数据。如图 7-12 所示,AP 既能检测出欺骗设备又能为客户端 1 和客户端 2 提供 WLAN 接入服务。

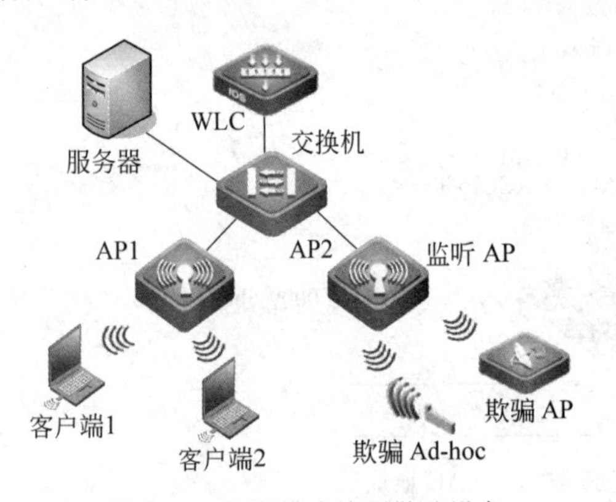

图 7-11 监听模式检测欺骗设备

图 7-12 混合模式检测欺骗设备

7.4 项目实施

7.4.1 项目设备

本项目需要 1 台 DHCP/DNS/Radius 服务器、1 台 Web 服务器、10 台智能无线 AP、1 台智能无线交换机、1 台二层交换机、1 台三层交换机、1 台路由器、2 台安装了 RG-WG54U 无线网卡的计算机和充足的网线。

7.4.2 项目拓扑

图 7-13 为项目实施拓扑。

7.4.3 项目任务

7.4.3.1 使用 Console 和 Telnet 命令配置无线设备

WLC 和 AP 设备的配置管理,除了第 6 章中使用的 Web 方式以外,还有 Console 和 Telnet 命令方式。

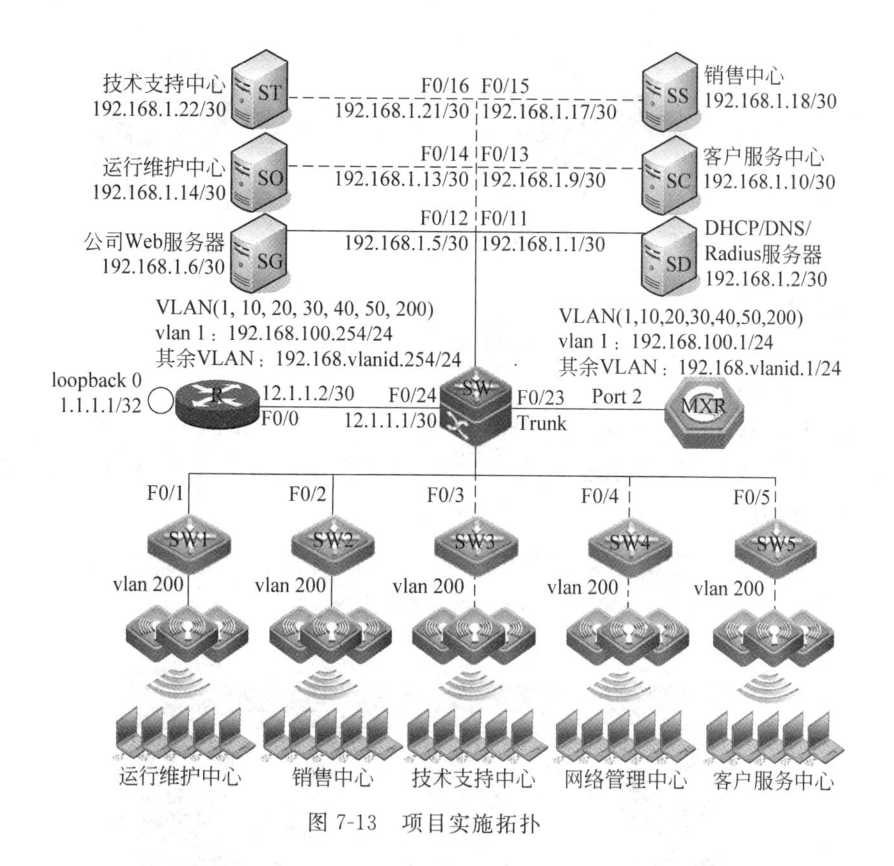

图 7-13 项目实施拓扑

📖 AC 为接入控制器(Access Controller)，即无线局域网控制器。

1. 使用 Console 方式登录无线设备

1）无线 AP、AC 设备的管理地址和默认 Console 密码

（1）无线 AP、AC 都有默认地址 192.168.110.1。

（2）胖 AP 的默认 Console 密码是 admin，不需要 enable 命令的密码；瘦 AP 的默认 Console 密码是 ruijie，默认 enable 密码是 apdebug。

有的 AP 没有 Console 口，无法使用 Console 方式登录，请参考其他登录方式。

（3）AC 没有默认密码。

2）使用 Console 方式登录无线设备的命令行配置界面

带有超级终端和 COM 口的计算机，COM 口(RS-232)在机箱后面，上面有 9 根针(公头)，如图 7-14 所示。

图 7-14 计算机上的 COM 口(RS-232)

如果是没有 COM 口的笔记本电脑时，可购买 COM 口(RS-232 母头)转 USB 口的线，如图 7-15 所示。

AC 的 Console 口：设备前面板上标注有 Console 的接口。

配置线：一端是 RJ-45 水晶头；另一端是 RS-232 母头，上面有 9 个孔，如图 7-16 所示。

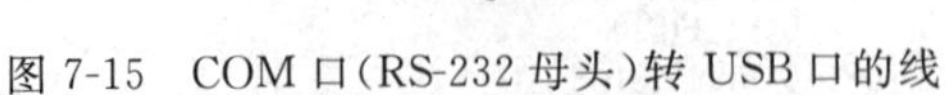

图 7-15　COM 口(RS-232 母头)转 USB 口的线　　　图 7-16　配置线

3) 登录设备

(1) 用配置线连接计算机的 COM 口和 AC 的 Console 口。

(2) 配置超级终端。

在网上下载 HyperTerminal(超级终端)软件,安装在计算机中。打开 HyperTerminal 软件,选择“文件”菜单下“新建连接”命令,如果是首次使用超级终端,会出现“新建连接”对话框,如图 7-17 所示。

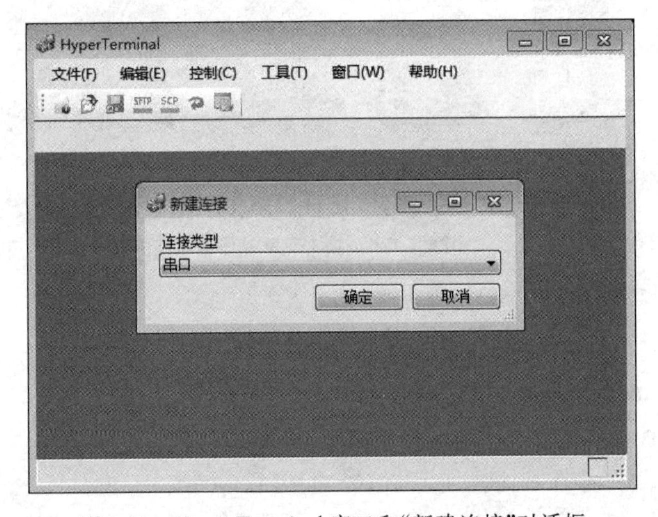

图 7-17　HyperTerminal 窗口和“新建连接”对话框

单击“确定”按钮后,出现如图 7-18 所示的串口默认配置信息,再次单击“确定”按钮便打开了 Hyper Terminal 工作窗口。这时按回车键,窗口中即出现提示符 Ruijie>,表明登录成功。能够通过 Telnet 功能远程登录管理 AC、AP 设备。

2. 使用 Telnet 管理 AC

首先使用 Console 登录方式,在 Hyper Terminal 工作窗口配置 AC 的 IP 地址及路由、Telnet 密码和 enable 密码。

1) 配置 AC IP 地址及路由

```
Ruijie> enable
Ruijie# configure terminal
Ruijie(config)# interface vlan 1                /*默认 AC 上的所有接口都属于 vlan 1*/
Ruijie(config-if-vlan 1)# ip address 192.168.1.1 255.255.255.0
Ruijie(config-if-vlan 1)# exit
Ruijie(config)# ip route 0.0.0.0 0.0.0.0 192.168.1.2 /*配置默认路由,允许跨网段访问 AC*/
```

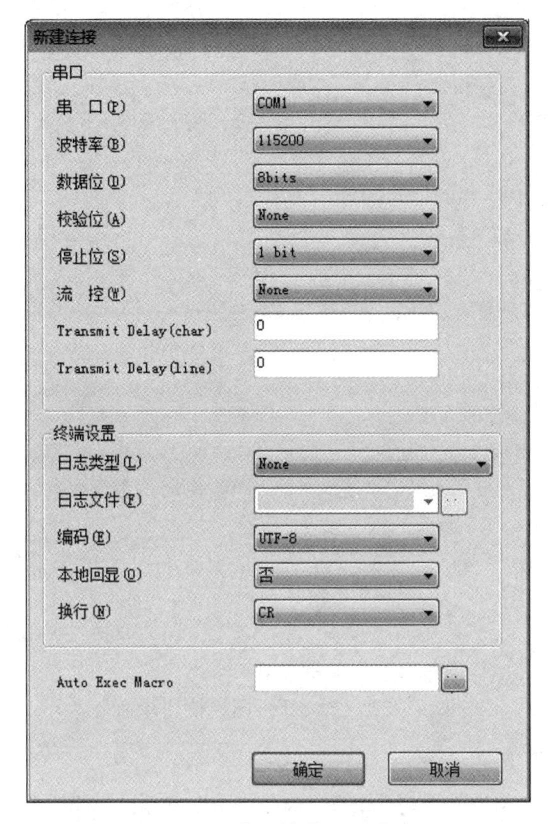

图 7-18　串口默认配置信息

2）配置 Telnet 密码

```
Ruijie(config)# line vty 0 4
Ruijie(config-line)# password ruijie
/* Telnet 密码为 ruijie。如果需要更改密码,同样使用该命令 */
Ruijie(config-line)# login
Ruijie(config-line)# exit
```

3）配置 enable 密码

```
Ruijie(config)# enable password ruijie
/* enable 密码为 ruijie。如果需要更改密码,同样使用该命令 */
Ruijie(config)# end
Ruijie# write
```

3. 使用 Telnet 管理 AP

首先使用 Console 登录方式，在 Hyper Terminal 工作窗口配置 AC 的 IP 地址及路由、Telnet 密码和 enable 密码。

1）配置 AP 的 IP 地址及路由

```
Ruijie> enable
Ruijie# configure terminal
```

```
Ruijie(config)# interface bvi 1                    /* AP上的管理接口 */
Ruijie(config-if-bvi 1)# ip address 192.168.1.1 255.255.255.0
Ruijie(config-if-bvi 1)# exit
Ruijie(config)# interface gigabitEthernet 0/1      /* AP的以太网接口 */
Ruijie(config-if-GigabitEthernet 0/1)# encapsulation dot1Q 1
/* 封装 vlan 1,数据不打 VLAN tag */
% Warning: Remove all IP address.                  /* 提示,默认管理地址在该接口 */
Ruijie(config-if-GigabitEthernet 0/1)# exit
Ruijie(config)# ip route 0.0.0.0 0.0.0.0 192.168.1.2 /* 配置默认路由,允许跨网段访问 AC */
```

2) 配置 Telnet 密码

```
Ruijie(config)# line vty 0 4
Ruijie(config-line)# password ruijie
/* Telnet 密码为 ruijie。如果需要更改密码,同样使用该命令 */
Ruijie(config-line)# login
Ruijie(config-line)# exit
```

3) 配置 enable 密码

```
Ruijie(config)# enable password ruijie
/* enable 密码为 ruijie。如果需要更改密码,同样使用该命令 */
```

4) 确认 Telnet 配置是否正确

(1) 在"开始"菜单中选择"运行"命令,输入 cmd,单击"确定"按钮,在弹出的命令提示符窗口中输入 telnet 192.168.1.1(AC 的 IP 地址),如图 7-19 所示。

```
管理员: C:\Windows\system32\CMD.exe
Microsoft Windows [版本 6.1.7601]
版权所有 (c) 2009 Microsoft Corporation。保留所有权利。

C:\Users\Administrator>telnet 192.168.1.1
```

图 7-19 输入 telnet 192.168.1.1 命令

(2) 按回车键后,出现输入密码界面,该密码是 Telnet 密码,密码输入时被隐藏(不显示)。输入正确的密码后按回车键,进入设备的用户模式,出现 Ruijie> 提示符,如图 7-20 所示。

(3) 在 Ruijie> 提示符后输入 enable,按回车键,系统提示输入 enable 密码,输入正确的密码后按回车键,进入特权模式,如图 7-21 所示。

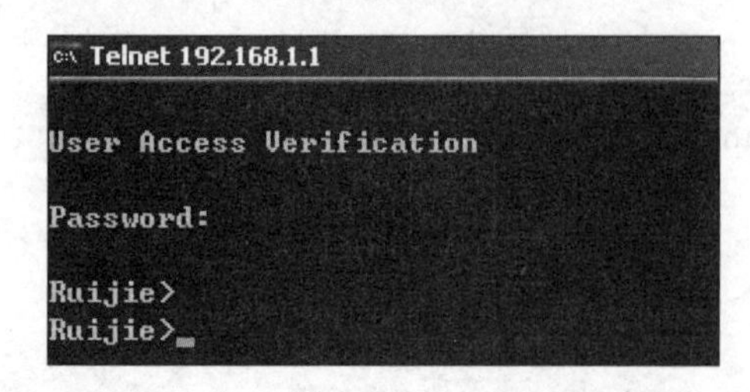

图 7-20 输入 Telnet 密码

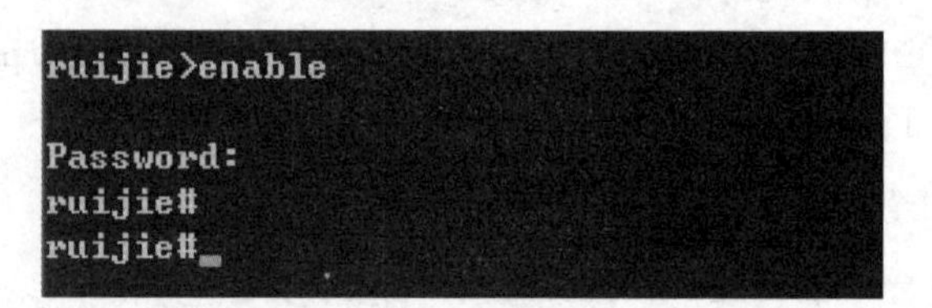

图 7-21 输入 enable 密码

(4) 测试完毕,保存配置。

```
Ruijie(config)# end
Ruijie# write
```

7.4.3.2　组建集中型无线局域网

1. 组网要求

(1) 所有无线 AP 都通过 AC(WS 系列无线交换机)下发配置和管理。

(2) 所有无线 AP 都能发出信号和接入无线客户端。

2. 组网拓扑

组网拓扑如图 7-22 所示。

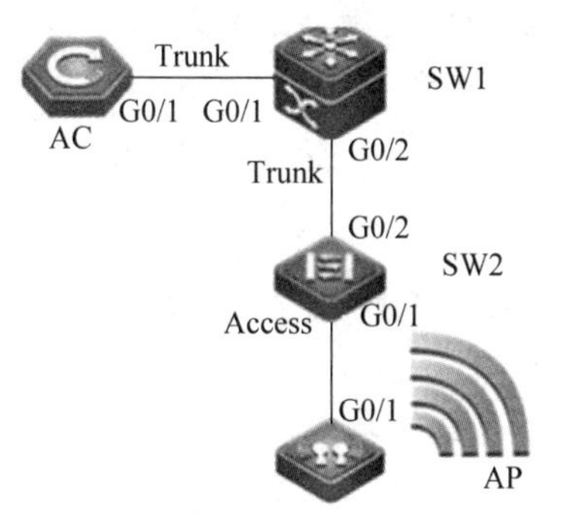

AP　vlan 10：192.168.10.0/24，网关在核心交换机上

无线用户　vlan 20：192.168.20.0/24，网关在核心交换机上

AC和核心交换机相连　vlan 30：192.168.30.0/24，用户和AP的DHCP都在核心交换机上

图 7-22　组网拓扑

3. 配置要点

(1) 确认 AC 无线交换机和 AP 是同一个软件版本,使用 Ruijie>show verison 命令可以查看软件版本。

(2) 确认 AP 工作在瘦模式下,使用 Ruijie>show ap-mode 命令验证。若显示 fit,则是瘦模式;若显示 fat,则是胖模式,此时需要执行以下命令进行更改:

```
Ruijie> enable                    /* 进入特权模式 */
Ruijie# configure terminal        /* 进入全局配置模式 */
Ruijie(config)# ap-mode fit       /* 修改成瘦模式 */
Ruijie(config)# end               /* 退回到特权模式 */
Ruijie# write                     /* 确认配置正确,保存配置 */
```

4. 配置步骤

1) AC(WS 系列无线交换机)配置

(1)VLAN 配置,创建用户 VLAN 和 AC 与核心交换机(SW1)相连的 VLAN。

```
Ruijie> enable                          /* 进入特权模式 */
Ruijie# configure terminal              /* 进入全局配置模式 */
Ruijie(config)# vlan 20                 /* 用户的 VLAN */
Ruijie(config-vlan)# exit
Ruijie(config)# vlan 30                 /* AC 与核心交换机(SW1)相连的 VLAN */
Ruijie(config-vlan)# exit
```

(2) 配置用户的VLAN,目的是与WLAN关联。

```
Ruijie(config)# interface vlan 20          /* 用户的SVI接口(必须配置) */
```

📖 SVI(Switch Virtual Interface,交换机虚拟接口),这里是用户VLAN网关,建议配置在核心交换机上,这个接口可以不配置地址。

```
Ruijie(config-int-vlan)# ip add 192.168.20.2 255.255.255.0
/* (可选配置),可以测试无线用户的VLAN到网关的连通性 */
Ruijie(config-int-vlan)# exit
```

(3) wlan-config配置,创建SSID。

```
Ruijie(config)# wlan-config 1 Ruijie
/* 配置wlan-config,id是1,SSID(无线信号)是Ruijie */
Ruijie(config-wlan)# enable-broad-ssid  /* 允许广播SSID */
Ruijie(config-wlan)# exit
```

(4) ap-group配置,关联wlan-config和用户VLAN。

```
Ruijie(config)# ap-group default          /* default组默认关联到所有AP上 */
Ruijie(config-ap-group)# interface-mapping 1 20
/* 把wlan-config 1和vlan 20进行关联,1是wlan-config,20是vlan 20 */
Ruijie(config-ap-group)# exit
```

注意:默认所有AP都关联到ap-group default组。如果要调用新定义的ap-group,那么需要在相应的ap-config中配置ap-group ××。第一次部署时每个AP的ap-config名称默认是AP的MAC地址(设备背面的贴纸上的MAC地址,非以太网接口MAC)。

(5) 配置路由和AC接口地址。

```
Ruijie(config)# ip route 0.0.0.0 0.0.0.0 192.168.30.1
/* 默认路由,192.168.30.1是核心交换机的地址 */
Ruijie(config)# interface vlan 30               /* 与核心交换机相连使用的VLAN */
Ruijie(config-int-vlan)# ip address 192.168.30.2 255.255.255.0
Ruijie(config-int-vlan)# exit
Ruijie(config)# interface loopback 0
Ruijie(config-int-loopback)# ip address 1.1.1.1 255.255.255.0
/* 默认是loopback 0,用于AP查找AC的地址,DHCP中的Option 138字段 */
Ruijie(config-int-loopback)# exit
Ruijie(config)# interface GigabitEthernet 0/1
Ruijie(config-int-GigabitEthernet 0/1)# switchport mode trunk
                                                /* 与核心交换机相连的接口 */
Ruijie(config-int-GigabitEthernet 0/1)# end     /* 退回到特权模式 */
Ruijie# write                                   /* 确认配置正确,保存配置 */
```

2) 核心交换机SW1的配置

(1) VLAN配置,创建AP的VLAN、用户的VLAN和AC与核心交换机相连VLAN。

```
Ruijie> enable                              /*进入特权模式*/
Ruijie# configure terminal                  /*进入全局配置模式*/
Ruijie(config)# vlan 10                     /*AP的VLAN*/
Ruijie(config-vlan)# exit
Ruijie(config)# vlan 20                     /*用户的VLAN*/
Ruijie(config-vlan)# exit
Ruijie(config)# vlan 30                     /*AC与核心交换机(SW1)相连的VLAN*/
Ruijie(config-vlan)# exit
```

(2) 配置接口和接口地址。

```
Ruijie(config)# interface GigabitEthernet 0/1
Ruijie(config-int-GigabitEthernet 0/1)# switchport mode trunk
/*与AC无线控制器相连的接口*/
Ruijie(config-int-GigabitEthernet 0/1)# exit
Ruijie(config)# interface GigabitEthernet 0/*2
Ruijie(config-int-GigabitEthernet 0/2)# switchport mode trunk
/*与接入交换机(SW2)相连的接口*/
Ruijie(config-int-GigabitEthernet 0/2)# exit
Ruijie(config)# interface vlan 10
Ruijie(config-int-vlan)# ip address 192.168.10.1 255.255.255.0
/*AP建立隧道的网关,用于AP的DHCP寻址,如果不配置地址,那么AP将无法获取IP地址*/
Ruijie(config-int-vlan)# interface vlan 20
Ruijie(config-int-vlan)# ip address 192.168.20.1 255.255.255.0
/*无线用户的网关地址,如果不配置地址,那么无线用户将无法获取IP地址*/
Ruijie(config-int-vlan)# interface vlan 30  /*和AC无线交换机相连的地址*/
Ruijie(config-int-vlan)# ip address 192.168.30.1 255.255.255.0
Ruijie(config-int-vlan)# exit
```

(3) 配置AP的DCHP。

```
Ruijie(config)# service dhcp                /*开启DHCP服务*/
Ruijie(config)# ip dhcp pool ap_ruijie      /*创建DHCP地址池,名称是ap_ruijie*/
Ruijie(config-dhcp)# option 138 ip 1.1.1.1
/*配置Option字段,指定AC的地址,即AC的loopback 0地址*/
Ruijie(config-dhcp)# network 192.168.10.0 255.255.255.0    /*分配给AP的地址*/
Ruijie(config-dhcp)# default-route 192.168.10.1     /*分配给AP的网关地址*/
Ruijie(config-dhcp)# exit
```

注意:AP的DHCP中的Option字段和网段、网关要配置正确,否则AP无法获取DHCP信息,将导致无法建立隧道。

(4) 配置无线用户的DHCP。

```
Ruijie(config)# ip dhcp pool user_ruijie /*配置DHCP地址池,名称是user_ruijie*/
Ruijie(config-dhcp)# network 192.168.20.0 255.255.255.0  /*分配给无线用户的地址*/
Ruijie(config-dhcp)# default-route 192.168.20.1          /*分给无线用户的网关*/
Ruijie(config-dhcp)# dns-server 8.8.8.8                  /*分配给无线用户的DNS*/
```

```
Ruijie(config-dhcp)# exit
```

(5) 配置静态路由。

```
Ruijie(config)# ip route 1.1.1.1 255.255.255.255 192.168.30.2
/*配置静态路由,指明到达AC的loopback 0的路径*/
```

(6) 保存配置。

```
Ruijie(config)# exit                  /*退回到特权模式*/
Ruijie# write                         /*确认配置正确,保存配置*/
```

3) 配置接入交换机

(1) VLAN配置,创建AP的VLAN,接入交换机只配置AP的VLAN就可以了。

```
Ruijie> enable                        /*进入特权模式*/
Ruijie# configure terminal            /*进入全局配置模式*/
Ruijie(config)# vlan 10               /*AP的VLAN*/
Ruijie(config-vlan)# exit
```

(2) 配置接口。

```
Ruijie(config)# interface GigabitEthernet 0/1
Ruijie(config-int-GigabitEthernet 0/1)# switchport access vlan 10
/*与AP相连的接口,划入AP的VLAN*/
Ruijie(config-int-GigabitEthernet 0/1)# exit
Ruijie(config)# interface GigabitEthernet 0/*2
Ruijie(config-int-GigabitEthernet 0/2)# switchport mode trunk
                                                  /*与核心交换机相连的接口*/
```

(3) 保存配置。

```
Ruijie(config-int-GigabitEthernet 0/2)# end   /*退回到特权模式*/
Ruijie# write                                 /*确认配置正确,保存配置*/
```

4) 验证

(1) 使用无线客户端连接无线局域网。

(2) 在无线交换机上使用以下命令查看AP的配置:

```
Ruijie# show ap-config summary
```

(3) 在无线交换机上使用以下命令查看关联到无线的无线客户端:

```
Ruijie# show ac-config client by-ap-name
```

注意:早期AP版本与部分网卡存在兼容性问题,请升级到最新的稳定版本。

7.4.3.3 案例1:输入密码连接无线局域网

1. 组网拓扑

组网拓扑如图7-23所示。

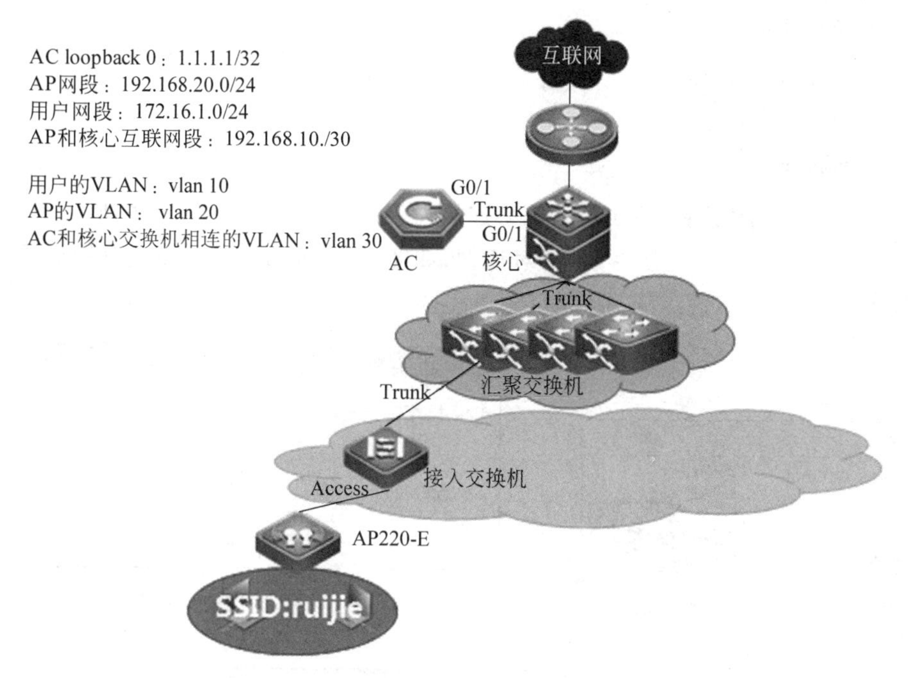

图 7-23　组网拓扑

2. 配置要点

（1）开启无线加密功能。

（2）配置无线加密类型。

（3）配置无线密码。

3. 配置步骤

（1）WPA 共享密钥认证。

```
Ruijie(config)# wlansec 1
Ruijie(config-wlansec)# security wpa enable                /*开启无线加密功能*/
Ruijie(config-wlansec)# security wpa ciphers aes enable  /*无线启用 AES 加密*/
Ruijie(config-wlansec)# security wpa akm psk enable  /*无线启用共享密钥认证方式*/
Ruijie(config-wlansec)# security wpa akm psk set-key ascii 12345678
/*无线密码,密码不能少于 8 位*/
Ruijie(config-wlansec)# exit
```

（2）WPA2 共享密钥认证(推荐配置)。

```
Ruijie(config)# wlansec 1
Ruijie(config-wlansec)# security rsn enable                /*开启无线加密功能*/
Ruijie(config-wlansec)# security rsn ciphers aes enable  /*无线启用 AES 加密*/
Ruijie(config-wlansec)# security rsn akm psk enable  /*无线启用共享密钥认证方式*/
Ruijie(config-wlansec)# security rsn akm psk set-key ascii 1234567890
/*无线密码,密码不能少于 8 位*/
Ruijie(config-wlansec)# exit
```

3）保存配置。

```
Ruijie(config)# end
Ruijie# write
```

4. 配置验证

在任务栏单击按钮，弹出无线网络连接列表，选中ruijie，如图7-24所示，连接时会弹出输入网络安全密钥(即无线密码)的对话框，如图7-25所示。输入安全密钥后连接成功，如图7-26所示。

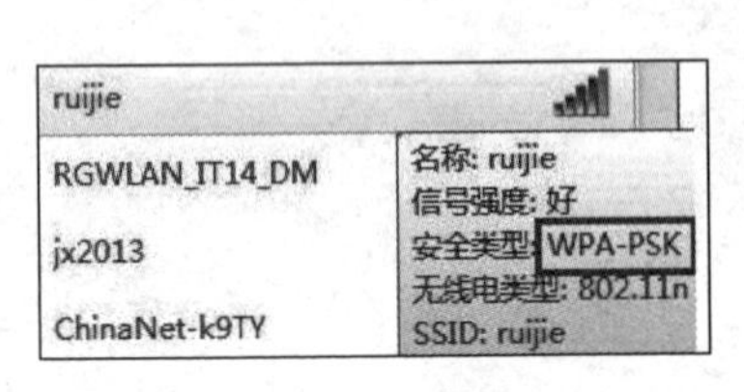

图7-24 选中ruijie无线信号

图7-25 输入网络安全密钥的对话框

图7-26 输入安全密钥后连接成功

5. 配置无线TKIP注意点

TKIP最高速率只能到54Mb/s，所以不支持IEEE 802.11n。配置TKIP时必须关闭IEEE 802.11n，否则会出现以下的报错信息：

```
Ruijie(config-wlansec)# sec wpa ciphers tkip enable
Config TKIP cipher fail, check AP's radio mode(can not be HT).
```

📖 HT表示High Throughput(高吞吐率)。采用IEEE 802.11n引入的调制编码方式传输可以提高传输速率。默认的HT值是20，可配置ht40使传输速率提升1倍。

关闭IEEE 802.11n功能的命令如下：

(1) 瘦模式。

```
Ruijie(config)# ap-config AP0001            /*进入具体AP的配置中*/
Ruijie(config-ap)# no 11ngsupport enable radio 1
/关闭radio 1在2.4GHz下支持IEEE 802.11n功能/
Ruijie(config-ap)# no 11nasupport enable radio 1
/关闭radio 2在5.8GHz下支持IEEE 802.11n功能/
Ruijie(config-ap)# end
Ruijie# write
```

(2) 胖模式。

```
Ruijie(config)# int dot11radio 1/0          /*进入射频卡*/
Ruijie(config-if-Dot11radio 1/0)# no 11nsupport enable
                                             /*关闭 radio 1 的 IEEE 802.11n 功能*/
Ruijie(config-if-Dot11radio 1/0)# end
Ruijie# write
```

7.4.3.4　案例 2：无线内置 Web 认证(Radius 认证)

Web 认证是一种对用户访问网络的权限进行控制的身份认证方法，这种认证方法不需要用户安装专用的客户端认证软件，使用普通的浏览器软件就可以进行身份认证。它适合无线终端不想或不能安装认证客户端(特别是手机、平板电脑等)，但是又想对网络中的客户进行准入控制的情况。图 7-27 是接入认证部署模型。

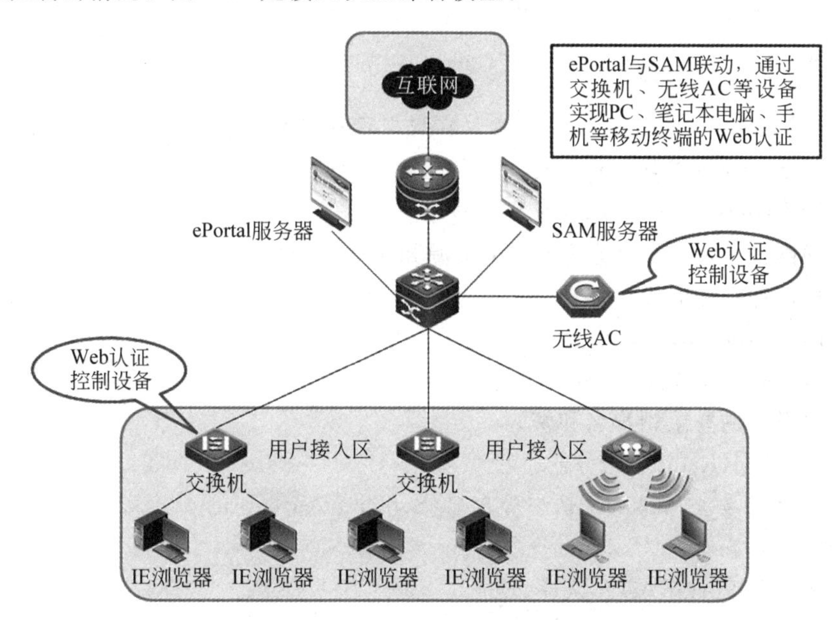

图 7-27　接入认证部署模型

接入认证部署模型的优点是无线终端不需要安装客户端，使用 Web 浏览器即可。其缺点是需要增加 Radius 服务器(用于存储客户端用户名和密码的设备)，内置 Portal 服务功能比较弱。

1. 组网需求

需要通过 AC 内部提供的页面对无线用户进行认证，启用 AC 内置 Web 认证功能。

2. 组网拓扑

组网拓扑如图 7-28 所示。

3. 配置要点

部署 Web 认证前，请确保前期网络部署已经完成，数据通信都正常。下面只介绍 Web 认证的相关配置。

(1) 启用内置 Portal AAA 认证。

📖 AAA 是以下 3 个单词的缩写：Authentication(认证)，用于判定用户是否可以获得

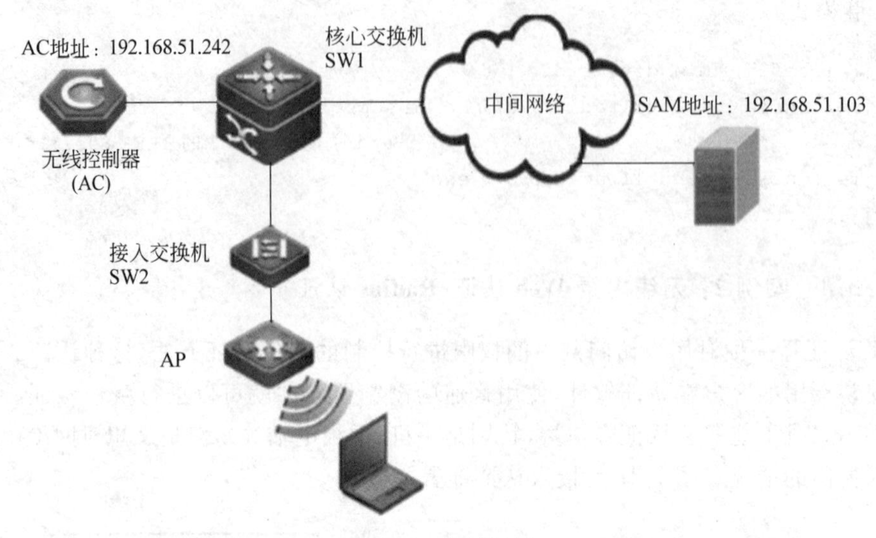

图 7-28 组网拓扑

访问权,限制非法用户;Authorization(授权),规定授权用户可以使用哪些服务,控制合法用户的权限;Accounting(审计),记录用户使用网络资源的情况,为收费提供依据。

(2) 配置 Radius 服务器 IP 地址及密码等。

(3) 开通网关 ARP,开放免认证网络资源和免认证用户。

(4) 开启内部重定向端口。

(5) WLAN 启用 Web 认证。

(6) 配置 SNMP 功能。

(7) 配置设备的登录用户名和密码。

(8) 配置 SAM(Radius)服务器。

📖 SAM 意为安全网络身份认证管理器(SafeNet Authentication Manager)。

4. 配置步骤

(1) 启用内置 Portal AAA 认证。

```
AC# config terminal
AC(config)# aaa new-model                /*启用AAA认证功能*/
AC(config)# aaa accounting network default start-stop group radius
/定义用户上线下线审计默认使用列表/
AC(config)# aaa authentication iportal default group radius
/定义内置Web认证默认使用列表/
```

(2) 配置 Radius 服务器 IP 地址及密码等。

```
AC(config)# radius-server host 192.168.51.103 key ruijie
/*配置Radius服务器IP地址及密码(密码后面不能有空格)*/
AC(config)# ip radius source-interface vlan 1
                              /*AC使用vlan 1的IP地址和Radius服务器对接*/
AC(config)# radius dynamic-authorization-extension enable
/*配置AC支持Radius扩展属性(IEEE 802.11.x版本默认开启,无须配置)
```

```
AC(config)# radius-server attribute 31 mac format ietf
/*如和该公司的ESS对接或者和其他厂商对接出现无法踢用户下线的情况,可尝试调整MAC格式*/
```

(3) 开通网关 ARP,开放免认证网络资源和免认证用户。

```
AC(config)# http redirect direct-arp 192.168.51.1
/*若没有配置arp-check,可以不配置网关ARP;若配置了arp-check,则必须开放无线用户网关ARP*/
AC(config)# http redirect direct-site 172.18.10.3
/*设置172.18.10.3为免认证网络资源,即用户无须认证就可以访问的资源(非必需)*/
AC(config)# web-auth direct-host 192.168.51.129
/*设置192.168.33.129为免认证用户,即不用认证就可以上网的用户(非必需)*/
```

(4) 在 AC 上对 wlan 1 开启 Web 认证功能。

```
AC(config)# web-auth template iportal /*(IEEE 802.11.x需要增加的命令)配置内置Portal*/
AC(config.tmplt.iportal)# exit
AC(config)# wlansec 1
/*wlansec后面的数字取决于配置无线信号发射时使用的wlan-id,这里假设配置的是wlan 1*/
AC(config-wlansec)# web-auth portal iportal     /*启用内置Web认证*/
AC(config-wlansec)# webauth                     /*启用Web认证功能*/
AC(config-wlansec)# exit
```

(5) 配置 SNMP 功能。

```
AC(config)# snmp-server community ruijie rw
```

(6) 配置设备的登录用户名和密码。

```
AC(config)# username admin password admin
/*设置设备的登录用户名和密码都为admin。全局设置aaa new-model后,Telnet登录时默认
   会调用本地账号,所以此处需要进行设置*/
```

(7) 保存配置。

```
AC(config)# end
AC# write                      /*保存配置*/
```

(8) 在 SAM(Radius)服务器上进行相关配置。

SAM 的全称为 Security Accounting Management(安全计费系统),是一套基于标准的 Radius 协议开发的认证计费管理系统。SAM 系统的主要功能如图 7-29 所示。

安装锐捷提供的 SAM 系统,创建 SAM 服务器,它就是 Radius 服务器。SAM(Radius)服务器可以配合锐捷网络有线认证交换机、RG-ACE、锐捷无线交换机,实现有线和无线 IEEE 802.1x、webportal 的准入准出认证。

打开 IE 浏览器,输入 http://SAM 服务器 IP 地址:8080/SAM,打开登录界面,用户名为 admin,默认密码为 111,如图 7-30 所示。

在 SAM 系统主界面选择"系统管理"→"设备管理"菜单命令,单击"添加"按钮。

然后添加设备访问控制器(AC)。设置"设备 IP 地址""设备类型""具体型号""设备 Key""读写 Community"等,单击"保存"按钮,如图 7-31 所示。

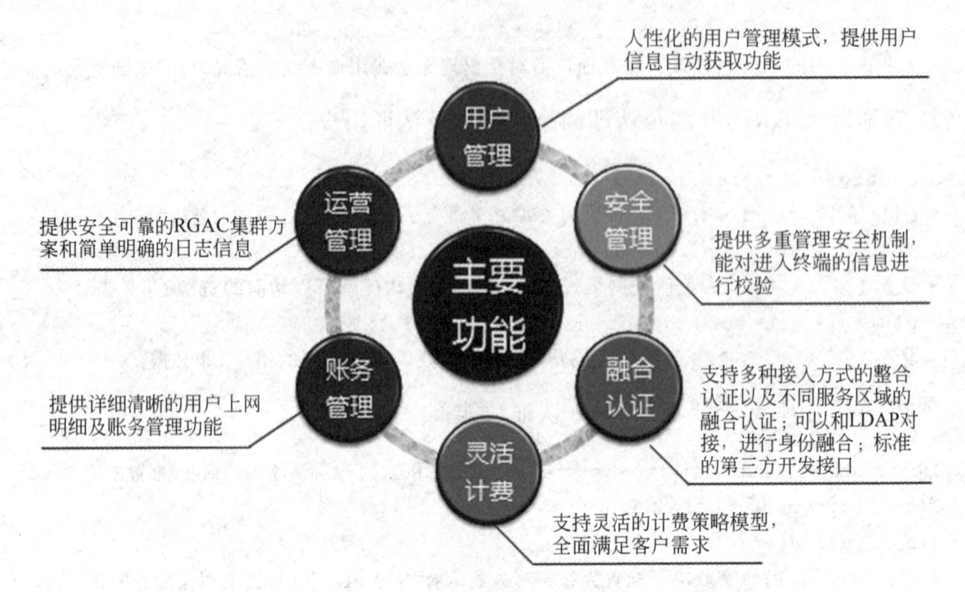

图 7-29　SAM 系统的主要功能

图 7-30　SAM 系统登录界面

首页　系统管理　安全管理　用户管理　接入控制管理　计费管理　账务管理　运维管理　卡业务　快捷通道　退出　在线客服　意见反馈

管理员[admin]，登录时间[2013-02-19 10:02:12]　使用期限至20131028；

位置：系统管理 > 设备管理 > 添加设备

设备

* 设备IP地址	192.168.51.242	* IP类型	IPv4
* 设备类型	无线交换机	* 具体型号	WS6008
* 设备Key	admin	* 读写Community	ruijie
* MAC地址	可信ARP绑定应用下，MAC地址必填	SNMP代理端口	不添采用默认端口161
Telnet登录用户名		Telnet登录密码	
Telnet特权密码		* 设备组	学生区A
设备名称		设备位置	
* 设备超时时间(秒)	3	设备静默时间(秒)	
设备功能	☐ 重认证　☐ 记账更新　☐ 客户端检测	地区	请选择　(根据设备IPv4范围划分)
Web认证选项	☐ 勾选表示交换机开启了Web认证	RG-ePortal管理端口	
联动端口(1~65535)		描述	
SU版本校验	☑ 启用　(适用于认证客户端+接入交换机认证模式)		

图 7-31　添加设备

📖 锐捷称 AC 为无线交换机。

(3) 进入用户管理页面,设置认证用户信息。

5. 配置验证

无线用户在客户端使用普通的浏览器软件或使用认证客户端访问无线网络,就会出现认证登录页面。图 7-32 为客户端认证登录界面。正确输入登录认证的用户名和密码等信息,当认证通过时,显示认证成功,用户就可以访问和使用网络了。

图 7-32 客户端认证登录界面

登录到 AC,通过 show web-auth user all 命令确认无线用户的 Web 认证状态。

```
AC# show web-auth user all
Statistics:
Type              Online        Total       Accumulation
--------------  --------------  ------------  -----------
v1 portal           0             0             1
v2 Portal           0             0             11
Intra Portal        1             1             1
--------------  --------------  ------------  -----------
Total               1             1             13
V1 Portal Authentication Users
Index        Address        Online    Time Limit      Time used      Status
---------  ---------------  -------  --------------  ------------  ------------
---------  ---------------  -------  --------------  ------------  ------------
Intra Portal Authentication Users              /内置 web 认证用户/
  Index        Address        Online    Time Limit      Time used      Status
---------  ---------------  -------  --------------  ------------  ------------
    1      192.168.51.29      On     240d 00:00:00   0d 00:00:00     Active
---------  ---------------  -------  --------------  ------------  ------------
V2 Portal Authentication Users
```

```
 Index     Address      Online     Time Limit   Time used      Status
---------  ------------  -----------  ----------  ------------  ------------
---------  ------------  -----------  ----------  ------------  ------------
```

7.4.3.5 案例3：无线IEEE 802.1x认证配置

在网络中,用户只要能接到网络设备上,不需要经过认证和授权即可直接使用。这样,一个未经授权的用户可以没有任何阻碍地通过连接到局域网的设备进入网络,对网络安全造成了巨大的影响。IEEE 802.1x认证方式在无线接入设备的射频端口这一级对接入的无线用户进行认证和控制。连接在射频接口上的无线用户设备如果能通过认证,就可以连接无线网络并访问网络中的资源;如果不能通过认证,则无法连接无线网络和访问网络中的资源。

这种认证方式的优点是增强了无线网络安全性。其缺点是需要增加Radius服务器(用于存储存客户端用户名和密码的设备),无线设备需要增加客户端软件。

1. 组网需求

无线用户需要通过IEEE 802.1x认证之后才能使用无线网络。

2. 组网拓扑

组网拓扑如图7-33所示。

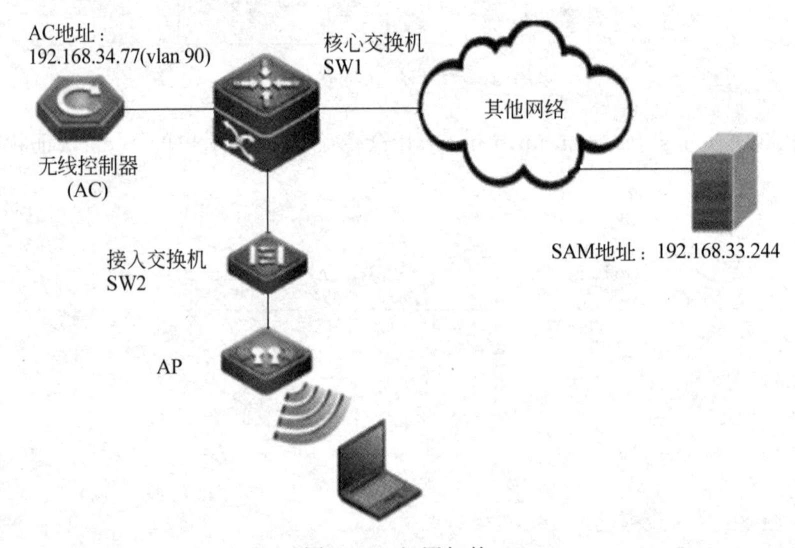

图7-33 组网拓扑

3. 配置要点

(1) 启用IEEE 802.1x AAA认证。

(2) 配置Radius服务器IP地址及密码。

(3) 调用IEEE 802.1x使用的认证列表等参数。

(4) WLAN启用IEEE 802.1x。

(5) 配置SNMP功能。

(6) 配置设备的登录用户名和密码。

(7) 配置SMP(radius)服务器。

4. 配置步骤

(1) 启用 IEEE 802.1x AAA 认证。

```
AC(config)# aaa new-model                                /*启用 AAA 认证功能*/
AC(config)# aaa authentication dot1x default group radius
                                              /*定义 IEEE 802.1x 认证默认使用列表*/
AC(config)# aaa accounting network default start-stop group radius
/*定义用户上线下线审计默认使用列表*/
```

(2) 配置 Radius 服务器 IP 地址及密码。

```
AC(config)# radius-server host 192.168.33.244 key ruijie
/*配置 Radius 服务器 IP 地址及密码(密码后面不能有空格)*/
AC(config)# ip radius source-interface vlan 90
/*AC 使用 vlan 90 的 IP 地址和 Radius 服务器对接,在 SMP 上添加设备的地址接口*/
```

(3) 调用 IEEE 802.1x 使用的认证列表等参数。

```
AC(config)# dot1x authentication default      /*IEEE 802.1x 认证使用默认列表*/
AC(config)# dot1x accounting default          /*IEEE 802.1x 审计使用默认列表*/
```

(4) WLAN 启用 IEEE 802.1x。

```
AC(config)# wlansec 1                                    /*对应 wlan-config 1*/
AC(config-wlansec)#  security rsn enable                 /*启用 WPA2 认证*/
AC(config-wlansec)#  security rsn ciphers aes enable /*启用 AES 加密*/
AC(config-wlansec)#  security rsn akm 802.1x enable  /*启用 IEEE 802.1x 认证*/
AC(config-wlansec)# exit
```

(5) 配置 SNMP 功能。

```
AC(config)# snmp-server host 192.168.33.244 traps
AC(config)# snmp-server community ruijie rw
```

(6) 配置设备的登录用户名和密码。

```
AC(config)# username admin password admin
/*设备的登录用户名和密码都设置为 admin。全局设置 aaa new-model 后,Telnet 登录时默认
  会调用本地账号,所以此处需要进行设置*/
AC(config)# end
AC# write                    /*保存配置*/
```

(7) Radius 服务器配置。

下面以 SAM 服务器为例,说明 Radius 服务器的配置。SAM 服务器配置如下:

① 登录 SAM 服务器,如图 7-34 所示。

在 SAM 系统主界面选择“系统管理”→“设备管理”菜单命令。

② 单击“添加”按钮。

③ 设置控制器设备相关参数,如“设备 IP 地址”“设备类型”“具体型号”“设备 Key”“读写 Community”,如图 7-35 所示,单击“保存”按钮。

图 7-34 登录 SAM 服务器

首页 系统管理 安全管理 用户管理 接入控制管理 计费管理 账务管理 运维管理 卡业务 快捷通道 退出 在线客服 意见反馈

管理员[admin], 登录时间[2013-02-19 10:02:12] 使用期限至20131028;

位置:系统管理 > 设备管理 > 添加设备

设备				
* 设备IP地址	10.10.1.2		* IP类型	IPv4
* 设备类型	锐捷交换机		* 具体型号	S21XX及以后
* 设备Key	ruijie		* 读写Community	ruijie
* MAC地址		可信ARP绑定应用下,MAC地址必填	SNMP代理端口	不添采用默认端口161
Telnet登录用户名			Telnet登录密码	
Telnet特权密码			* 设备组	学生区A
设备名称			设备位置	
* 设备超时时间(秒)	3		设备静默时间(秒)	
设备功能	☐ 重认证 ☐ 记账更新 ☐ 客户端检测		地区	请选择 (根据设备IPv4范围划分)
Web认证选项	☐ 勾选表示交换机开启了Web认证		RG-ePortal管理端口	
联动端口(1~65535)			描述	
SU版本校验	☑ 启用 (适用于认证客户端+接入交换机认证模式)			

图 7-35 添加 AC(无线交换机)

(8) 配置验证。

① RG-SA 是一款客户端软件产品,通过客户端强制的功能实现用户网络权限控制。

RG-SA 将认证和授权节点分开,由支持标准 IEEE 802.1x 协议的交换机进行认证,而由强制客户端即 RG-SA 在主机层面进行网络授权,这里提到的授权既包括根据用户身份进行的网络访问授权,也包括在用户主机健康性检查不合格时以及用户恶意访问网络时的隔离功能。

② 安装 RG-SA 客户端软件。(详见本节后面的附录)

③ 在客户机上运行认证客户端软件,输入用户名和密码,单击“认证”按钮认证,如图 7-36 所示。

注意: 客户机需要能够和 SAM 服务器路由可达。

④ 若认证成功,会收到管理中心弹出的“认证成功”消息框,如图 7-37 所示。

图 7-38 所示的是客户端通过认证后的连接信息。

⑤ 在 AC 上使用命令 show dot1x summary 可以查看在线用户。

图 7-36　在客户机上运行认证客户端软件，输入用户名和密码

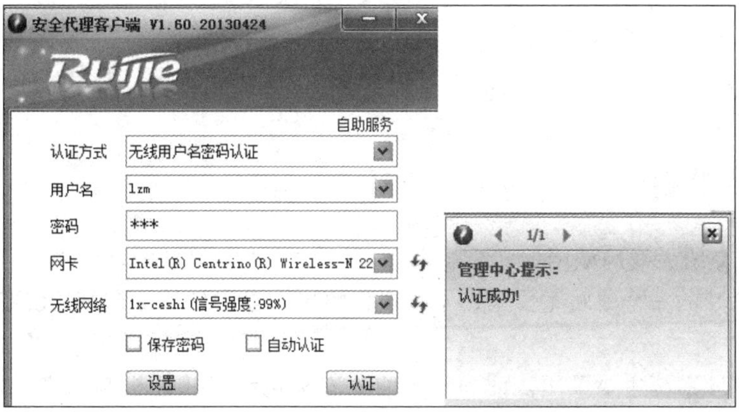

图 7-37　使用 SA 客户端进行认证并认证成功

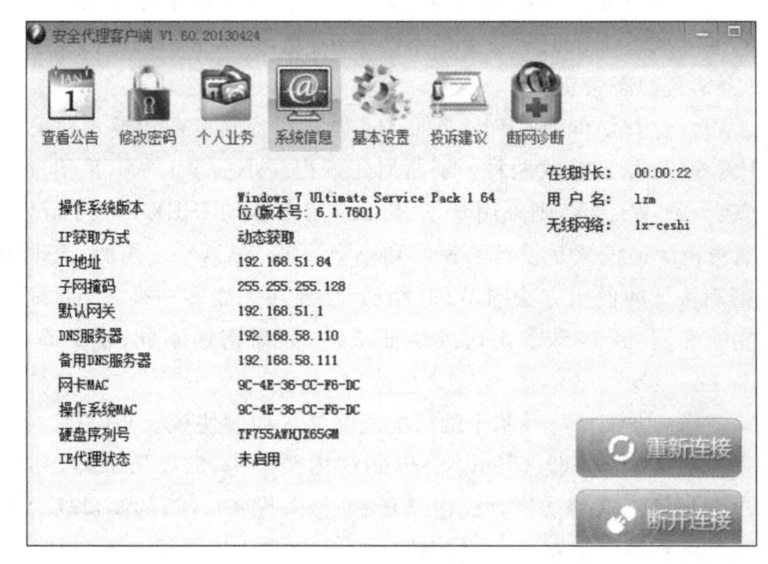

图 7-38　客户端连接信息

```
AC# show dot1x summary
ID MAC Address Username Interface VLANAuthen-State Backend-State User-Type
Online-Duration
-- -------------- ---- ------- ---------------- ------ ------- ---------------
 3 9c4e.36cc.f6dc lzm  Ca110   Authenticated   Idle  static  0days 0h 0m27s
-- -------------- ---- ------- ---------------- ------ ------- ---------------
```

⑥ 登录AC,确认用户的认证类型。

```
AC# show wclient security 9c4e.36cc.f6dc
Security policy finished : TRUE
Security policy type:WPA-802.1X
WPA version:WPA2 (RSN)
Security cipher mode:CCMP
Security EAP type:PEAP
Security NAC status:CLOSE
```

⑦ 认证成功之后可以访问外网。

7.5 本章小结

本章主要介绍无线局域网的安全技术。

(1) WLAN的安全威胁主要来自未经授权的接入、MAC地址欺骗、无线窃听和企业级入侵。

(2) WLAN系统主要采用认证和加密两种安全机制。认证机制用来对用户的身份进行认证。加密机制用来对无线链路的数据进行加密。

(3) WLAN最初使用的WEP(有线等效保密)安全协议有开放系统认证和共享密钥认证两种认证方式。开放系统认证实质上是不认证,因此,共享密钥认证的安全性高于开放系统认证。WEP密钥是静态密钥。

(4) WPA(WiFi保护访问)或WPA2的认证模式有预共享密钥模式和采用基于Radius服务器的IEEE 802.1x认证模式两种。通常对于规模较小的WLAN,采用预共享密钥认证模式;对于规模较大的WLAN,则采用基于Radius服务器的IEEE 802.1x认证模式。

(5) 预共享密钥认证模式是设计给家庭和小型公司WLAN使用的,无须额外的认证服务器。预共享密钥认证的使用方法同WEP相似,需要在无线客户端和AP配置相同的预共享密钥。如果密钥相同,预共享密钥接入认证成功;如果密钥不同,预共享密钥接入认证失败。

(6) IEEE 802.1x协议是一种基于端口的网络接入控制协议。WLAN中的IEEE 802.1x认证体系一个客户端/服务器(Client/Server)的体系结构,需要服务器,并且在终端上需要安装认证客户端软件。这种认证方式在WLAN接入设备(AP)的端口这一级对接入的用户或设备进行认证和控制。连接接入设备端口的用户或设备如果能通过认证,就可以访问WLAN;如果不能通过认证,则无法访问WLAN。

(7) 使用TKIP(临时密钥完整性协议)传送的每一个数据包都具有唯一的48位序列

号,这个序列号在每次传送新数据包时递增,并被用作初始化向量和密钥的一部分。将序列号加到密钥中,确保了每个数据包使用不同的密钥。

TKIP密钥通过将多种因素混合在一起生成,包括基本密钥、发射站的MAC地址以及数据包的序列号。经过两个阶段的密钥混合过程,从而生成一个新的、每一次报文传输时都不一样的密钥,该密钥才是用于直接加密的密钥,通过这种方式大大增强了数据传输的安全性。

(8) WLAN的Web认证是指用户在接入网络时,需要访问Web认证服务器的认证页面,输入用户名和密码的一种网络接入方法。Web认证系统由接入控制器、门户网站和中心认证服务器组成。

7.6 强化练习

1. 判断题

(1) WEP认证方式有开放系统认证和共享密钥认证两种。 ( )

(2) 开放系统认证实质上是不认证。 ( )

(3) WLAN的合法性是指只有被确定合法及获得授权的用户才能得到相应的网络服务。 ( )

(4) 密钥是一种参数,是在明文转换为密文或将密文转换为明文的算法中输入的数据。 ( )

(5) 共享密钥是静态密钥,在客户端与接入点都要设置。 ( )

(6) IEEE 802.11i标准中建议的加密算法为高级加密标准(AES)。 ( )

(7) TKIP是临时密钥完整性协议的英文缩写。 ( )

(8) TKIP的一个重要特性是每个数据包所使用的密钥相同。 ( )

(9) 对于规模较小的WLAN,采用预共享密钥(PSK)认证模式。 ( )

(10) PSK认证需要在无线客户端和设备端使用相同的预共享密钥。 ( )

(11) 对于规模较大的WLAN,要使用基于端口的IEEE 802.1x认证模式。 ( )

(12) WPA或WPA2中对无线数据进行加密的安全算法有TKIP和AES。 ( )

(13) 进行Web认证时,首先访问Web认证服务器的认证页面。 ( )

2. 单选题

(1) 表示WiFi保护访问的是( )。

A. WEP　　B. WPA　　C. TKIP　　D. AES

(2) 数据加密不再采用TKIP的无线局域网通信标准是( )。

A. IEEE 802.11a　　B. IEEE 802.11b

C. IEEE 802.11g　　D. IEEE 802.11n

(3) 利用TKIP传送的每一个数据包都具有唯一的( )位序列号。

A. 16　　B. 32　　C. 48　　D. 64

(4) AES不使用的密钥长度是( )位。

A. 64　　B. 128　　C. 192　　D. 256

(5) IEEE关于网络安全的标准是( )。

A. IEEE 802.1x　B. IEEE 802.11i　C. IEEE 802.3　D. IEEE 802.15

(6) 基于端口进行网络访问控制的认证方法是(　　)。

A. WEP　B. IEEE 802.11i　C. MAC　D. IEEE 802.1x

3. 多选题

(1) WLAN 的安全威胁主要来自(　　)。

A. 未经授权的接入　B. MAC 地址欺骗

C. 无线窃听　D. 企业级入侵

(2) 以下包含 WLAN 安全措施的是(　　)。

A. WEP　B. WPA　C. WPA2　D. IEEE 802.11i

(3) WLAN 安全措施主要有(　　)。

A. 用户接入认证　B. 设备接入认证　C. 加密内容　D. 流量控制

(4) IEEE 802.11i 定义的数据加密机制是(　　)。

A. WRAP　B. TKIP　C. WEP　D. CCMP

(5) 共享密钥认证的步骤是(　　)。

A. 客户端向 AP 发送认证请求

B. AP 随机产生一个字符串明文发送给客户端

C. 客户端利用预存的密钥对收到的明文加密后再次发送给 AP

D. AP 用密钥将该消息解密,然后对解密后的字符串和最初发给客户端的字符串明文进行比较

第 8 章　构建漫游无线局域网

本章的学习目标如下：

- 理解漫游 WLAN 的概念。
- 理解 AC 内漫游和 AC 间漫游。
- 理解二层漫游和三层漫游。
- 掌握漫游 WLAN 的配置技术。

8.1　项目导引

某企业在 C 分公司组建基于 WLC 的集中型 WLAN，采用二层分布式连接，有两台 AP520(W2)无线 AP 和两台 RG-WS6008 无线局域网控制器，接入一台二层交换机。要求配置一个开放式无线网络，并在同一 AC 内二层漫游或三层漫游。小李在该企业担任网络工程师，负责 C 分公司 WLAN 的构建和配置工作。

8.2　项目分析

在基于 WLC 的集中型 WLAN 中，同一 AC 内的二层漫游是指工作站在同一个 AC 下的不同 AP 间漫游，漫游前后都在同一个子网内。工作站数据通路唯一的区别在于从不同的 AP 接入。具体配置中要使 AP1 和 AP2 的 VLAN 相同，并关联同一个 ap-group。

8.3　技术准备

1. WLAN 漫游的概念

在无线网络中，终端用户具备移动通信能力。但由于单个 AP 的信号覆盖范围都是有限的，终端用户在移动过程中，往往会出现从一个 AP 服务区跨越到另一个 AP 服务区的情况。

WLAN 漫游(roaming)就是指工作站在移动到两个 AP 覆盖范围的交界区域时，与新的 AP 进行关联并与原有 AP 断开关联，且在此过程中保持不间断的网络连接。如图 8-1 所示。

对于 WLAN 用户来说，漫游的行为是透明的、无缝的，即用户在漫游过程中不会感觉到漫游的发生。这同手机相似，手机在移动通话过程中可能变换了不同的基站，而手机用户感觉不到也不必关心这样的变换。WLAN 漫游过程中工作站的 IP 地址始终保持不变。

2. AC 内漫游和 AC 间漫游

漫游的目的是使用户在移动的过程中可以通过不同的 AP 来保持对网络的持续访问。

1) AC 内漫游和 AC 间漫游的定义

在 WLAN 中，根据漫游过程中用户先后接入的 AP 所属 AC 的不同，可以分为 AC 内漫游和 AC 间漫游(即跨 AC 漫游)。

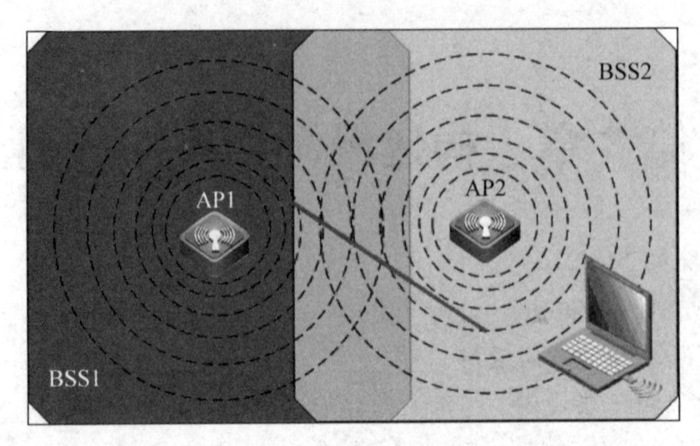

图 8-1　WLAN 漫游

AC 内漫游是指用户漫游过程中的两个 AP 由同一个 AC 控制和管理。

AC 间漫游是指用户漫游过程中的两个 AP 由不同 AC 控制和管理。

2) 漫出 AC 和漫入 AC

一个无线终端首次与漫游组内的某个无线控制器进行关联,该无线控制器即为该无线终端的漫出 AC,也称 HA(Home-AC)。

与无线终端正在连接且不是漫出 AC 的无线控制器即为该无线终端的漫入 AC,也称 FA(Foreign-AC)。

AP 与 AC 的连接关系有二层连接(AP 与 AC 在同一子网)和三层连接(AP 与 AC 在不同子网)两种,AC 内漫游相应地有 AC 内二层漫游与 AC 内三层漫游两种情况。

3. AC 内漫游的过程

AP 与 AC 的连接关系有二层连接(AP 与 AC 在同一子网)和三层连接(AP 与 AC 在不同子网)两种,AC 内漫游相应地有 AC 内二层漫游与 AC 内三层漫游两种情况。

1) AC 内二层漫游

图 8-2 是 AC 内二层漫游过程。该过程描述如下:

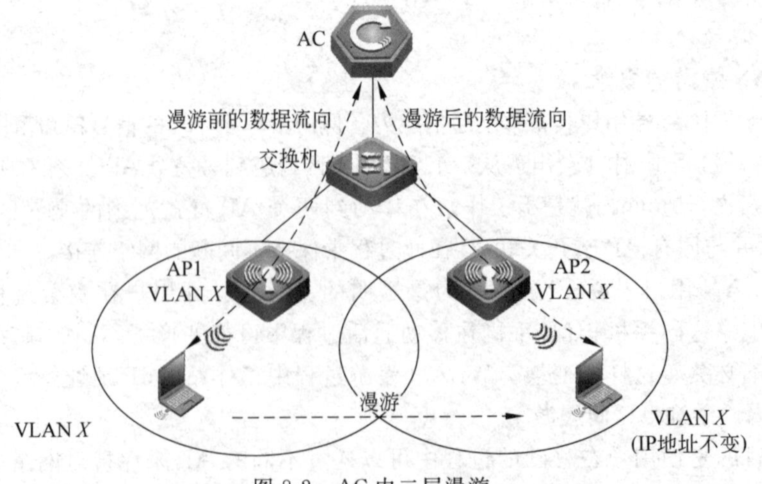

图 8-2　AC 内二层漫游

(1) 终端通过 AP1 申请同 AC 发生关联。AC 判断该终端为首次接入用户,为其创建并保存相关的用户数据信息,以备将来漫游时使用。

(2) 该终端从 AP1 覆盖区域向 AP2 覆盖区域移动,断开同 AP1 的关联,漫游到与同一 AC 相连的 AP2 上。

(3) 终端通过 AP2 重新同 AC 发生关联。AC 判断该终端为漫游用户,由于该用户漫游前后在同一个子网中(同属于 VLAN *X*),AC 仅需更新用户数据库信息,将数据通路改为由 AP2 转发,即可达到漫游的目的。

2) AC 内三层漫游

图 8-3 是 AC 内三层漫游过程。该过程描述如下:

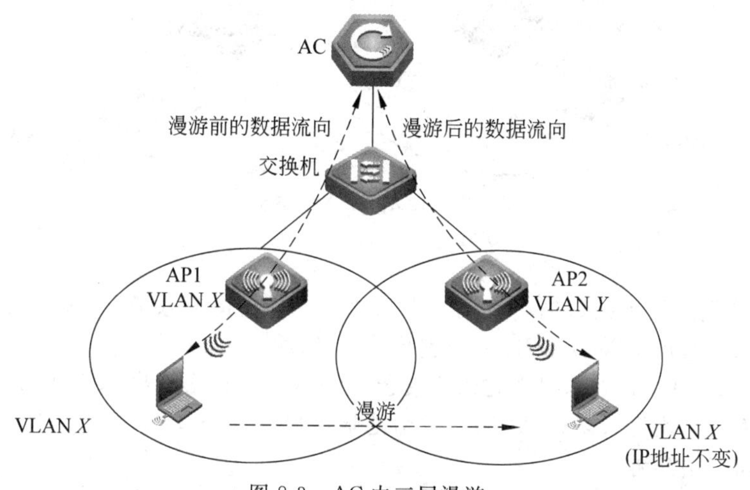

图 8-3　AC 内三层漫游

(1) 终端通过 AP1(属于 VLAN *X*)申请同 AC 发生关联。AC 判断该终端为首次接入用户,为其创建并保存相关的用户数据信息,以备将来漫游时使用。

(2) 该终端从 AP1 覆盖区域向 AP2(属于 VLAN Y)覆盖区域移动,断开同 AP1 的关联,漫游到与同一 AC 相连的 AP2 上。

(3) 终端通过 AP2 重新同 AC 发生关联。AC 判断该终端为漫游用户,更新用户数据库信息。尽管漫游前后不在同一个子网中,AC 仍然把终端视为从原始子网(VLAN *X*)连接一样,允许终端保持其原有 IP 地址并支持已建立的 IP 通信。

4. AC 间漫游的过程

AC 间漫游的相关信息通过漫出 AC 与漫入 AC 之间建立的隧道传输,最终数据仍通过漫出 AC 进行转发。

AP 与 AC 的连接关系有二层连接(AP 与 AC 在同一子网)和三层连接(AP 与 AC 在不同子网)两种,AC 间漫游相应地有 AC 间二层漫游与 AC 间三层漫游两种情况。

1) AC 间二层漫游

AC 间二层漫游过程如图 8-4 所示。该过程描述如下:

(1) 终端通过 AP1 申请同 AC1(属于 VLAN *X*)发生关联。AC 判断该终端为首次接入用户,为其创建并保存相关的用户数据信息,以备将来漫游时使用。

(2) 该终端从 AP1 覆盖区域向 AP2 覆盖区域移动,断开同 AP1 的关联,漫游到 AP2。AP2 同另一个无线控制器 AC2(属于 VLAN *X*)相连。

(3) 终端申请同漫入 AC(AC2)发生关联。漫入 AC(AC2)向其他 AC 通告该终端的信息。漫出 AC(AC1)收到消息后,将漫游用户的信息同步到漫入 AC(AC2)。

(4) 在终端 IP 地址不变的情况下,AC 间二层漫游最终数据仍通过漫出 AC(AC1)转

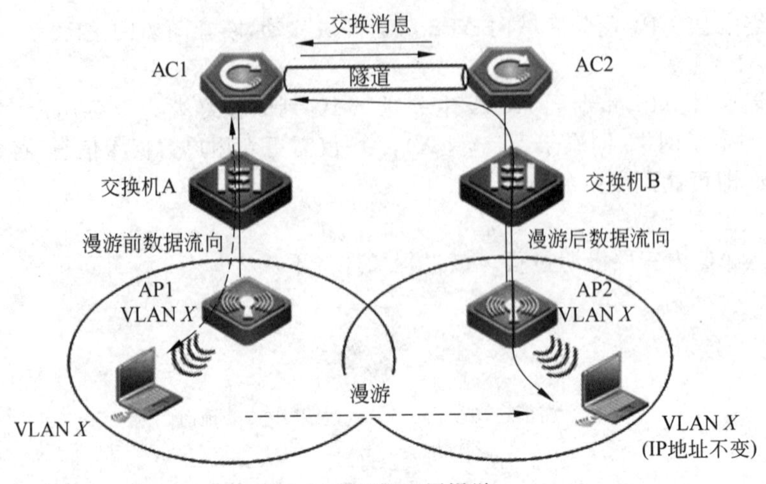

图 8-4 AC 间二层漫游

发,过程如下:

① 从终端用户发出的数据先发到漫入 AC(AC2),再由漫入 AC(AC2)通过隧道传送到漫出 AC(AC1),最后由漫出 AC(AC1)进行普通转发。

② 发至终端用户的数据报文先送到漫出 AC(AC1),再由漫出 AC(AC1)通过隧道传送到漫入 AC(AC2),由漫入 AC(AC2)转发给终端用户。

2) AC 间三层漫游

AC 间三层漫游过程如图 8-5 所示。该过程描述如下:

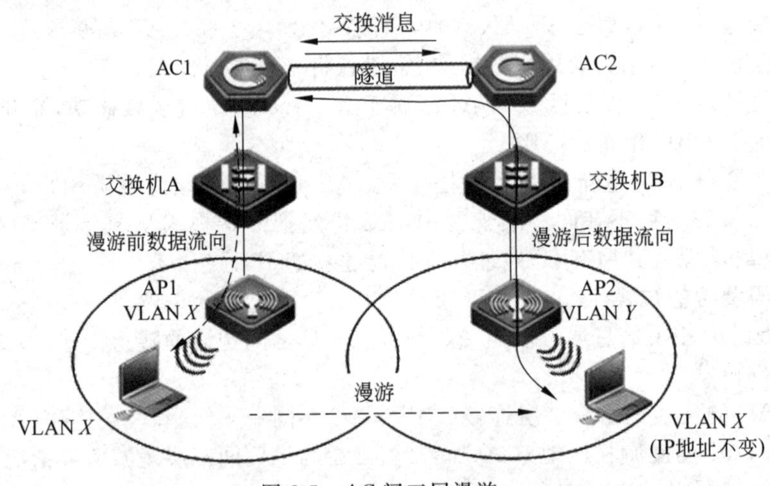

图 8-5 AC 间三层漫游

(1) 终端通过 AP1 申请同 AC1(属于 VLAN X)发生关联。AC 判断该终端为首次接入用户,为其创建并保存相关的用户数据信息,以备将来漫游时使用。

(2) 该终端从 AP1 覆盖区域向 AP2 覆盖区域移动,断开同 AP1 的关联,漫游到 AP2。AP2 同另一个无线控制器 AC2(属于 VLAN Y)相连。

(3) 终端申请同 AC2 发生关联。AC2 判断出该终端为漫游用户。AC1 将漫游终端用户的信息同步到 AC2。

(4) 漫游前后在不同 AC,在保持用户 IP 地址不变的情况下,AC 间三层漫游最终数据

仍通过漫出 AC(AC1)转发,过程如下:

① 从终端用户发出的数据先发到漫入 AC(AC2),再由漫入 AC 通过隧道传送到漫出 AC(AC1),最后由漫出 AC(AC1)进行普通转发。

② 发至终端用户的数据报文先送到漫出 AC(AC1),再由漫出 AC(AC1)通过隧道传送到漫入 AC(AC2),由漫入 AC(AC2)转发给终端用户。

📖 *在 AC 间三层漫游模型中,为了确保报文正确转发,在 AC1 和 AC2 上都必须创建 VLAN X 和 VLAN Y。*

8.4　项目实施

8.4.1　项目设备

本项目需要两台 RG-WS6008 无线局域网控制器、两台 AP520(W2)无线 AP、一台核心交换机(三层,如 RG-S3760-24)、一台接入交换机(二层,如 RG-2328G-24)、一台安装了 Windows 7 系统的计算机 STA1(用于配置)、几台安装了无线网卡的计算机和足够的网线。

8.4.2　项目拓扑

图 8-6 为项目实施拓扑。

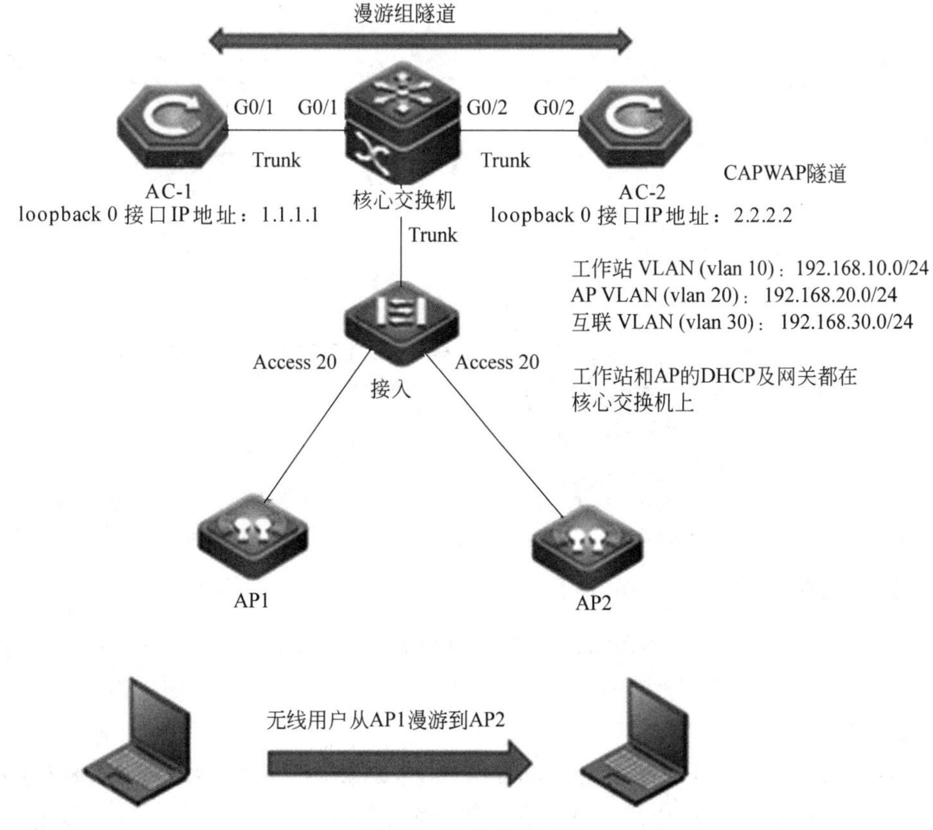

图 8-6　项目实施拓扑

8.4.3 项目任务

1. 组网需求

AP1和AP2分别挂在AC-1和AC-2上,AP1和AP2发出相同信号。无线用户需要从AP1漫游到AP2,信号不中断。

2. 安装和连接设备

按项目实施拓扑安装与连接无线控制器、交换机、AP等设备。AP1与AP2要相隔得较远。

3. 配置要点

(1) AC-1和AC-2的loopback接口之间路由可达。

(2) 配置漫游组。

4. 配置步骤

部署AC间漫游前,请确保前期网络部署已经完成,数据通信都正常。

(1) 配置静态路由,使AC-1和AC-2之间路由可达。

核心交换机配置如下:

```
Switch(config)# ip route 1.1.1.1 255.255.255.255 192.168.30.2
Switch(config)# ip route 2.2.2.2 255.255.255.255 192.168.30.3
```

AC-1配置如下:

```
AC-1(config)# ip route 0.0.0.0 0.0.0.0 192.168.30.1   /192.168.30.1是核心交换机与
两台AC的互联地址/
```

AC-2配置如下:

```
AC-2(config)# ip route 0.0.0.0 0.0.0.0 192.168.30.1
```

(2) 配置漫游组。

AC-1配置如下:

```
AC-1(config)# mobility-group mgroup_name     /*配置漫游组,名称为mgroup_name*/
AC-1(config-mobility)# member 2.2.2.2  /*配置漫游组成员(对端AC loopback 0接口IP地址)*/
```

AC-2配置如下:

```
AC-2(config)# mobility-group mgroup_name     /*配置漫游组,名称为mgroup_name*/
AC-2(config-mobility)# member 1.1.1.1  /*配置漫游组成员(对端AC loopback 0接口IP地址)*/
```

(3) 隧道建立成功的日志提示如下:

```
AC-2# *Feb 25 19:59:35: %LINEPROTO-5-UPDOWN: Line protocol on Interface Mobile-
Tunnel 1, changed state to up
```

5. 配置验证

(1) 登录AC-1,通过show mobility summary命令确认无线漫游组状态,如图8-7所示。

(2) 无线用户关联到AP1之后移动到AP2,确认漫游过程。

① 漫游前在AC-1上通过show ac-config client detail命令确认无线用户漫游状态,

认无线漫游组状态

local 表示未漫游。

```
AC1# show ac-config client detail 54ae.2781.d498
Mac Address:54ae.2781.d498
IP Address:192.168.10.2
Wlan Id:1
Vlan Id:10
Roam State:Local
Security Attribute :Normal
Associated Ap Information:
AP Name:b8fd.3200.3aa3
AP IP:192.168.20.3
```

② 漫游中,在无线终端上 ping 网关,如图 8-8 所示。

```
C:\Users\Administrator>ping 172.16.10.1

正在 Ping 172.16.10.1 具有 32 字节的数据:
来自 172.16.10.1 的回复: 字节=32 时间<1ms TTL=128
来自 172.16.10.1 的回复: 字节=32 时间<1ms TTL=128
来自 172.16.10.1 的回复: 字节=32 时间<1ms TTL=128
来自 172.16.10.1 的回复: 字节=32 时间<1ms TTL=128

172.16.10.1 的 Ping 统计信息:
    数据包: 已发送 = 4, 已接收 = 4, 丢失 = 0 (0% 丢失),
往返行程的估计时间(以毫秒为单位):
    最短 = 0ms, 最长 = 0ms, 平均 = 0ms

C:\Users\Administrator>
```

图 8-8　ping 网关

(3) 漫游后,在 AC-2 上通过 show ac-config client detail 命令确认无线用户漫游状态,Roam 表示完成漫游。

```
AC2# show ac-config client detail 54ae.2781.d498
Mac Address:54ae.2781.d498
IP Address:192.168.10.2
Wlan Id:1
Vlan Id:10
Roam State:Roam
Security Attribute :Normal
Associated Ap Information:
AP Name:1414.4b65.3cf0
AP IP:192.168.20.2
```

8.5　本章小结

本章主要介绍了无线漫游的概念、特点和构建方法。

(1) WLAN漫游就是指无线工作站在移动到两个AP覆盖范围的交界区域时,工作站与新的AP进行关联并与原有AP断开关联,且在此过程中保持不间断的网络连接。

(2) 在WLAN中,根据漫游过程中用户先后接入的AP所属AC的不同,可以分为AC内漫游和AC间漫游。

(3) 二层漫游前后无线客户端所处的VLAN相同,并且IP地址保持不变。三层漫游前后无线客户端所处的VLAN不同,但漫游前后无线客户端的IP地址保持不变。

8.6 强化练习

1. 判断题

(1) 漫游的实质是指移动的工作站更换了接入点。 (　　)

(2) AC内漫游是指用户漫游过程中的两个AP由同一个AC管理。 (　　)

(3) AC间漫游是指用户漫游过程中的两个AP由不同的AC管理。 (　　)

(4) 基于WLC的WLAN漫游分为AC内漫游和AC间漫游。 (　　)

(5) 二层漫游就是在相同子网(VLAN)内漫游,切换速度较慢。 (　　)

(6) 三层漫游需要跨子网(VLAN),切换速度较快。 (　　)

2. 单选题

(1) 漫游时移动的是(　　)。

A. AC　　B. AP　　C. 客户端　　D. 无线路由器

(2) AC内二层漫游前后无线客户端所关联AP的VLAN(　　)。

A. 一定相同　　B. 一定不同　　C. 有的相同　　D. 有的不相同

(3) 三层漫游前后无线客户端的VLAN(　　)。

A. 变化　　B. 不变化　　C. 有时变化　　D. 有时不变化

(4) 二层漫游前后无线客户端的IP地址(　　)。

A. 变化　　B. 不变化　　C. 有时变化　　D. 有时不变化

(5) 三层漫游前后无线客户端的IP地址(　　)。

A. 变化　　B. 不变化　　C. 有时变化　　D. 有时不变化

3. 多选题

(1) 下列属于漫游的术语的是(　　)。

A. 漫出AC　　B. 漫入AC　　C. 漫出AP　　D. 漫入AP

(2) 下列关于AC间漫游的说法中正确的是(　　)。

A. 漫游过程中的两个AP由不同AC控制和管理

B. 漫游过程中的两个AP由同一个AC控制和管理

C. 漫游客户端发出的数据经漫入AC(AC2)至漫出AC(AC1)进行普通转发

D. 发至漫游用户的数据报文经漫出AC(AC1)至漫入AC(AC2)转发

第9章 构建桥接无线局域网

本章的学习目标如下：

- 理解射频、微波的概念。
- 理解频段、载波、调制、信道的概念。
- 理解微波的反射、折射、绕射和散射的概念。
- 理解菲涅耳区的概念。
- 掌握信号强度的单位：W(瓦)、mW(毫瓦)、dBm(分贝毫瓦)和dB(分贝)。
- 知道引起无线信号衰减的原因。
- 知道天线的功能、类型、连接关系及主要电气参数。
- 理解桥接WLAN的功能。
- 掌握桥接WLAN的构成和相关设备。
- 掌握桥接WLAN的安装技术。
- 掌握桥接WLAN的主要配置技术。

9.1 项目导引

某单位有两栋楼：A楼是办公楼，有网络机房，并接入互联网；B楼是新建的职工宿舍楼。A楼与B楼相距1km，两楼之间的建筑物较低。两楼被公路隔开，不方便铺设或架设光缆来构建有线网络。现考虑用桥接WLAN来解决，将A楼的网络无线接入到B楼，实现A、B楼网络互通，如图9-1所示。

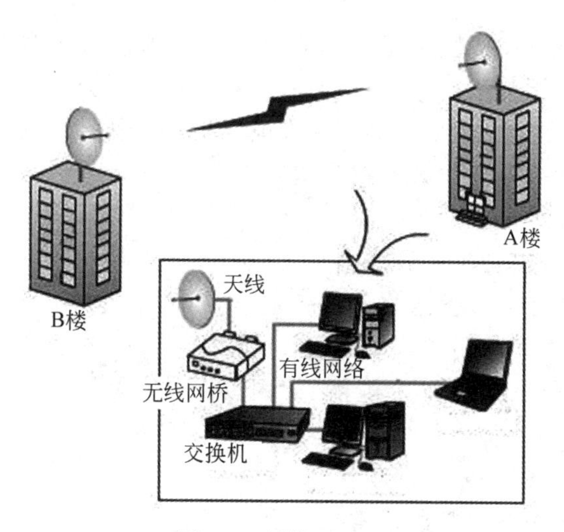

图9-1 桥接WLAN

9.2 项目分析

点对点型桥接 WLAN 可用来连接两个分别位于不同地点的有线局域网,一般由一对无线网桥设备和一对天线组成。

A 楼与 B 楼相距 1km,因不方便架设光缆等来构建有线网络,中间建筑物较低,不会对电磁波造成阻挡,可以采用点对点型桥接 WLAN 来连接 A 楼与 B 楼的网络。

在点对点型无线网桥(AP)设置时,必须将其中一个无线网桥设备设置为根(root,即主设备),另一个无线网桥设备设置为非根(non-root,即从设备),一主一从才能实现彼此之间的通信。为了集中无线信号,保证有效传输距离,点对点型桥接 WLAN 应当采用室外定向天线。

📖 在点对多点型桥接 WLAN 中,必须将其中一个无线网桥设备设置为根,其他无线网桥设备设置为非根,一主多从才能实现彼此之间的通信。根网桥设备必须采用全向天线,非根网桥设备则最好采用定向天线,从而保证无线信号的覆盖和接收。

9.3 技术准备

9.3.1 微波传输基础

电磁波频率低于 100kHz 时只能沿地表传播,但其在沿地表传播的过程中会被地表吸收,不能远距离传播。当电磁波频率高于 100kHz 时,可以在空气中远距离传播。

1. 射频

具有远距离传输能力的高频电磁波称为射频(Radio Frequency,RF)电磁波,其频率范围为 300kHz~30GHz。

2. 微波

微波是一种频率极高、波长很短的电磁波。微波所对应的频率范围为 300MHz~300GHz,对应的波长范围为 1m~1mm。微波按其波长又可分为分米波、厘米波、毫米波、亚毫米波。微波的"微"是指其波长比普通无线电波(长波、中波、短波)更短。

微波通信是利用微波频段作载波携带信息在空中传播的通信方式。

在微波通信中,一台设备发送微波信号,并由一台或多台设备接收微波信号。发送方使用一定频段的频率发送信号,接收方要使用相同的频段,才能接收该信号。微波信号在三维空间中传播,如图 9-2 所示。

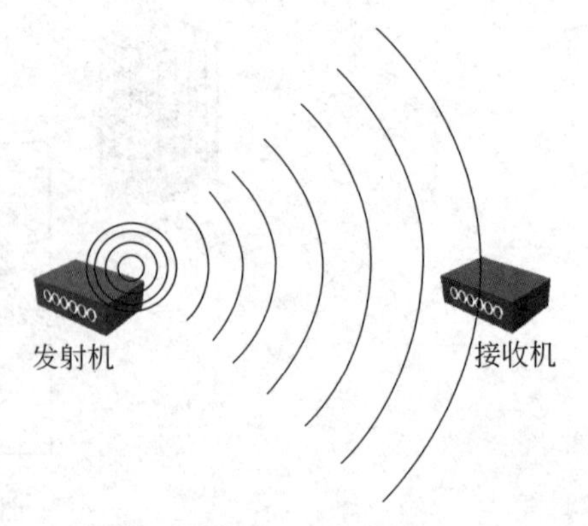

图 9-2 微波信号传播

3. 频段

频段也称频带。电磁波的频段通常指一个频率范围。相应地,电磁波的波段通常指一个波长范围。例如,WLAN 使用 2.4GHz 频段或 5GHz 频段的电

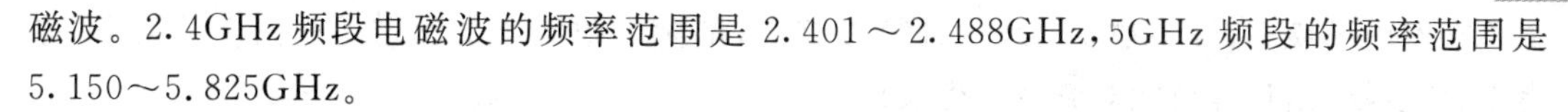

磁波。2.4GHz 频段电磁波的频率范围是 2.401～2.488GHz，5GHz 频段的频率范围是 5.150～5.825GHz。

4. 载波与调制

载波是载运源信号的电磁波。载波频率远远高于源信号的频率，这样可以防止频率混叠造成的传输信号失真。对于 WLAN 而言，载波使用 2.4GHz 频段或 5GHz 频段的频率。在没有加载调制信号时，载波的幅度、频率是固定的；加载调制信号之后，幅度或频率就随着信号的变化而变化。载波调制如图 9-3 所示。

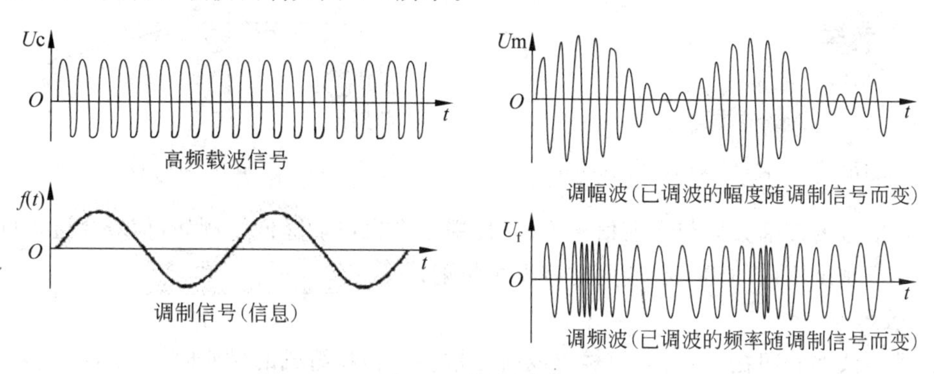

图 9-3　载波调制

要发送信息，发射器必须调制载波信号，以独特的方式插入信息(对其进行编码)；接收站必须进行相反的处理，对信号进行解调以恢复原始信息。将源信号调制为载波信号后再传输，有以下作用：

(1) 减小传输中的噪声。

(2) 可实现频分复用，即同一频率、同一信道可以传输多路信号而不混叠。

(3) 信号可传播更远距离。

WLAN 使用的调制技术要复杂得多，因为它们的数据频率比音频信号的频率高得多。

5. 信道

在 WLAN 中，信道(channel)表现为无线设备发送和接收载波信号的频率范围，通常用数字表示和区分。信道代表了数据信号传输通道，不同的信道表示不同的传输通道。

9.3.2　微波传播路径

微波在无障碍物的两地之间传播近似光线的直线传播。微波在传播中遇到障碍物、不均匀介质时可能发生反射、散射、折射、衍射。微波在空中的传播路径可以粗略地划分为不受阻挡的直视路径(Line-Of-Sight，LOS)和存在阻挡物的非直视路径(Non-Line-Of-Sight，NLOS)。

1. 反射

反射是信号微波遇到物体表面后返回入射介质的现象。当信号微波遇到比其波长大得多的物体时发生反射，如图 9-4 所示。例如，在 IEEE 802.11g 无线局域网中，规定载波的频段是 2.4GHz，在自由空间传播的最大波长为

$$\lambda = \frac{c}{f} = \frac{3 \times 10^8 \text{m/s}}{2.4 \times 10^9 \text{Hz}} = 0.125\text{m}$$

在室内环境中,许多物体的尺度都超过波长,都能对微波产生反射。在室外环境中,地表面、建筑物、山丘等也能对微波产生反射。

2. 折射

折射是信号微波由一种介质进入另一种介质,在穿过界面时发生的方向改变的现象。信号微波在两种密度不同的介质的界面上发生折射,如图 9-5 所示。

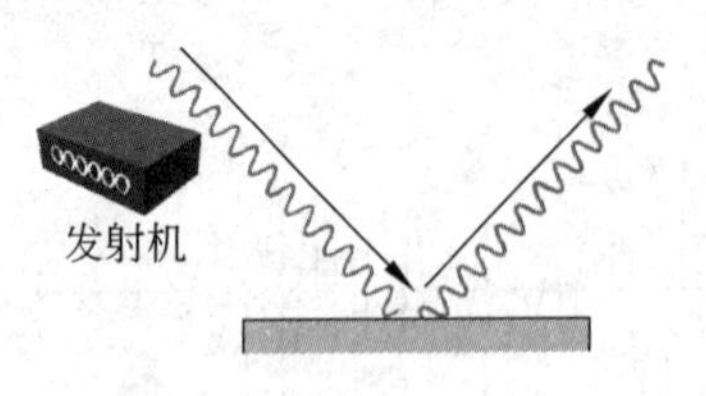

图 9-4　信号微波的反射

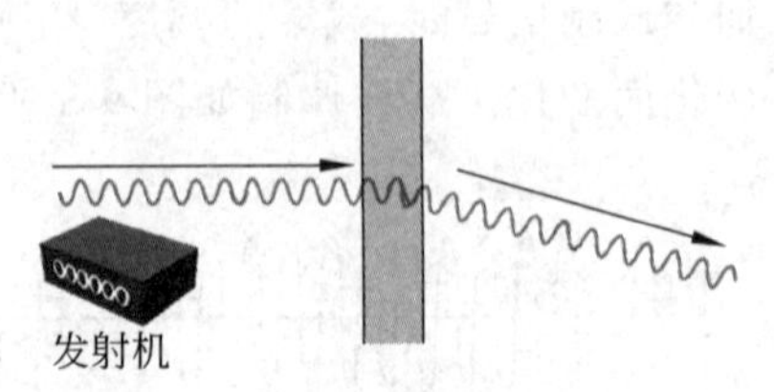

图 9-5　信号微波的折射

折射信号的传播方向与入射信号不同,传播速度也可能降低。例如,信号穿过密度不同的大气层或密度不同的建筑物墙面时将发生折射。

3. 散射

信号微波遇到粗糙、不均匀的材质或由非常小的颗粒组成的材质时,可能向很多不同的方向散射,这是因为材质中不规则的细微表面将形成不同方向的反射信号,如图 9-6 所示。例如,信号微波穿过充满灰尘或砂粒的环境时将发生散射。

4. 衍射

衍射又称为绕射,是指波遇到障碍物后绕过障碍物继续传播的现象。信号微波通常会绕过障碍物继续前行,但在障碍物的背后将出现阴影区(没有信号的区域),如图 9-7 所示。衍射导致信号能够绕过物体,并完成自我修复。这种特殊性使得在发送方和接收方之间有建筑物时,接收方仍能够接收到信号,然而,信号不再与原来的相同,它因为衍射而减弱、失真。

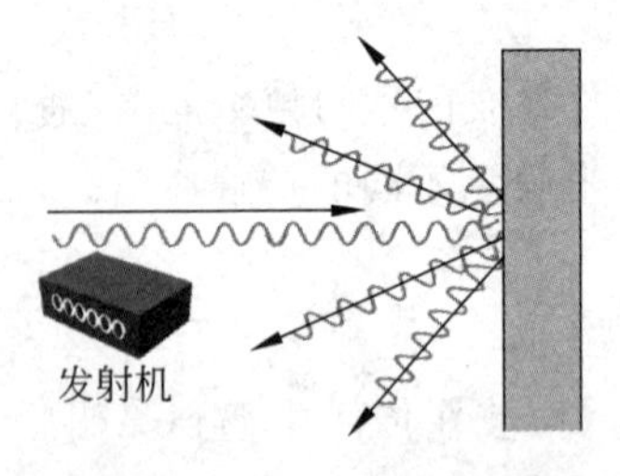

图 9-6　信号微波的散射

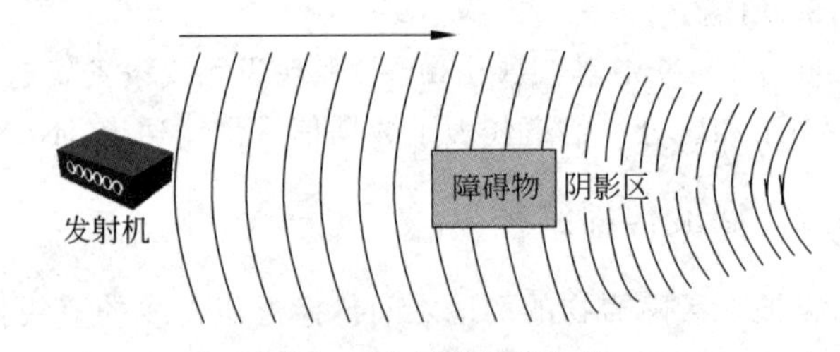

图 9-7　信号微波的衍射

如图 9-8 所示,一座大楼阻挡了信号微波的部分传输路径,使其发生了衍射。由于微波的波长比地球上一般的物体小得多,其绕射能力较弱,导致信号不能覆盖到大楼后面的大部分区域。这个区域中的信号微波可能减弱、失真甚至消失。

5. 菲涅耳区

1) 直视路径

信号微波在狭窄视线(近似直线)传输中聚焦成束,定向传输。要形成如图 9-9 所示的不受阻挡的直视路径,在发送方与接收方的天线之间,信号不能受任何障碍物的影响。在城市大楼之间的路径中，通常存在其他大楼、树木或其他可能阻断信号的物体。在这种情况下，必须升高天线，使其高于障碍物，以获得没有障碍的直视路径。

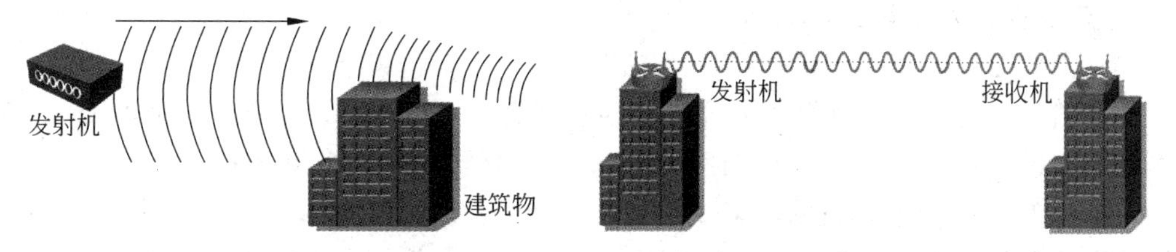

图 9-8　障碍物导致信号微波衍射　　　　图 9-9　沿直视路径传输的信号微波

2）菲涅耳区

信号微波的直视路径实际上并非直线束，而是一个称为菲涅耳区的椭球体，如图 9-10 所示。如果菲涅耳区内有障碍物，部分信号微波被阻挡，可能发生衍射，导致延迟或改变，从而影响接收到的信号。

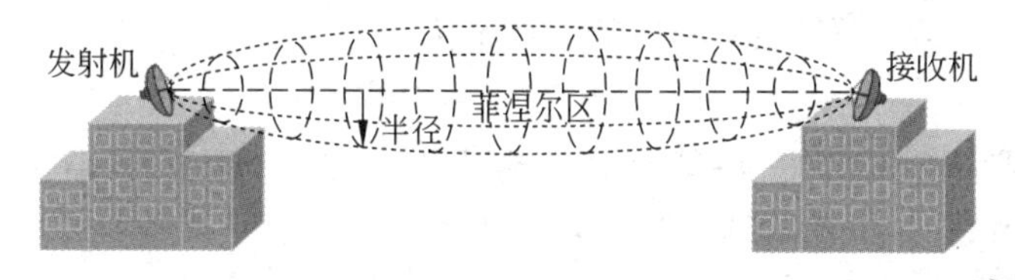

图 9-10　菲涅耳区

如图 9-11 所示，在信号微波的传输路径中有一座大楼，虽然没有阻断信号束，然而，它位于菲涅耳区内，因此信号微波将受到负面影响。

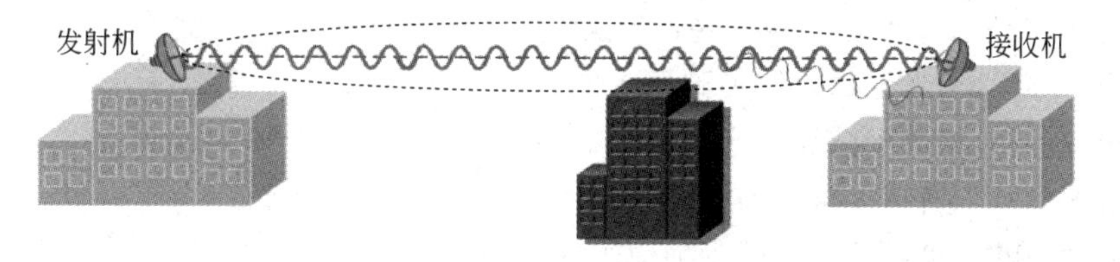

图 9-11　菲涅耳区的障碍物导致信号减弱

3）菲涅耳区半径

对于信号微波的直视路径，在发射点和接收点两点连线的任何位置，都可以计算出对应的菲涅耳区半径。在实践中，要求物体必须与菲涅耳区的下边缘有一定的距离，一般建议为半径的 60%。

菲涅耳区的半径可以使用一个复杂的公式来计算。表 9-1 列出了无线传输使用 2.4GHz 频段时，一些不同距离的直视路径中点处的菲涅耳区半径值。

表 9-1　菲涅耳区半径值

传输距离/km	路径中点处的菲涅耳区半径/m	传输距离/km	路径中点处的菲涅耳区半径/m
0.53	4.88	2.14	10.06
1.07	7.01	5.35	15.85

9.3.3 射频信号强度与衰减

1. 无线通信中信号强度的单位

1) 瓦和毫瓦

无线通信中通常使用功率的单位瓦(W)和毫瓦(mW)表示信号强度,1W=1000mW。美国联邦通信委员会(FCC)允许未管制的2.4GHz频段的点到多点WLAN的最大发射功率为4W。单个WLAN设备的功率很少大于100mW,因为这个功率已经足够以最优性能在0.75km范围内进行通信。室内接入点(AP)的发射功率通常为30~100mW。只有室外建筑物之间的传输应用才需要使用功率大于100mW的设备。

2) 分贝毫瓦和分贝

分贝毫瓦(dBm)是一个表征功率绝对值的值,计算公式为10 lg P,P为发射功率,以毫瓦为单位。

【例1】 如果发射功率P为1mW,折算为0dBm。

【例2】 对于40W的发射功率,折算后的值为

$$10\lg 40\,000 = 46\text{dBm}$$

分贝(dB)是功率增益的单位,是一个功率的相对值。当计算A(如输出功率)相比于B(如输入功率)的增益时,可按公式10 lg A/B计算。

【例3】 如果功率A是B的2倍,那么10 lg A/B=10 lg 2=3dB。也就是说,A比B大3dB。

【例4】 如果A的分贝毫瓦值为46dBm,B的分贝毫瓦值为40dBm,则可以说,A对B的增益为6dB。

以下是分贝值和功率之间的一些近似关系:

(1) 增加3dB,相当于功率增加到原来的2倍。

(2) 减少3dB,相当于减少一半功率。

(3) 增加10dB,相当于功率增加到原来的10倍。

(4) 减少10dB,相当于功率减少为原来的1/10。

2. 信号衰减

信号衰减是指信号微波传输过程中能量的减少。

1) 信号衰减的因素

在信号从发射器传送到接收器的过程中,信号强度逐渐减弱。以下因素会导致信号衰减:

(1) 发射器和发射天线之间的电缆。

(2) 信号在空气中传输时的空间距离。

(3) 外界的障碍物。

(4) 外部的噪声或干扰。

(5) 接收器和接收天线之间的电缆。

2) 路径衰减

端到端的总衰减称为路径衰减。射频信号的功率与传输距离的平方成反比,这意味着,随着接收机远离发射机,接收的信号强度将急剧降低。如果接收机离发射机太远,就不能接

收到能够识别的信号。

3）吸收衰减

信号微波通过能够吸收其能量的物质时，信号将衰减。最常见的吸收情形是信号微波穿过水面或含水物体（如树叶、人体等）。即使是普通的建筑材料，如砖墙或水泥墙等，都会导致信号衰减。因此，必须对实际环境中的WLAN信号传输路径进行现场勘察，估算衰减情况。

9.3.4 WLAN天线

凡利用电磁波来传递信息，都依靠天线来工作。当计算机与无线AP或其他计算机相距较远或者根本无法实现与AP或其他计算机之间通信时，就必须借助于无线天线对接收或发送的信号进行增益（放大）。

WLAN设备的天线，有的是内置的，外观上不可见；有的是外置的，直观可见。外置天线通过连接电缆与无线设备相连接。图9-12是WLAN使用的室外天线，图9-13是WLAN使用的室内天线。

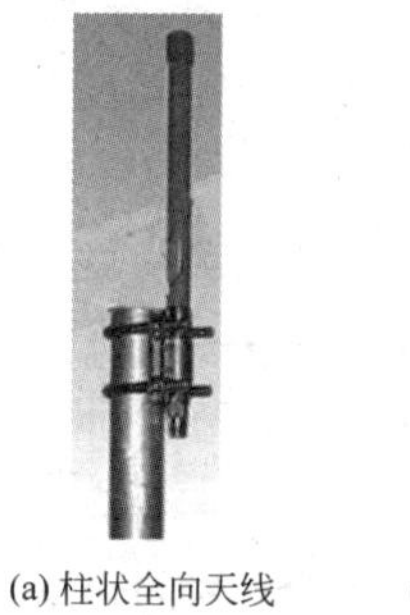

(a) 柱状全向天线

(b) 板状定向天线

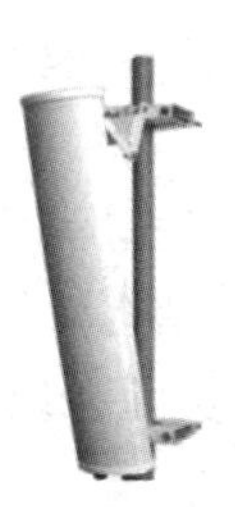

(c) 扇面天线

图9-12 WLAN使用的室外天线

(a) 柱状全向天线

(b) MIMO全向吸顶天线

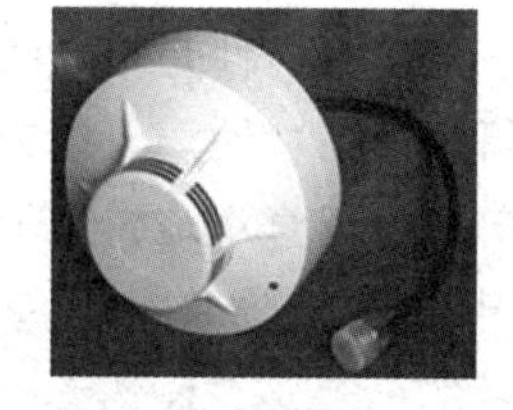

(c) 吸顶天线

图9-13 WLAN使用的室内天线

1. 天线的功能

电磁波在空间传播时，如果遇到导体，会使导体产生感应电流，感应电流的频率与激起它的电磁波的频率相同。因此利用放在电磁波传播空间内的导体（天线），就可以接收到电磁波了。

无线电发射机输出的射频信号功率通过馈线（电缆）输送到天线，由天线以电磁波形式辐射出去。电磁波到达接收地点后，由天线接收下来（仅仅接收很小一部分功率），并通过馈线送到无线电接收机。可见，天线是发射和接收电磁波的一个重要的无线电设备，没有天线也就没有无线电通信。

2. 天线的类型

WLAN天线有室内天线和室外天线之分。室内天线的优点是方便灵活,缺点是增益小,传输距离短;室外天线的优点是传输距离远,比较适合远距离传输。

WLAN天线有全向天线和定向天线之分。全向天线适用于无线路由、AP等需要广泛覆盖信号的设备,它可以将信号均匀分布在中心点周围360°全方位区域,适用于连接点距离较近、分布角度范围大且数量较多的情况。定向天线能量聚集能力强,信号方向指向性好。在使用的时候应该使发射天线和接收天线的指向方向相对。

3. 天线的主要参数

无线设备本身的天线都有一定的传输距离限制,当超出这个距离时,就要通过外接天线来增强无线信号,达到延长传输距离的目的。天线的主要参数有工作频率、增益、极化方式、输入阻抗等。

1) 工作频率

工作频率是指天线工作的频段。这个参数决定了它适用于哪个无线标准的无线设备。例如,支持2.4GHz频段的无线设备使用2.4GHz频段的天线,支持5GHz频段的无线设备使用5GHz频段的天线,双频无线设备(支持2.4GHz和5GHz频段)分别使用2.4GHz和5GHz频段的天线。在购买天线时一定要确认这个参数。

2) 增益

天线本身不能提高发射信号的功率。为有效改善通信效果,减小天线输入功率,天线会做成各种辐射方向性的结构以集中辐射功率,由此引申出天线增益的概念。增益是指在输入功率相等的条件下,实际天线与各向同性天线在空间同一点处所产生信号的功率密度之比。

天线的增益用dBi作单位。不同类型的天线,其增益用不同参数计算得出。

简单地说,天线的增益定量地描述一个天线将输入的射频功率集中辐射的程度。天线的增益值越大,辐射的射频能量越集中。

天线方向性是指天线发射的电磁波向周围空间辐射的取向。天线方向图可以反映天线的辐射方向特性。天线方向图常用极坐标绘制。极坐标方向图的特点是直观、简单,从天线方向图可以直观地看出天线辐射场强的空间分布特性。对于不同结构的天线,其方向图的差别是很大的,如图9-14所示。

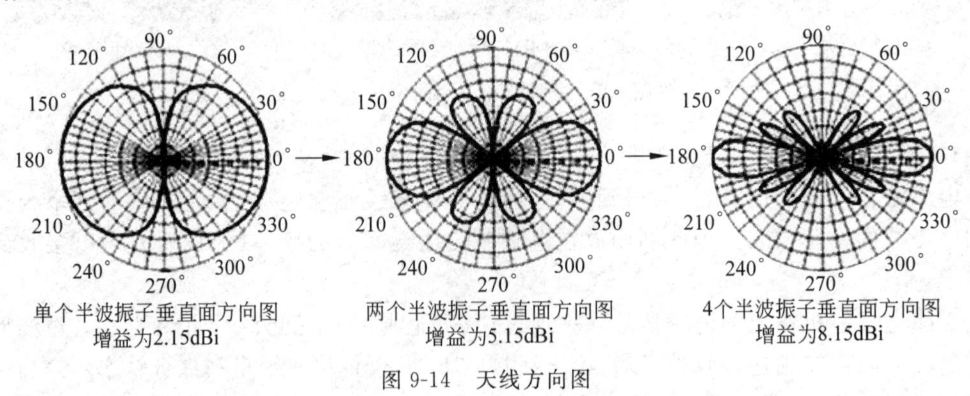

图9-14 天线方向图

天线方向图通常都有两个或多个瓣,其中辐射强度最大的瓣称为主瓣,其余的瓣称为副瓣或旁瓣。天线的主瓣越窄、副瓣越小，其增益就越高，方向性越好，作用距离越远，抗干扰能力也越强。图9-15是增益与天线方向图的关系。

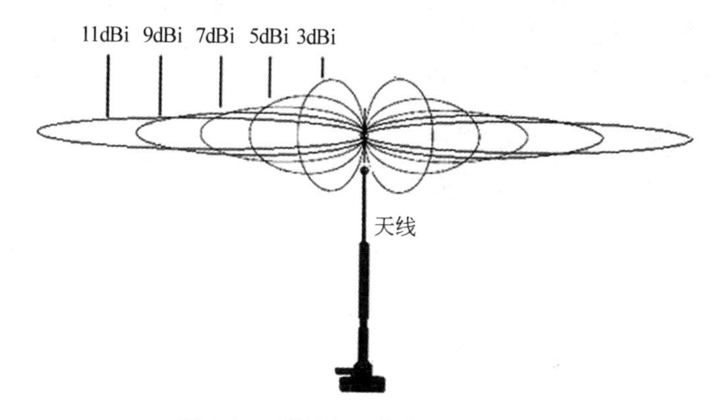

图9-15　增益与天线方向图的关系

3）极化方式

电磁波的极化是指电磁波的电场强度矢量尖端随着时间的变化在空间的运动轨迹。电磁波有线极化波（常用垂直极化波、水平极化波表示）、圆极化波和椭圆极化波之分。不同极化方式天线发射相应的极化电磁波。当电磁波的电场强度方向垂直于地面时，此电波就称为垂直极化波；当电磁波的电场强度方向平行于地面时，此电波就称为水平极化波；另外还有＋45°极化波与－45°极化波。单极化电磁波如图9-16所示。

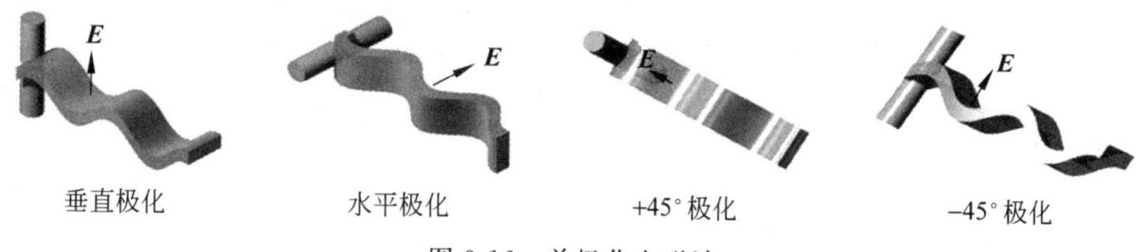

图9-16　单极化电磁波

把垂直极化和水平极化的天线组合在一起，或者把＋45°极化和－45°极化的天线组合，就构成双极化天线。

不同极化方式的电磁波有区别。接收天线必须和发射天线有同样的极化方式，否则将导致信号不能正常接收。通常在安装天线期间或过后，可以调整极化方向。

4）输入阻抗

天线输入端信号电压与信号电流之比称为天线的输入阻抗。输入阻抗与天线的结构、尺寸以及工作波长有关。半波对称振子是最重要的基本天线，其输入阻抗标称值为75Ω。半波折合振子天线的输入阻抗为半波对称振子天线输入阻抗的4倍，标称值为300Ω。

4. 射频电缆

连接天线和发射机输出端或接收机输入端的传输电缆称为馈线、天线连接电缆或射频电缆。它能将发射机发出的信号以最小的损耗传送到发射天线的输入端，或将天线接收到的信号以最小的损耗传送到接收机的输入端，同时它本身不应拾取或产生杂散干扰信号，这样就要求馈线必须加屏蔽。图9-17是馈线，图9-18是天线接口。

图 9-17 馈线

图 9-18 天线接口

当天线和馈线不匹配时,也就是天线阻抗不等于馈线特性阻抗时,天线负载就只能吸收馈线上传输的部分高频能量,而不能全部吸收,未被吸收的那部分能量将反射回去,形成反射波,从而产生反射损耗。

例如,当天线输入阻抗为 50Ω 时,与特性阻抗 50Ω 的馈线是匹配的;而当天线阻抗为 75Ω 时,与特性阻抗 50Ω 的馈线是不匹配的。由于天线与馈线的阻抗不匹配,存在反射损耗,如图 9-19 所示。

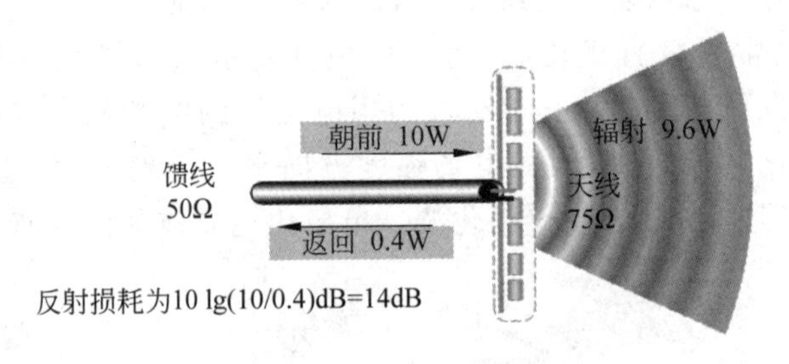

图 9-19 天线与馈线不匹配时存在反射损耗

在实际工作中,天线的输入阻抗还会受到周围物体的影响。为了使馈线与天线良好匹配,在架设天线时还需要通过测量,适当地调整天线的局部结构,或加装匹配装置。

5. 功率放大器

AP 系列放大器是专为扩展工作在 2.4GHz ISM 频段 WLAN 设备的工作范围而设计的双向功率放大器,包括一个低噪声接收功率放大器和一个发射功率放大器。合理使用功率放大器,可以在原有的收发基础上增加数千米的收发距离。

图 9-20 所示的功率放大器功率大,增益高,且噪声指数极低,是性能很高的无线局域网放大器。这种放大器采用防水设计,供电由直流馈电盒输入,适合室外使用,安装方便。

图 9-20 功率放大器

在室内安装无线设备时,通常安装一个额外的 AP 比安装一个功率放大器的覆盖效果更好。在使用功率放大器时,还应该避免干扰附近的无线频谱用户。

6. 避雷器

WLAN 使用避雷器是为了防止天线电缆传输线路上的浪涌或设备遭受静电电击。

图 9-21 是同轴放电管式避雷器，能将进入房顶天线的浪涌电流导流入地。

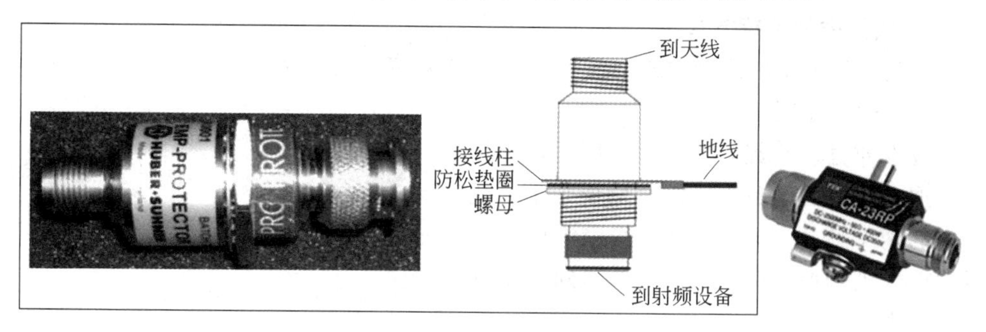

图 9-21 同轴放电管式避雷器

避雷器主要有两个用途：

(1) 释放天线上聚集的静电电荷，有助于防止天线和连接的 WLAN 设备遭受电击。

(2) 消除和散去天线或遭受雷击区域附近的同轴电缆上聚集的能量。

安装避雷器时，最重要的是要安装适当的接地线，通过它可以将雷电流导流入地。

9.3.5 无线网桥

无线网桥用无线连接的方式在两个或多个相距较远的网络之间搭起通信的桥梁，起到光缆连接传输的作用。无线网桥连接的网络通常位于不同的建筑中，它们之间有障碍物(如高速公路、铁路、河流、水面、山坡)阻隔，相距几百米到几十千米不等，通过铺设或架设光缆连接这些网络存在一定的难度。无线网桥配合高增益定向天线可以提供长达 30km 的传输距离。使用支持 IEEE 802.11n 的无线网桥设备可以提供最大 600Mb/s 的数据传输速率。

1. 无线网桥设备

无线网桥是一种在链路层实现有线局域网间无线互联的存储转发设备。无线网桥实质上是支持桥接的无线 AP，它是为进行较远距离无线通信而设计的。表 9-2 是两种最常用的室外无线网桥设备的特性。

表 9-2 室外无线网桥设备的特性

设 备	特 性
Aironet 1400 系列	适用于视距应用的高速、高性能室外网桥解决方案。54Mb/s 的数据传输速率允许建立传输距离为 12km 的点对点链路和 3.2km 的点对多点链路。总吞吐率超过 28Mb/s。如果采用增益更高的天线或更低的数据传输速率，点对点覆盖区域将超过 32km。可取代专线部署，具有经济实惠、免许可的优势。仅提供自主接入点
锐捷 AP620-H(C)	可支持同时工作在 IEEE 802.11a/n 和 IEEE 802.11b/g/n 模式，支持点对点/多点网桥、中继等室外桥接模式。双路双频设计，最大可支持 600Mb/s 的传输速率。500mW 功率，最大覆盖半径可达 500m，网桥距离 10km。通过 IP66 防水防尘标准，适用于恶劣室外环境。智能感知功能，AC 宕机 AP 智能切换为自主模式。端口分布：①RJ-45 串口；②1000Base-X SFP 端口；③10/100/1000Base-T 自适应以太网上联端口；④48V 外置供电接口；⑤4 个射频接口

安装在室外的无线网桥设备通常很难就近找到供电电源。因此，支持 PoE(以太网供电)就显得非常重要。例如，可以支持 IEEE 802.3af 国际标准的以太网供电，可以通过 5 类

线为网桥提供12V的直流电源。

2. 无线网桥的连接方式

通常的无线网桥的连接方式主要有点对点、点对多点及中继方式。

1) 点对点连接模式

点对点即直接传输,如图9-22所示。利用点对点型无线网桥设备可连接分别位于不同建筑物中的两个有线局域网,通常使用定向天线技术和放大器,这样传输距离可以达到几千米至几十千米。

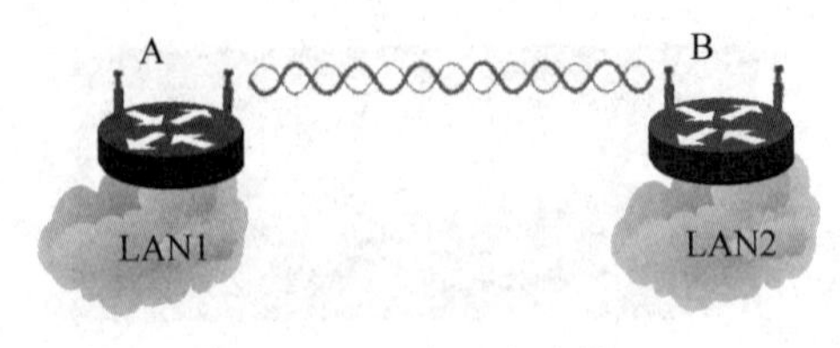

图 9-22 点对点连接

点对点型无线网桥一般由一对桥接器和一对定向天线组成。两个天线必须相对定向放置,如图9-23所示。室外的天线与室内的桥接器之间用电缆相连,而桥接器与有线网络之间则用双绞电缆连接。

2) 点对多点连接模式

点对多点连接模式一般用于分布于建筑群中的各个局域网之间的连接。在建筑群的中心建筑物顶上安装一个全向天线,连接网桥设备;在其他建筑物顶上安装定向天线,连接各自的网桥设备。这样就可以使在中心建筑物的全向天线与其他建筑的天线形成无线传输,从而建立起中心建筑物与各建筑物的局域网互联。图9-24是点对多点无线网桥的连接关系。

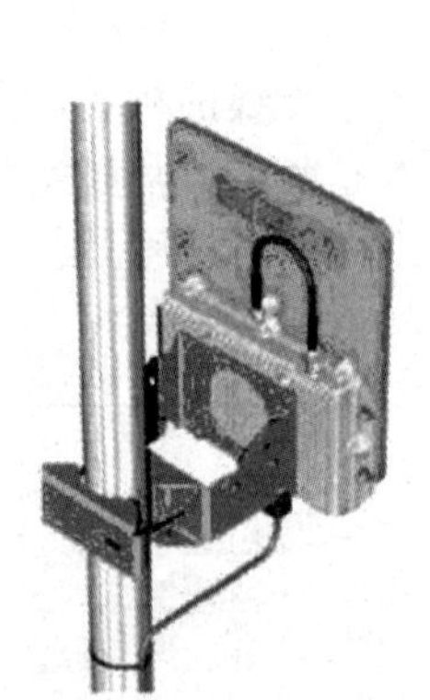

图 9-23 点对点连接的定向天线

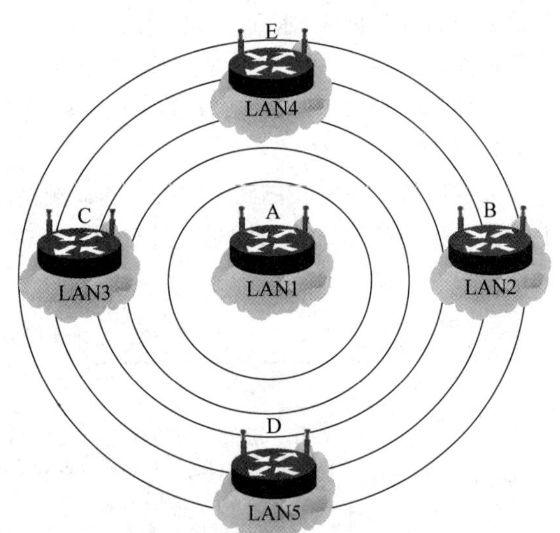

图 9-24 点对多点的无线网桥的连接关系

3) 中继方式

中继方式即间接传输。例如,A、B、C三点的关系是:B、C两点之间不可视,但两点之间通过A楼间接可视,并且A、C两点之间和B、A两点之间均满足网桥设备通信的要求。这种情境可采用中继方式,A作为中继点,B、C各放置网桥设备和应用定向天线。

3. 无线网桥的应用环境

如果建筑物之间的距离比较远,当超过100m时,一般都需要铺设光缆来进行连接。对于一些已经建成的网络环境来说，开挖道路或铺设线路都是费钱费力的事情，采用无线网桥来实现网络互联，实施起来既简单、方便又经济。

在一些临时场所进行临时网络传输时也会用到无线网桥。例如，常见的新闻网络直播，由于场所的临时性和不固定性，若采用传统有线的方式在直播现场布置网线，不仅布线、维护很困难，而且会给现场网络管理带来很多麻烦，这时无线网桥就派上了用场。

9.4　项目实施

9.4.1　项目设备

本项目需要无线网桥（如RG-AP620-H等）、PoE供电器、高增益室外定向天线或者全向天线、避雷器、功率放大器、室外机箱、安装了Windows XP系统的计算机、充足的天线馈线和网线等。

设备作用说明：

(1) 无线网桥。可以使用两个或多个室外无线网桥将彼此分开的局域网连接起来。

(2) PoE供电器。通过网线为无线网桥提供电源。

(3) 高增益室外定向或者全向天线。对于室外远距离站点的无线网络互联需要配合使用高增益室外定向或者全向天线，定向天线可实现点对点连接，全向天线可实现点对多点的连接。

(4) 避雷器。为了确保雷雨天气时无线网络系统的正常运行，需要使用避雷器。当天馈线系统受到雷击时，产生的浪涌电流不进入系统设备，通过接地及时放掉浪涌电流，以保障系统设备以及工作的安全。

(5) 功率放大器。在一些情况下需要使用功率放大器来提供更远距离的覆盖，可以使用500mW的功率放大器。

(6) 室外机箱。由于要在室外进行点对点或点对多点的连接，为了减少馈线的衰减以提高网络的传输性能和保护避雷器及功率放大器，可以使用室外机箱将无线网桥、室外供电单元、避雷器及功率放大器放置在其中。

(7) 计算机。用于无线网桥的配置和接通验证。

9.4.2　设备安装

为减少系统的增益损耗和降低用户的前期投资，无线网桥设备采用室外安装型，可完全免除馈线的使用。为了减少无线信号的衰减，延长有效传输距离，点对点无线网桥应当采用室外定向天线。图9-25为项目设备安装图。

1. 桥接AP620H上架固定

(1) 在AP背面安装固定架。将AP设备随机配备的固定架安装到AP主机的背面，用螺钉紧固固定架和AP主机，如图9-26所示。

(2) 将主机安装到抱杆上。可以选择主机与抱杆平行放置（如图9-27所示）或者主机与抱杆垂直放置（如图9-28所示）。

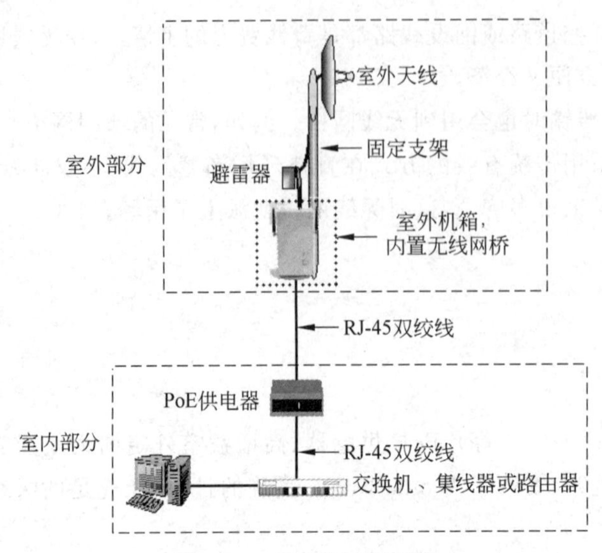

图 9-25　项目设备安装图

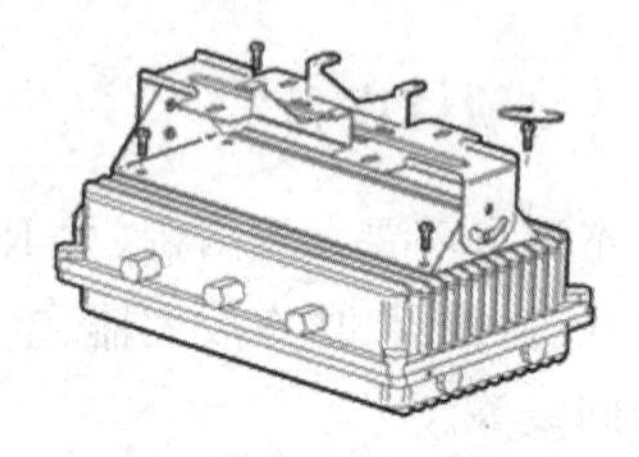

图 9-26　在 AP 背面安装固定架

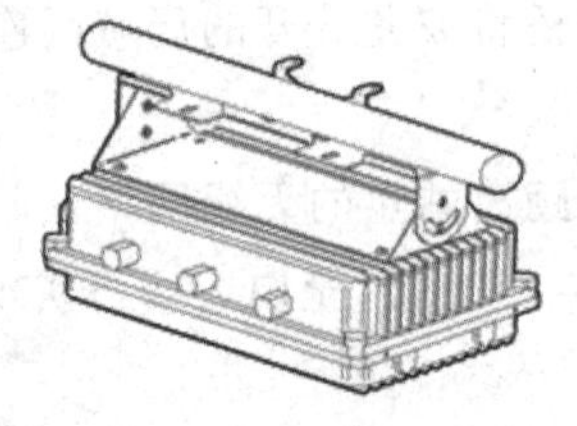

图 9-27　主机与抱杆平行放置

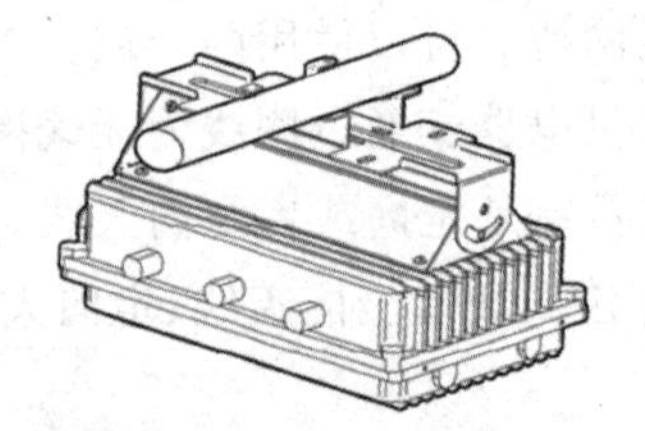

图 9-28　主机与抱杆垂直放置

固定架上有两组固定孔，如图 9-29 所示。根据放置方式的不同，将铁环安装到不同的固定孔内，如图 9-30 所示。使用螺栓固定铁环，并使 AP620-H 固定在抱杆上。图 9-31 是主机安装到抱杆上的效果。

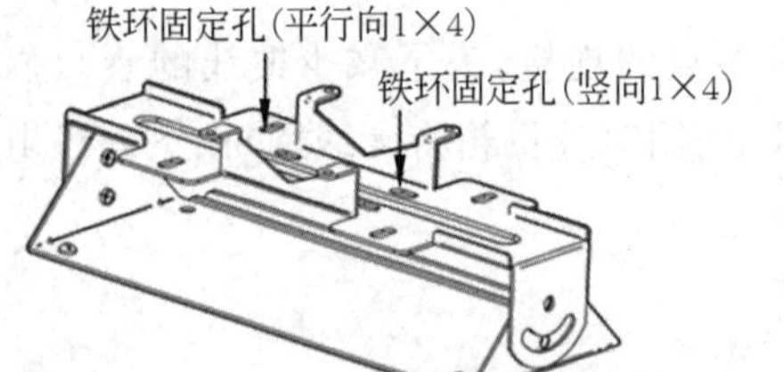

图 9-29　固定架上有两组固定孔

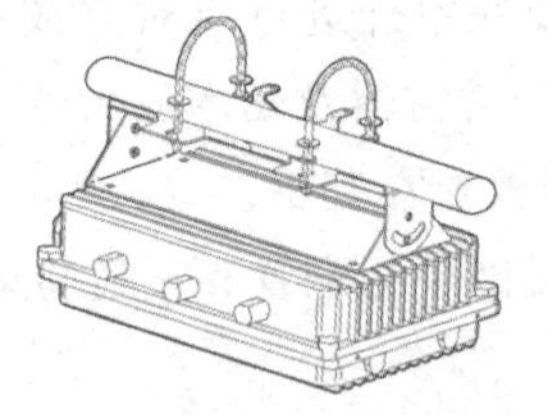

图 9-30　将铁环安装到不同的固定孔内

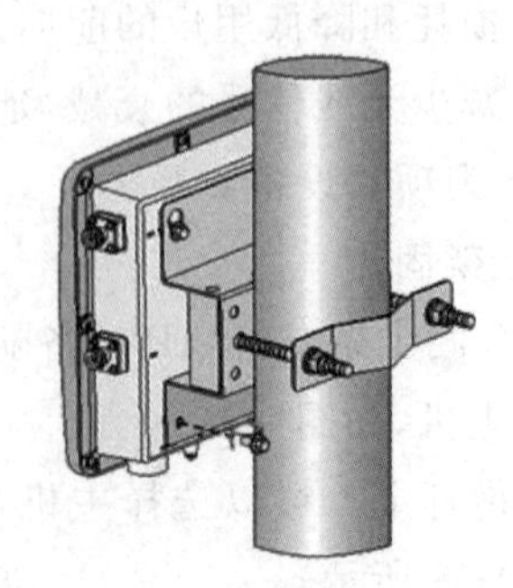

图 9-31　主机安装到抱杆上的效果

2. 室外天线安装

室外天线分为室外定向天线和室外全向天线。

1) 安装室外定向天线

根据室外定向天线的安装说明，将室外定向天线用抱杆安装支架安装到抱杆上，调节好天线角度。图 9-32 是室外定向天线安装示意图。

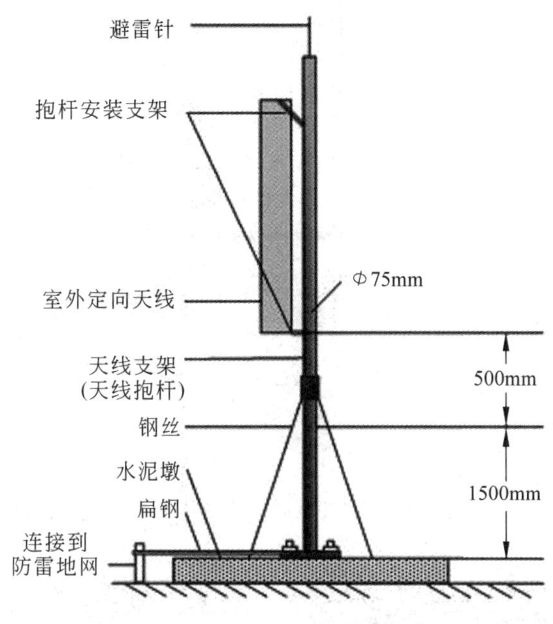

图 9-32 室外定向天线安装示意图

安装室外定向天线需要注意以下事项：

(1) 确保室外定向天线在避雷针的保护之下。如果附近没有避雷针，需要在抱杆顶端安装避雷针。

(2) 抱杆安装在楼顶，可以固定在墙体上，也可以直接安装在水泥墩上，应保证抱杆与地面垂直。

(3) 做好抱杆的接地措施，具体可以采用 40mm×4mm 的扁钢将抱杆与防雷地网相连，需要确保扁钢与防雷地网的连接处没有生锈。

2) 安装室外全向天线

图 9-33 是室外全向天线安装示意图。

安装室外全向天线需要注意以下事项：

(1) 安装室外全向天线时，一般不允许直接在抱杆上焊接避雷针（全向天线的水平方向 1m 范围内不允许有金属体存在），而是在两根全向天线抱杆的中间位置单独设置一根避雷针，避雷针的高度要使全向天线顶端处在其防护角之内。

(2) 在抱杆上安装室外全向天线后，需保证抱杆顶端与天线下部的抱箍部分平齐。

(3) 天线高度需满足信号覆盖需求，并且天线顶端需处于避雷针 45°防雷保护角之内。

注意：不同 AP 的天线禁止背靠背安装，应将天线上下安装，并且间隔大于 2m，如图 9-34 所示。

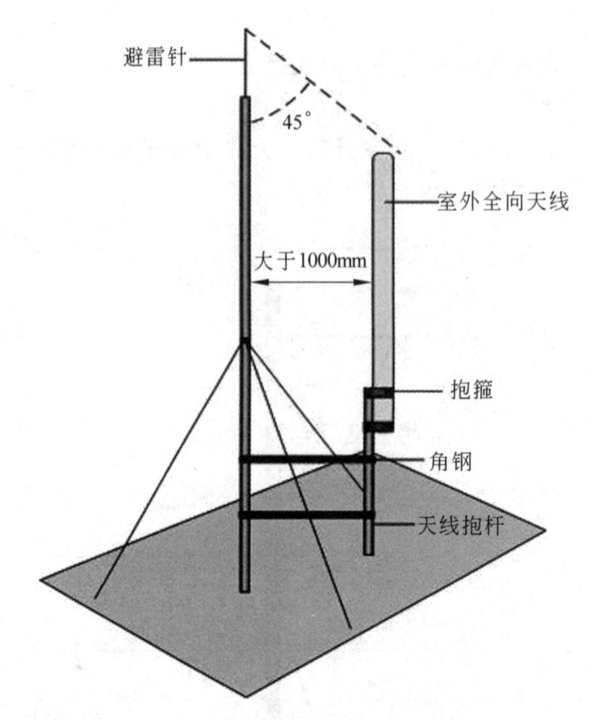

图 9-33　室外全向天线安装示意图

图 9-34　不同 AP 的天线禁止背靠背安装

3. 线缆安装

图 9-35 是线缆连接示意图。

注意：对于 MIMO 天线，一个天线就有两个 N 型接口，建议天线和 AP 上下两个 N 型接口对接并将 AP 天线参数设置为 5。

4. AP 防水处理

AP 需要进行防水处理的节点有天线、馈线、避雷器。防水操作如下：

(1) 以自下向上半缠绕的方法包好第一层胶带(半缠绕是指第二圈压住第一圈的一半，依此类推)，如图 9-36 所示。

(2) 用胶泥包住第一层的胶带，胶泥两头超过胶带，如图 9-37 所示。

(3) 用胶带包住胶泥，胶带两头超过胶泥，胶带需要多缠一些并拉紧，如图 9-38 所示。

注意：图 9-39 为未做好防水措施的情况。

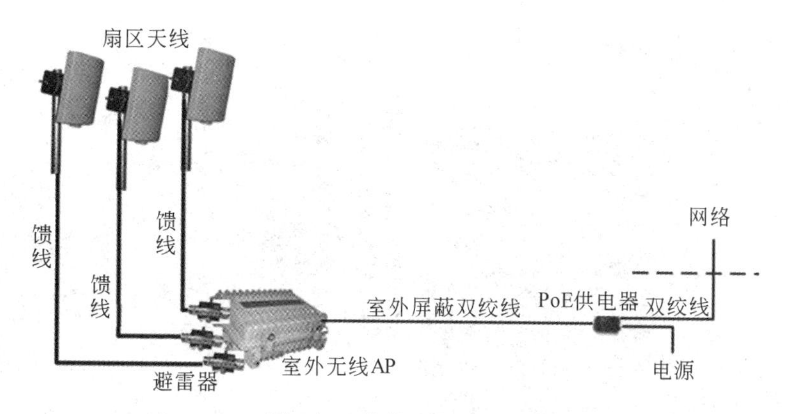

图 9-35　线缆连接示意图

图 9-36　用胶带缠绕第一层

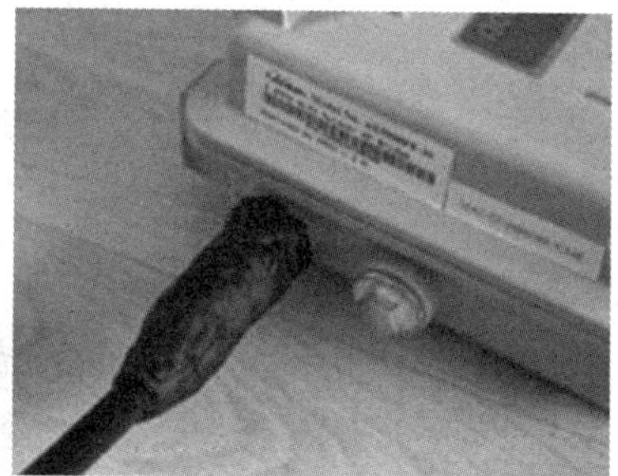

图 9-37　用胶泥包住胶带

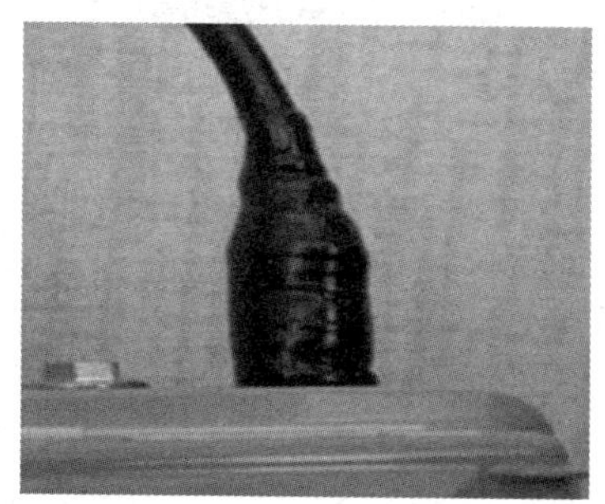

图 9-38　用胶带包住胶泥

图 9-39 未做好防水措施的情况

9.4.3 桥接配置

1. 组网需求

要求桥接两端的两台 AP 处于同一个网段,并且 AP 必须是同型号的 AP,不同芯片的 AP(如 Atheros 和 BCM)无法桥接互通。

🕮 截至目前,锐捷 AP 只有 Atheros 和 BCM 这两款不同芯片的无线射频卡。

🕮 确认 AP 射频卡的型号类型命令如下:

```
Ruijie# show interfaces dot11radio 1/0
```

2. 组网拓扑

胖 AP 的无线分布系统(Wireless Distribution System, WDS)桥接的组网拓扑如图 9-40 所示。

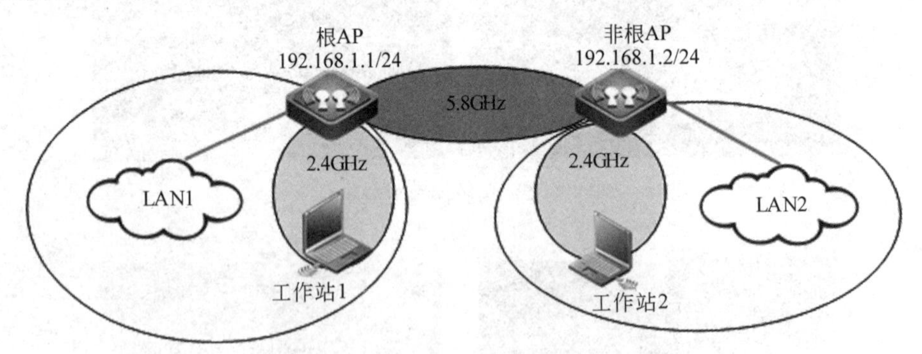

图 9-40 胖 AP 的 WDS 桥接的组网拓扑

3. 配置要点

(1) 配置根桥的桥接网段和射频卡。

(2) 配置非根桥的桥接网段和射频卡。

(3) 配置用于覆盖的 WLAN 的 SSID 信号。

4. 配置步骤

1）根桥配置

（1）创建桥接 VLAN：

```
AP-1(config)# vlan 10                            /* 创建 vlan 10 桥接网 */
AP-1(config-vlan)# exit
```

（2）配置桥接 WLAN-ID：

```
AP-1(config)# dot11 wlan 1
AP-1(dot11-wlan-config)# ssid ruijie-test
AP-1(dot11-wlan-config)# exit
```

（3）配置射频卡：

```
AP-1(config)# interface dot11radio 2/0        /* 2/0 为 IEEE 802.11 无线 5GHz 接口 */
```

📖 大多数的 AP 都会有两个 dot11radio 接口：Dot11Radio1/0 和 Dot11Radio2/0，分别控制 2.4GHz 频段的天线和 5GHz 频段的天线。

```
AP-1(config-if-Dot11radio 2/0)# encapsulation dot1q 10
/* vlan 10 封装格式为 IEEE 802.1q。该配置可以实现 VLAN 之间的互通 */
AP-1(config-if-Dot11radio 2/0)# radio-type 802.11a  /* 桥接推荐使用 5.8GHz 频段 */
AP-1(config-if-Dot11radio 2/0)# channel 149
/* 将信道调整为 149。如果信道配置 165,则无法将频宽配置为 40HMz */
AP-1(config-if-Dot11radio 2/0)# chan-width 40       /* 频宽配置为 40HMz */
AP-1(config-if-Dot11radio 2/0)# station-role root-bridge bridge-wlan 1
                                                    /* 射频卡模式切换为根桥 */
AP-1(config-if-Dot11radio 2/0)# wlan-id 1           /* 映射 SSID */
AP-1(config-if-Dot11radio 2/0)# exit
```

（4）确认根桥发出的 BSSID：

📖 SSID 是服务集标识，即无线网络名。BSSID 是基本服务集标识，即每个无线接入点的 MAC 地址。ESSID 是扩展服务集标识，即几台 AP 共用的无线网络名。

```
AP-1# show dot11 mbssid
```

执行结果如图 9-41 所示。

```
Ruijie#sh do mbssid
   name: Dot11radio 2/0
wlan id: 1
   ssid: ruijie-test
  bssid: 061a.a97f.1114
```

图 9-41 确认根桥发出的 BSSID

（5）配置 AP 三层接口：

```
AP-1(config)# interface bvi 10     /* 进入 BVI(vlan 10 接口)配置模式 */
```

📖 AP 使用 BVI(Bridge Virtual Interface，网桥虚拟接口)连接到有线网络，允许所有端口都聚合到虚接口。

```
AP-1(config-if-BVI 10)# ip address 192.168.1.254 255.255.255.0  /* 虚接口 IP 地址 */
AP-1(config-if-BVI 10)# exit
```

（6）有线物理接口封装 VLAN：

```
AP-1(config)# interface gigabitEthernet 0/1     /* 0/1 是 AP-1 的物理接口 1 */
```

```
AP-1(config-if-GigabitEthernet 0/1)# encapsulation dot1q 10
                                        /* vlan 10 封装格式为 IEEE 802.1q */
AP-1(config-if-GigabitEthernet 0/1)# exit
```

(7) AP 开启广播功能:

```
AP-1(config)# data-plane wireless-broadcast enable
```

(8) 配置用于无线覆盖的 WLAN 的 SSID 信号:

```
AP-1(config)# dot11 wlan 2                        /* 创建 WLAN */
AP-1(dot11-wlan-config)# ssid ruijie-wds-test /* 配置 WLAN 的 SSID 信号 */
AP-1(dot11-wlan-config)# exit
AP-1(config)# vlan 20                             /* 创建 vlan 20 覆盖网 */
AP-1(config-vlan)# exit
AP-1(config)# int dot11radio 1/0.1        /* IEEE 802.11 射频 2.4GHz 子接口 1/0.1 */
AP-1(config-subif-Dot11radio 1/0.1)# encapsulation dot1q 20
/* 在射频子接口下封装 vlan 20 映射 */
AP-1(config-subif-Dot11radio 1/0.1)# exit
AP-1(config)# int dot11radio 1/0             /* IEEE 802.11 射频 2.4GHz 主接口 1/0 */
AP-1(config-if-Dot11radio 1/0)# wlan-id 2    /* 在 2.4GHz 主接口下封装 WLAN-ID 的映射 */
```

(9) 保存配置:

```
AP-1(config)# end
AP-1# write
```

2) 非根桥配置

(1) 创建桥接 VLAN:

```
AP-2(config)# vlan 10
AP-2(config-vlan)# exit
```

(2) 配置射频卡:

```
AP-2(config)# interface dot11radio 2/0     /* 2/0 为 IEEE 802.11 无线接口 */
AP-2(config-if-Dot11radio 2/0)# encapsulation dot1Q 10  /* 封装 VLAN */
AP-2(config-if-Dot11radio 2/0)# radio-type 802.11a      /* 桥接推荐使用 5.8GHz */
AP-2(config-if-Dot11radio 2/0)# channel 149
/* 将信道调整为 149。如果信道配置为 165,则无法将频宽配置为 40HMz */
AP-2(config-if-Dot11radio 2/0)# chan-width 40             /* 频宽配置为 40HMz */
AP-2(config-if-Dot11radio 2/0)# station-role non-root-bridge
                                                 /* 射频卡模式切换为非根桥 */
AP-2(config-if-Dot11radio 2/0)# parent mac-address 061a.a97f.1114
/* 绑定根桥 BSSID(此处也可以绑定根桥的 SSID,命令为 parent ssid ruijie-test) */
AP-2(config-if-Dot11radio 2/0)# exit
```

(3) 配置 AP 三层接口:

```
AP-2(config)# interface bvi 10
```

```
AP-2(config-if-BVI 10)# ip address 192.168.1.253 255.255.255.0
AP-2(config-if-BVI 10)# exit
```

(4) 有线物理接口封装 VLAN:

```
AP-2(config)# interface gigabitEthernet 0/1          /* 0/1 是 AP-1 的物理接口 1 */
AP-2(config-if-GigabitEthernet 0/1)# encapsulation dot1q 10
                                                 /* vlan 10 封装格式为 IEEE 802.1q */
AP-2(config-if-GigabitEthernet 0/1)# exit
```

(5) AP 开启广播功能:

```
AP-2(config)# data-plane wireless-broadcast enable
```

(6) 配置用于无线覆盖的 WLAN 的 SSID 信号:

```
AP-2(config)# dot11 wlan 2                          /* 创建 WLAN */
AP-2(dot11-wlan-config)# ssid ruijie-wds-test /* 配置 WLAN 的 SSID 信号 */
AP-2(dot11-wlan-config)# exit
AP-2(config)# vlan 20                               /* 创建 VLAN */
AP-2(config-vlan)# exit
AP-2(config)# int dot11radio 1/0.1
AP-2(config-subif-Dot11radio 1/0.1)# encapsulation dot1q 20
/* 在射频子接口下封装 VLAN 映射 */
AP-2(config-subif-Dot11radio 1/0.1)# exit
AP-2(config)# int dot11radio 1/0
AP-2(config-if-Dot11radio 1/0)# wlan-id 2      /* 在主接口下封装 WLAN-ID 的映射 */
```

(7) 保存配置:

```
AP-2(config)# end
AP-2# write
```

5. 注意事项

(1) 胖 AP 的 WDS 应用环境必须配置为 Open 方式。

(2) 胖 AP 可以支持 SSID 桥接和 BSSID 桥接两种,前面实例中采用的是 BSSID 的配置方式。

(3) 目前只有 AP630 使用 B8 及以后版本时才支持 WDS 桥接的加密,并且当前只支持 RSN 和 WPA 的 AES 加密方式,不支持 TKIP 加密方式。

(4) 在超过 1000m 的远距离桥接部署中,在根桥与非根桥上都需要执行如下命令:

```
interface Dot11radio 2/0
peer-distance 4000
```

peer-distance 后的数值配置为实际桥接距离的 1～2 倍。例如现在的环境中桥接距离为 2000m,则 peer-distance 后的数值为 4000。

6. 功能验证

查看桥接状态:

```
AP-1# show dot1 associations all-client
RADIO-ID WLAN-IDADDRAID CHAN RATE_DOWN RATE_UP RSSI ASSOC_TIME IDLE TXSEQ RXSEQ
ERP STATE CAPS HTCAPS 2100:14:4b:6f:b8:361149 144.5M144.5M600:00:32 15565535
0x00x3 Ex S
AP-1#
AP-1# ping 192.168.1.253
Sending 5, 100-byte ICMP Echoes to 192.168.1.10, timeout is 2 seconds:
<press Ctrl+C to break>
!!!!!
Success rate is 100 percent (5/5), round-trip min/avg/max=2/11/28 ms.
Ruijie# show dot11 wds-bridge-info 2/0
WDS-MODE: ROOT-BRIDGE
BRIDGE-WLAN:
Status: OK
WlanID 1, SSID ruijie-test, BSSID 061a.a97f.1114
WBI 2/0
NONROOT 0014.4b6f.b836
LinkTime 0:00:47
SendRate 130.5M Mbps,RecvRate 133.5M Mbps,RSSI 60
AP-1#
```

9.5 本章小结

本章主要介绍了微波发射、传播的相关概念，以及天线的功能、类型、连接关系、主要电气参数和无线网桥。

(1) 具有远距离传输能力的高频电磁波称为射频(RF)电磁波，频率范围为300kHz～30GHz。微波是射频电磁波中的一部分。微波所对应的频率范围为300MHz～300GHz，对应的波长范围为1m～1mm。微波按其波长又可分为分米波、厘米波、毫米波、亚毫米波。微波是一种频率很高、波长很短的电磁波。

(2) 电磁波的频段通常是一个频率范围。

(3) 载波是载运源信号的电磁波。载波频率远远高于源信号的频率。

(4) 信道是指发送和接收载波信号的频率分段。

(5) 微波的传输特性近似于光线，通常是直线传播。在传播中遇到障碍物、不均匀介质时，可能发生反射、散射、折射、衍射。

(6) 信号微波的直视路径实际上并非直线束，而是一个称为菲涅耳区的椭球体。

(7) 信号强度的单位有瓦、毫瓦、分贝毫瓦和分贝。

(8) 衰减是指微波信号在传输过程中能量的减少。信号衰减主要表现为路径衰减和吸收衰减。

(9) 天线的功能是发射或接收电磁波。天线并不能提高发射设备的发射功率。天线的增益定量地描述天线把输入的射频能量辐射出去时的集中程度。天线的增益值越大，辐射的射频能量越集中。

(10) 无线网桥用电磁波取代光缆实现较远距离的数据传输，在两个或多个有线网络之间搭起通信的桥梁。

（11）无线网桥使用的主要设备有室外定向或全向天线、室外无线接入点。

（12）在对无线网桥设备进行设置时，必须将其中一个无线网桥设备设置为根（主），另一个无线网桥设备设置为非根（从），一主一从才能实现彼此之间的通信。

9.6　强化练习

1. 判断题

（1）对于WLAN而言，载波频率使用2.4GHz频段或5GHz频段。（　　）

（2）微波在无障碍物的两地之间的传播近似于光线的直线传播。（　　）

（3）微波在传播中遇到障碍物、不均匀介质时，可能发生反射、散射、折射、衍射。（　　）

（4）在空气中传播的微波能量随距离的增大逐渐减少。（　　）

（5）信号微波的直视路径实际上并非直线束，而是一个称为菲涅耳区的椭球体。（　　）

（6）无线网桥用电磁波取代光缆以实现较远距离的数据传输。（　　）

（7）无线网桥使用的主要设备有室外定向或全向天线、室外无线接入点。（　　）

（8）天线的外观是一根软导线。（　　）

（9）任何导线均可以作为连接天线的馈线。（　　）

2. 单选题

（1）下列关于天线的说法中不正确的是（　　）。

A. 天线的功能是发射和接收电磁波

B. 天线并不能提高发射设备的发射功率

C. 天线的增益值越小，辐射的射频能量越集中

D. 天线的增益定量地描述天线把输入的射频能量辐射出去时的集中程度

（2）A、B两楼的无线网桥选用（　　）天线。

A. 增益小的　　B. 室内　　C. 全向　　D. 定向

（3）在无线网桥室外天线之间，微波传输效果最好的路径是（　　）。

A. 直射　　B. 散射　　C. 反射　　D. 衍射

（4）连接两幢大楼的无线网桥，其连接方式是（　　）。

A. 点对点　　B. 点对两点　　C. 点对多点　　D. 中继

3. 多选题

（1）架设点对点无线网桥，需要设置（　　）。

A. 一端为根桥　　B. 另一端为非根桥

C. 两端都为根桥　　D. 两端都为非根桥

（2）桥接的两台AP（　　）。

A. 应配置相同的桥接VLAN　　B. 应配置不同的桥接VLAN

C. 在根桥配置桥接WLAN-ID　　D. 在非根桥配置桥接WLAN-ID

（3）对根桥AP进行配置，主要包括（　　）。

A. 桥接配置　　B. 有线连接配置
C. 无线覆盖配置　　D. 有线连接的 SSID 配置

(4) 在配置桥接 AP 的命令中,接口的正确表示是(　　)。
A. gigabitEthernet 0/1 表示物理接口 1
B. dot11radio 1/0 表示 2.4GHz 频段主接口
C. dot11radio 2/0 表示 5.8GHz 频段接口
D. dot11radio 1/0.1 表示 2.4GHz 频段子接口

(5) 对根桥 AP 配置桥接,需要(　　)。
A. 创建桥接 VLAN　　B. 配置桥接 WLAN-ID
C. 配置射频卡　　D. 确认根桥的 BSSID

(6) 对根桥 AP 配置无线覆盖需要(　　)。
A. 创建覆盖 VLAN
B. 创建覆盖 WLAN
C. 配置覆盖 WLAN 的 SSID
D. 配置 IEEE 802.11 射频子接口和 VLAN 封装

(7) 对根桥 AP 配置有线连接关系时(　　)。
A. 有线物理接口封装 VLAN 应与桥接 VLAN 相同
B. VLAN 封装格式为 IEEE 802.1q
C. AP 三层接口使用 BVI
D. 根桥与非根桥 BVI 地址在同一网段中

第 10 章　构建智分无线局域网

本章的学习目标如下：

- 理解智分 WLAN 的概念。
- 掌握智分 WLAN 的应用环境。
- 掌握智分 WLAN 的硬件设备。
- 掌握智分 WLAN 设备的安装。
- 掌握智分 WLAN 的主要配置技术。

10.1　项目导引

某学校宿舍楼，每层宿舍较多，如图 10-1 所示。每间宿舍安排住 6 人。宿舍墙体厚，走廊侧为单门无窗设计。90%的学生有笔记本电脑和智能手机，学生宿舍的网络应用主要是网络游戏、视频、下载、聊天等。现考虑在学生宿舍区构建智分 WLAN。

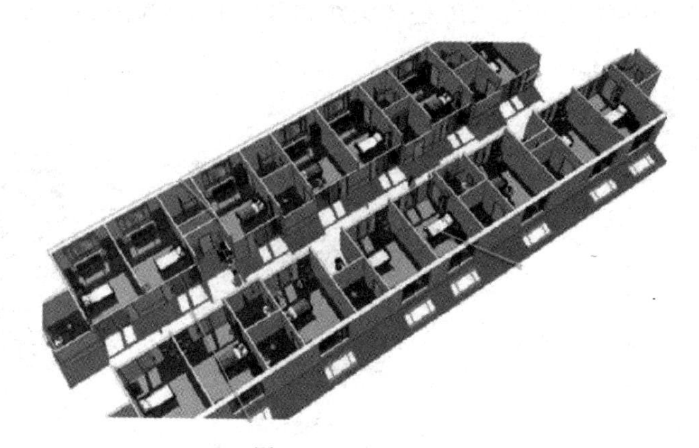

图 10-1　学生宿舍

10.2　项目分析

学生宿舍房间密集，单楼层需要密集部署 AP，信号干扰严重。用户数量多，室内分布式部署 AP 性能不佳。楼体为现浇楼板、钢筋混凝土墙壁，楼道无窗且安装了防盗门，如果采用楼道部署 AP，无线信号穿墙衰减很大。网络应用复杂，稳定性和带宽要求高。综合这些因素，考虑在学生宿舍区构建智分 WLAN 方案。

智分无线局域网指的是部署安装适量的有智分功能的 AP，通过安装在多个房间的智分天线实现无线信号分区域覆盖的无线局域网。智分无线局域网需要在各个房间分别安装一个天线，无须在各个房间部署 AP，如图 10-2 所示。

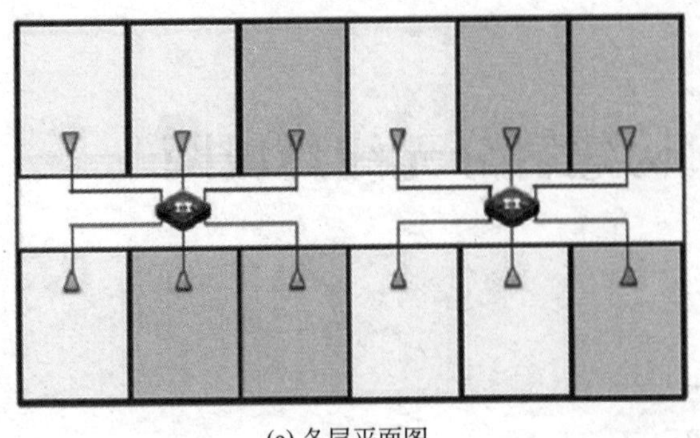

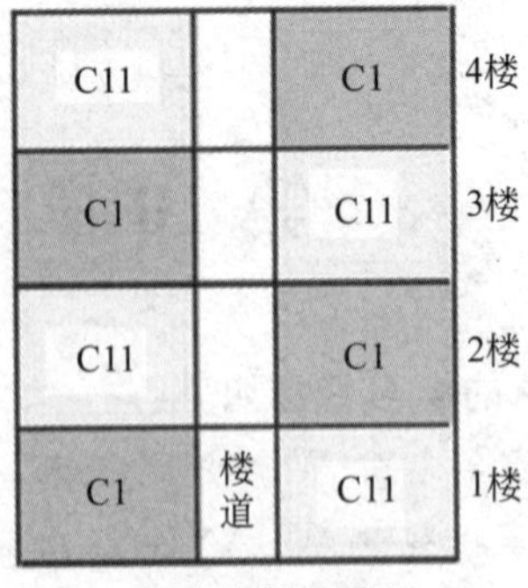

(a) 各层平面图　　(b) 宿舍楼剖面图

图 10-2　智分无线局域网部署

智分 WLAN 的优点：单个 AP 的无线信号可以覆盖多个房间，一个天线覆盖一个房间范围，无须在每个房间部署 AP。

智分 WLAN 的缺点：需要增加馈线部署和额外的配置。

10.3　项目设备

智分 WLAN 设备主要有智分 AP、美化天线和低损馈线，如图 10-3 所示。

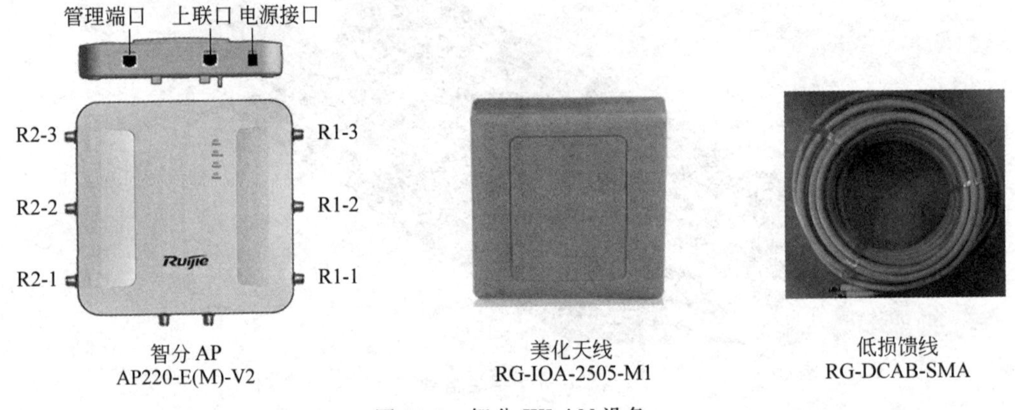

图 10-3　智分 WLAN 设备

(1) 智分 AP。锐捷推出智分一代(智分 1.0)AP220-E(硬件版本 1.x)和 AP220-E(M)、智分二代(智分 2.0)AP220-E(M)-V2、智分三代(智分 3.0)AP5280 和智分+AM5528、AM5514。

(2) 天线。双频双流大增益美化天线 RG-IOA-2505-M1。该天线工作在 2.4GHz 和 5.8GHz 频段，全向增益 5dBi，外形为开关面板状，采用壁挂安装。

(3) 馈线。低损馈线能保证信号正常传输到各个房间。馈线长度通常为 5m、10m 和 15m。

AP220-E(M)-V2 产品是锐捷推出的面向复杂应用环境(如无线宿舍网、无线病区、酒店等)下的专用型双路双频无线接入点。内置智能功率分配模块，配合 i-Share(智能分配)技术，可实现 AP 智能“一分多”的多种部署模式，包括 8 个房间双频单流覆盖、8 个房间 2.4GHz 的覆盖或 4 个房间的双频双流覆盖。

AP220-E(M)-V2 采用双路双频设计，可支持同时工作在 IEEE 802.11a/n 和 IEEE 802.11b/g/n 模式。它提供一个 RJ-45 管理端口、1 个 10/100/1000Base-T 以太网上联端口（支持 PoE 供电）、1 个 48V 外置供电接口和 8 个 RP-SMA 外置天线接口。该产品外观为壁挂式，可安全、方便地安装于墙壁、天花板等各种位置。

10.4　设备安装

智分 WLAN 设备安装工作主要是安装 AP 和天线。

1. 天线接口及馈线打标签

为 AP220-E(M)天线接口及馈线打标签，确定每个天线接口及每根馈线布设的位置，方便后续馈线出现问题或者射频卡出现故障时进行排查和定位，如图 10-4 所示。

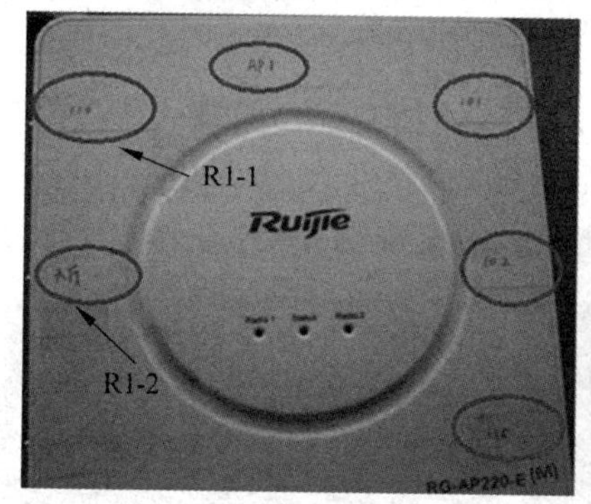

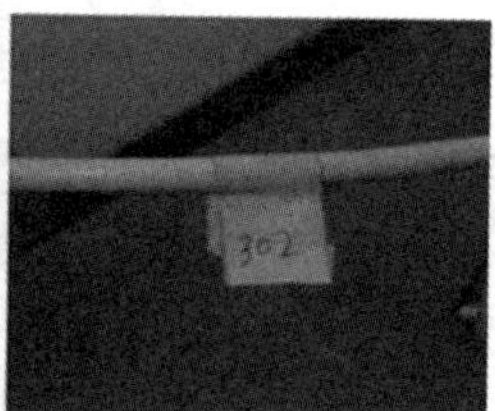

图 10-4　天线接口及馈线打标签

2. AP 和馈线安装

AP 安装在宿舍楼道走线架上方。馈线应该从室内向外安装，多余的馈线应在室外盘卷起来，盘卷半径不小于 15cm，禁止往复式地折叠馈线。根据馈线上的标签接入对应的 AP 天线接口。

楼道墙壁右边连接 AP 的 3 根馈线分别通过走线架上方的墙孔进入不同的房间内。连接 AP 的另外 3 根馈线从右边经过一根 PVC 管到达左边走线架上方，再分别进入不同的房间内。最后在室内墙壁上安装美化天线，实现无线信号覆盖，如图 10-5 所示。

图 10-5　AP 与馈线安装

3. 天线安装

天线采用壁挂安装，面向房间，让所有的无线终端与天线之间视线可见，无遮挡，如

图10-6所示。不建议将天线安装在入户走廊。天线与馈线之间的铜螺钉要旋紧,馈线牵入导线盒前要用线钉固定。

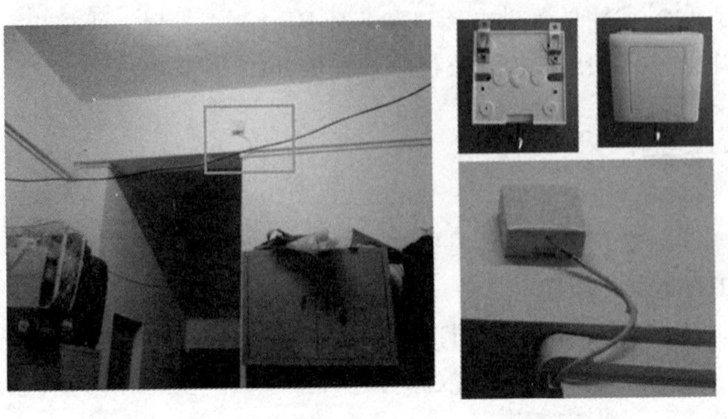

图10-6 天线安装

核对天线的SMA接口和射频线缆的SMA接口型号,天线的SMA接口型号为内螺纹内孔形式,射频线缆的SMA接头必须为外螺纹内针形式,将对应接口对接上,旋紧,即完成天线与射频线缆的连接,最后将天线的接头隐藏盒盖子扣上,如图10-7所示。

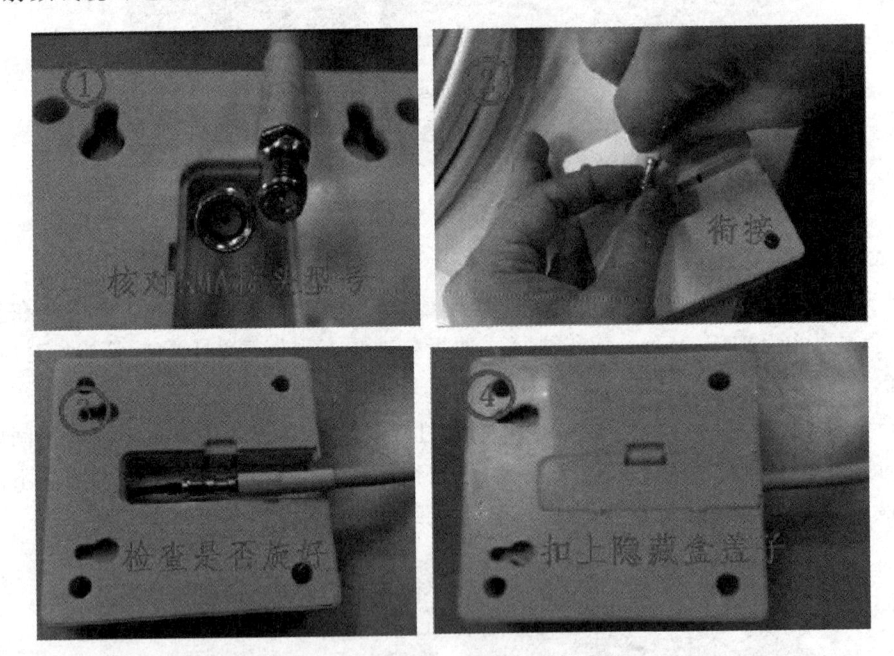

图10-7 天线接口与射频线缆连接

10.5 配置案例

1. 组网要求

(1) 需要一个AP广播的无线信号通过馈线覆盖多个房间。

(2) 使用具有智分功能的AP220-E(M)-V2。

2. 项目拓扑

学生宿舍楼智分 WLAN 拓扑及信道如图 10-8 所示。AP220-E(M)-V2 采用双流设计,每个流负责覆盖 4 个房间。

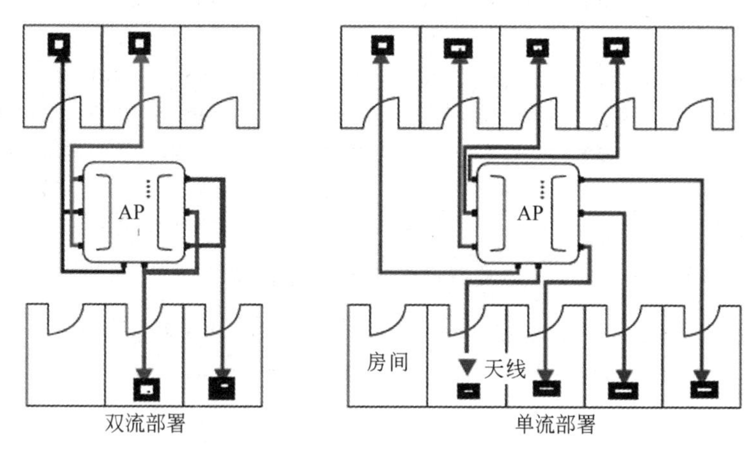

图 10-8 智分 WLAN 拓扑及信道

3. 配置准备

(1) 确认 AC 无线交换机和 AP 是同一个软件版本,使用 Ruijie>show version 命令查看。

(2) 确认 AP 是工作在瘦模式下,使用 Ruijie>show ap-mode 验证,显示 fit 时是瘦模式。如果显示 fat(胖模式),那么需要执行以下命令进行更改:

```
Ruijie> enable                              /*进入特权模式*/
Ruijie# configure terminal                  /*进入全局配置模式*/
Ruijie(config)# ap-mode fit                 /*修改成瘦模式*/
Ruijie(config)# end                         /*退回到特权模式*/
Ruijie# write                               /*确认配置正确,保存配置*/
```

4. 配置步骤

1) 双频双流模式

双频双流模式适用于高性能要求部署场景。这种部署方式支持双流的速率,可提供双倍的吞吐率,同时支持 2.4GHz 和 5GHz 双频接入,但只能覆盖 4 个房间,所有天线接口同时属于 radio 1 和 radio 2,要求必须是 R1-2、R1-3、R2-2、R2-3 中的一根和 R1-0、R1-1、R2-0、R2-1 中的一根组合起来。天线接口如图 10-9 所示。

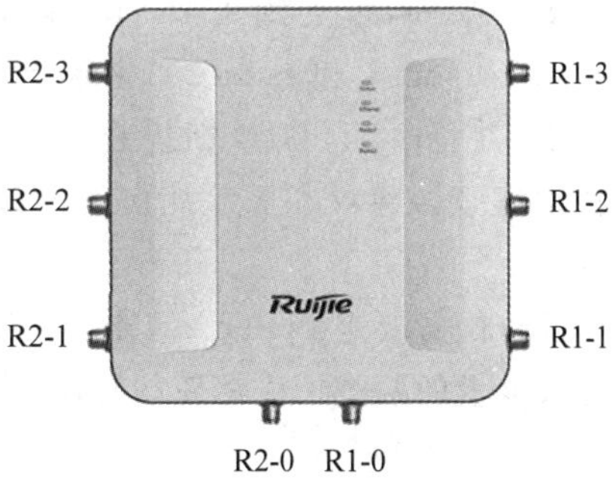

图 10-9 AP220-E(M)-V2 天线接口

智分配置要点: radio 2 工作于 5GHz 模式,radio 1 和 radio 2 的天线使能掩码都配置为 3(射频卡上的两个天线都使能),IEEE 802.11n 的速率支持 mcs-support 配置为 15。

(1) 瘦 AP 模式。

10.4(1b19)p2,Release(173487)以前的版本的配置命令如下:

```
Ruijie(config)# ap-config xxx                      /* 进入智分 AP 配置 */
Ruijie(config-ap)# 802.11n mcs support 15 radio 1  /* radio 1 的 IEEE 802.11n 速率
                                                      支持为 15 */
Ruijie(config-ap)# 802.11n mcs support 15 radio 2  /* radio 2 的 IEEE 802.11n 速率
                                                      支持为 15 */
Ruijie(config-ap)# radio-type 2 802.11a           /* radio 工作于 5GHz 模式 */
Ruijie(config-ap)# antenna receive 3 radio 1      /* radio 1 接收天线使能掩码为 3 */
Ruijie(config-ap)# antenna transmit 3 radio 1     /* radio 1 发射天线使能掩码为 3 */
Ruijie(config-ap)# antenna receive 3 radio 2      /* radio 2 接收天线使能掩码为 3 */
Ruijie(config-ap)# antenna transmit 3 radio 2     /* radio 2 发射天线使能掩码为 3 */
```

0.4(1b19)p2,Release(173487)及以后的版本的配置命令如下：

```
Ruijie(config)# ap-config xxx                     /* 进入智分 AP 配置 */
Ruijie(config-ap)#  ishare mode double frequency double stream    /* 智分双频双流模式 */
```

(2) 胖 AP 模式：

```
Ruijie(config)# interface Dot11radio 1/0          /* 2.4GHz 无线接口 1/0 */
Ruijie(dot11-wlan-config)# antenna transmit 3 /* 2.4GHz 发射天线使能掩码为 3 */
Ruijie(dot11-wlan-config)# antenna receive 3   /* 2.4GHz 接收天线使能掩码为 3 */
Ruijie(dot11-wlan-config)# rate-set 11n mcs-support 15    /* 2.4GHz 速率支持为 15 */
Ruijie(dot11-wlan-config)# interface Dot11radio 2/*0  /* 5GHz 无线接口 2/0 */
Ruijie(dot11-wlan-config)# radio-type 802.11a  /* radio 工作于 5GHz 模式 */
Ruijie(dot11-wlan-config)# antenna transmit 3   /* 5GHz 发射天线使能掩码为 3 */
Ruijie(dot11-wlan-config)# antenna receive 3    /* 5GHz 接收天线使能掩码为 3 */
Ruijie(dot11-wlan-config)# rate-set 11n mcs-support 15
                                                  /* IEEE 802.11n 速率支持为 15 */
```

2) 双频单流模式

双频单流模式适用于对漫游要求较高但又不需要较高速率的场景。这种部署方式可覆盖8个房间,可支持2.4GHz和5GHz双频接入,但只支持单流的速率,所有天线接口同时属于radio 1和radio 2。由于每个radio覆盖8个房间,单射频卡的负担较其他部署方式重,并且由于5GHz馈线衰减较大,在15m长馈线的情况下基本不可用,在部署时需要特别注意。建议在医院病房等PDA应用较频繁的地方部署双频单流模式智分无线局域网。

智分配置要点：radio 2工作于5GHz模式,radio 1和radio 2的天线使能掩码都配置为3(射频卡上的两个天线都使能),IEEE 802.11n的速率支持(mcs-support)配置为7。

(1) 瘦AP模式。

10.4(1b19)p2,Release(173487)以前的版本的配置命令如下：

```
Ruijie(config)# ap-config xxx                     /* 进入智分 AP 配置 */
Ruijie(config-ap)# 802.11n mcs support 7 radio 1 /* radio 1 的 IEEE 802.11n 速率支
                                                    持为 7 */
Ruijie(config-ap)# 802.11n mcs support 7 radio 2 /* radio 2 的 IEEE 802.11n 速率支
                                                    持为 7 */
```

```
Ruijie(config-ap)# radio-type 2 802.11a          /* radio 工作于 5GHz 模式 */
Ruijie(config-ap)# antenna receive 3 radio 1     /* radio 1 接收天线使能掩码为 3 */
Ruijie(config-ap)# antenna transmit 3 radio 1    /* radio 1 发射天线使能掩码为 3 */
Ruijie(config-ap)# antenna receive 3 radio 2     /* radio 2 接收天线使能掩码为 3 */
Ruijie(config-ap)# antenna transmit 3 radio 2    /* radio 2 发射天线使能掩码为 3 */
```

10.4(1b19)p2,Release(173487)及以后的版本的配置命令如下：

```
Ruijie(config)# ap-config xxx                    /* 进入智分 AP 配置 */
Ruijie(config-ap)#  ishare mode double frequency single stream    /* 智分双频双流模式 */
```

(2) 胖 AP 模式：

```
Ruijie(config)# interface dot11radio 1/0          /* 2.4GHz 无线接口 1/0 */
Ruijie(dot11-wlan-config)# antenna transmit 3  /* 2.4GHz 发射天线使能掩码为 3 */
Ruijie(dot11-wlan-config)# antenna receive 3   /* 2.4GHz 接收天线使能掩码为 3 */
Ruijie(dot11-wlan-config)# rate-set 11n mcs-support 7  /* 2.4GHz 速率支持为 7 */
Ruijie(dot11-wlan-config)# interface dot11radio 2/0     /* 5GHz 无线接口 2/0 */
Ruijie(dot11-wlan-config)# radio-type 802.11a   /* radio 工作于 5GHz 模式 */
Ruijie(dot11-wlan-config)# antenna transmit 3    /* 5GHz 发射天线使能掩码为 3 */
Ruijie(dot11-wlan-config)# antenna receive 3     /* 5GHz 接收天线使能掩码为 3 */
Ruijie(dot11-wlan-config)# rate-set 11n mcs-support 7   /* 5GHz 速率支持为 7 */
```

3) 单频单流模式

单频单流模式适用于想要覆盖较多房间又要尽可能利用设备性能的场景。这种部署方式下两个 radio 都工作于 2.4GHz 模式，R1-2、R1-3、R2-2、R2-3 属于 radio 1，R1-0、R1-1、R2-0、R2-1 属于 radio 2，只支持单流的速率，针对第一代智分单频单流一分八主要体现在多覆盖两个房间，协商的最大速率为 72.5Mb/s。这种模式多数应用在学校宿舍楼等场景。

智分配置要点：radio 2 工作于 2.4GHz 模式，radio 1 和 radio 2 的天线使能掩码都配置为 1(射频卡上的两个天线都使能)，IEEE 802.11n 的速率支持 mcs-support 配置为 7。

(1) 瘦 AP 模式：

10.4(1b19)p2,Release(173487)以前的版本的配置命令如下：

```
Ruijie(config)# ap-config xxx                    /* 进入智分 AP 配置 */
Ruijie(config-ap)# 802.11n mcs support 7 radio 1 /* radio 1 的 IEEE 802.11n 速率支
                                                    持为 7 */
Ruijie(config-ap)# 802.11n mcs support 7 radio 2 /* radio 2 的 IEEE 802.11n 速率支
                                                    持为 7 */
Ruijie(config-ap)# radio-type 2 802.11b         /* radio 工作于 2.4GHz 模式 */
Ruijie(config-ap)# antenna receive 1 radio 1    /* radio 1 接收天线使能掩码为 1 */
Ruijie(config-ap)# antenna transmit 1 radio 1   /* radio 1 发射天线使能掩码为 1 */
Ruijie(config-ap)# antenna receive 1 radio 2    /* radio 2 接收天线使能掩码为 1 */
Ruijie(config-ap)# antenna transmit 1 radio 2   /* radio 2 发射天线使能掩码为 1 */
```

10.4(1b19)p2,Release(173487)及后的版本的配置命令如下：

```
Ruijie(config)# ap-config xxx                    /* 进入智分 AP 配置 */
Ruijie(config-ap)#  ishare mode single frequency single stream
```

(2) 胖AP模式:

```
Ruijie(config)# interface dot11radio 1/0        /* 2.4GHz 无线接口 1/0 */
Ruijie(dot11-wlan-config)# antenna transmit 1/* 2.4GHz 发射天线使能掩码为 1 */
Ruijie(dot11-wlan-config)# antenna receive 1 /* 2.4GHz 接收天线使能掩码为 1 */
Ruijie(dot11-wlan-config)# rate-set 11n mcs-support 7  /* 2.4GHz 速率支持为 7 */
Ruijie(dot11-wlan-config)# interface dot11radio 2/0    /* 5GHz 无线接口 2/0 */
Ruijie(dot11-wlan-config)# radio-type 802.11b  /* radio 工作于 5GHz 模式 */
Ruijie(dot11-wlan-config)# antenna transmit 1   /* 5GHz 发射天线使能掩码为 1 */
Ruijie(dot11-wlan-config)# antenna receive 1    /* 5GHz 接收天线使能掩码为 1 */
Ruijie(dot11-wlan-config)# rate-set 11n mcs-support 7  /* 5GHz 速率支持为 7 */
```

5. 验证命令

在AP上使用以下命令查看关联智分WLAN的所有客户:

```
show dot11 associations all-client
```

10.6 本章小结

本章主要介绍了智分WLAN。

(1) 智分无线局域网指的是部署安装适量的有智分功能的AP,通过安装在多个房间的智分天线实现无线信号分区域覆盖的无线局域网。

(2) 在智分WLAN中,单个AP的无线信号可以覆盖多个房间,一个天线覆盖一个房间范围,无须在每个房间部署AP。

(3) 智分WLAN设备主要有智分AP、美化天线和低损馈线。

(4) AP220-E(M)-V2智分配置通常有3种模式:双频双流模式、双频单流模式和单频单流模式。

双频双流模式适用于高性能要求部署场景,这种部署方式支持双流的速率,可提供双倍的吞吐率,同时支持2.4GHz和5GHz双频接入。双频单流模式适用于对漫游要求较高但又不需要较高速率的场景。单频单流模式适用于想要覆盖较多房间又要尽可能利用到设备性能的场景。

10.7 强化练习

1. 判断题

(1) 各种AP都可以用于智分WLAN。 (　　)

(2) 智分WLAN使用有智分功能的AP。 (　　)

(3) 智分AP通常都有多个外接天线接口。 (　　)

(4) 智分天线应安装在室内墙壁的较低处。 (　　)

(5) 智分AP与美化天线通过专用馈线连接。 (　　)

2. 单选题

(1) 下列关于智分AP与美化天线连接的说法中正确的是(　　)。

A. 使用双绞线连接　　B. 使用专用馈线连接
C. 使用室内光缆连接　　D. 使用无线连接

(2) 智分 WLAN 的美化天线外观是(　　)。
A. 柱状　　B. 圆面状
C. 抛物面状　　D. 开关面板状

(3) 智分 WLAN 的 AP 通常安装在(　　)。
A. 过道墙壁上方　　B. 过道墙壁下方
C. 房间内墙壁上方　　D. 房间内天花板上

(4) 智分 WLAN 的美化天线通常安装在(　　)。
A. 过道墙壁上方　　B. 过道墙壁下方
C. 房间内墙壁上方　　D. 房间内墙壁下方

(5) 下列关于智分 WLAN 的说法中正确的是(　　)。
A. 任何 AP 都能用于智分 WLAN
B. 需要部署更多的 AP
C. 需要部署更多的天线
D. 需要使用更多的双绞线

(6) 对漫游要求较高但又不需要较高速率的智分 WLAN 模式是(　　)。
A. 双频双流模式　　B. 双频单流模式
C. 单频双流模式　　D. 单频单流模式

(7) 下列不是智分 WLAN 工作模式的是(　　)。
A. 双频双流模式　　B. 双频单流模式
C. 单频双流模式　　D. 单频单流模式

3. 多选题

(1) 下列关于 AP 支持双频双路双流模式,理解正确的是(　　)。
A. 双频指 AP 同时支持 2.4GHz/5.8GHz 频段
B. 双路指 AP 具有两个无线网卡可同时提供无线服务
C. 双流是指 AP 最多可以支持两根天线同时给终端设备发送数据
D. 以上说法都不对

(2) 下列关于智分 WLAN 的叙述中正确的是(　　)。
A. 智分 WLAN 使用智分 AP
B. 每个智分 AP 连接安装在多个房间的智分天线
C. 智分 AP 与智分天线的连接使用双绞线
D. 智分 AP 直接以无线方式连接无线终端

(3) 下列关于单频单流模式的说法中正确的是(　　)。
A. 这种部署方式下两个 radio 都工作于 2.4GHz 模式
B. R1-2、R1-3、R2-2、R2-3 属于 radio 1
C. R1-0、R1-1、R2-0、R2-1 属于 radio 2
D. 单频单流模式只支持单流的速率

附录A 无线网状网

在传统的无线局域网中，每个客户端均通过一条与AP相连的无线链路来访问网络，形成一个局部的基本服务集(Basic Service Set，BSS)。用户如果要相互通信，必须首先访问一个固定的接入点，这种网络结构被称为单跳网络。

无线网状网(Wireless Mesh Network，WMN)是一种与传统WLAN完全不同的新型WLAN技术。

1. 无线网状网的概念

在网状网出现之前的网络，无论是纯有线网还是非网状网的传统无线网，无论终端用户用有线还是无线的方式联网，构成网络本身的网络设备(交换机、路由器、无线接入点等)都是通过有线的方式连接的，这意味着网络设备之间必然有布线的问题。而在无线网状网的实现中，网络设备之间打破了有线连接的限制，即网络设备之间也通过无线方式连接了起来，这就极大地扩大了无线网的“势力范围”，能真正使无线网无处不在。同时，有关布线的种种麻烦和惊人费用也大为减少，进一步促进了无线网络的发展。例如，一个城市可以统一布设无线网状网，其商业区、居民住宅区等都能享受到无线上网的好处。相对于布设有线网的经济实惠及无线技术本身的种种优势，使无线网状网具有非凡的吸引力。

无线网状网是一种基于多跳路由、对等网络技术的新型网络结构，具有移动宽带的特性。无线网状网中的节点都可以发送和接收无线信号，每个节点只和邻近节点通信。客户端数据包能多跳(multi-hop)地从一个节点传递到另一个节点，直至到达其目的地。另外，它还支持多有线网关，通过入口(portal)节点接入到有线网络系统，能很好地避免单故障点对网络畅通性的影响。

传统WLAN的AP端是需要使用双绞电缆或光缆传输到位的，因此在很多应用场景下也会遇到与有线网络建设一样的困难。在无线网状网中，每个节点都可以与一个或者多个对等节点进行无线通信，因而能为网络用户提供更大的无线覆盖范围、更高的吞吐率和更好的故障恢复性能，同时布线又很少，更便于建网。

2. 无线网状网的接入点设备

1）MAP的3种类型

从功能上可以把网状接入点(Mesh Access Point，MAP)分成如下3种类型：

(1) 桥接型MAP。采用无线回传作为上联链路，具备普通WLAN AP的功能，支持用户数据的桥接方式转发，支持基于网元管理系统的远程管理功能。

(2) 路由型MAP。采用WLAN路由协议转发用户数据，支持与之相关的WLAN路由协议和数据转发功能，有线侧支持现有IP路由协议，支持基于网元管理系统的远程管理功能。

(3) 集中控制型MAP。这种MAP受AC控制，MAP只提供二层接入和回传功能，其他功能均由AC统一提供。MAP与AC之间采用隧道技术传送全部的业务数据和管理控制数据，支持基于网元管理系统的远程管理功能。

2）无线网状网工程中使用的 MAP 设备

表 A-1 是无线网状网工程中使用的 3 种 MAP 设备的主要特性。

表 A-1　3 种 MAP 设备的主要特性

MAP 设备	主 要 特 性
Cisco Aironet 1500 系列	为扩展到大型室外部署进行了专门的设计。能够以网状接入点所必需的零配置方式进行部署。可经济、有效地部署安全的室外无线局域网，具有出色的扩展能力；仅提供轻型接入点。能够安装在任何有电源的地方，能够方便地安装在路灯柱上，而不需要有线连接
MST 200 无线网状网接入路由器	为 IP 视频监控摄像头等设备提供高性能的室外无线网状连接。提供 IEEE 802.11n 连接的理想选择。支持最高 300Mb/s 的数据速率，是可靠而经济有效的替代布线或光纤的理想方案。 利用集成的定向天线，MST 200 可以提供长距离回程链路，它可以连接最远距离不超过 5km 的 AirMesh 网络或其他 MST 200
AP 7161 网状接入点	AP 7161 是一个高性能耐用型 IEEE 802.11n 网状接入点，提供支持 3×3 MIMO（多输入/多输出）技术的 2.4GHz 和 5GHz 射频，数据速率最高可达 300Mb/s。AP 7161 非常适合将工业和企业园区、视频监控、公共安全和智能电网设施部署的网络扩展至户外

3. 无线网状网的结构与应用

无线网状网有两种类型：基于二层网络的无线网状网和基于三层网络的无线网状网。

在 OSI 参考模型里，第二层是数据链路层，第三层是网络层。从 TCP/IP 的角度来看，基于二层网络的无线网状网是把整个无线网状网当作一个 IP 子网，这个 IP 子网是一个完整的广播域。基于三层网络的无线网状网则允许把整个无线网状网划分为多个 IP 子网，子网之间的通信是通过 IP 路由来实现的。

基于二层网络的无线网状网实现起来简单一些，但有很多缺点。例如，一个 IP 子网是一个完整的广播域。在网络中，广播相当耗费资源，所以一般都尽量地限制一个广播域的范围，否则网络的性能将大受影响。不妨想想这个问题：为什么要把整个 Internet 划分成这么多 IP 子网来实现呢？就是因为只有这样才能限制广播域的范围，便于管理，Internet 才能具有可扩展性。基于同样道理，无线网状网作为网络的一种，也需要限制广播域的范围。在网络非常小的时候，用基于二层网络的方法建网可能没有大问题，但如果无线网状网要覆盖较大的区域，就只有基于三层网络的无线网状网才能胜任了。

1）二层无线网状网结构

（1）集中控制型无线网状网。

集中控制型无线网状网是一种二层接入的混合组网模式，即 AC、瘦 AP 以及 MAP 组网。在有线资源区域部署瘦 AP，通过有线方式与 AC 相连；在有线资源缺乏的区域部署 MAP，通过 WLAN 回传，经网状网关设备通过有线方式与 AC 相连。

图 A-1 是集中控制型无线网状网拓扑，包括室内 WLAN 和室外 WLAN 覆盖。对于室内，在小范围区域采用瘦 AP 组网，在大范围区域（如会展中心）采用 MAP 组网；对于室外，以网状技术组网为主。MAP 网络管理均通过 AC 来完成，进行统一部署、配置和管理。

（2）桥接型无线网状网。

桥接型无线网状网的拓扑与集中控型无线网状网类似，只是没有集中控制器（即 AC）。

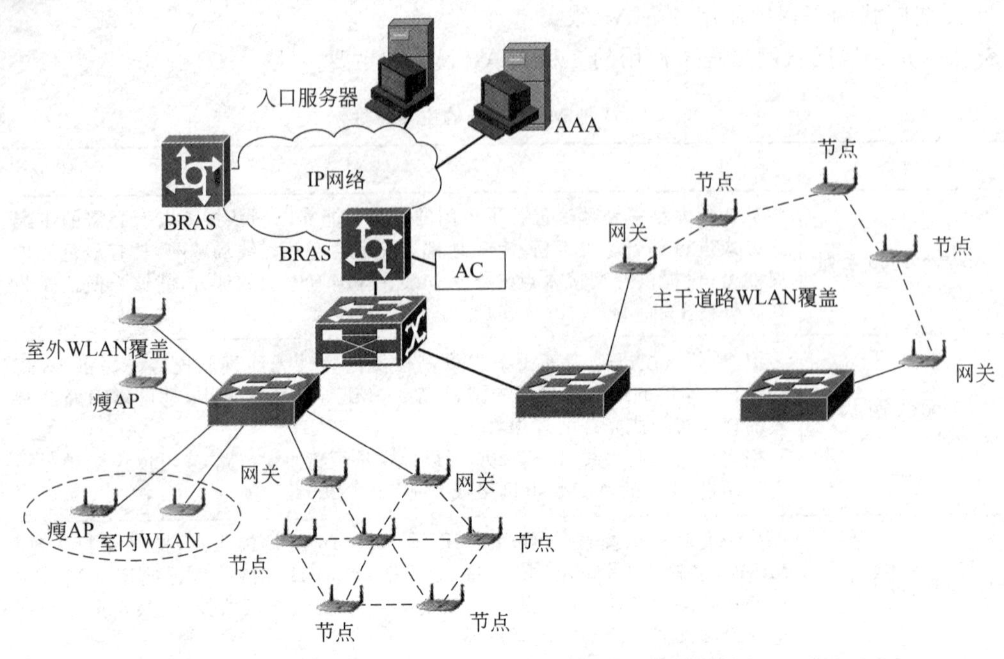

图 A-1　集中控制型无线网状网拓扑

桥接型无线网状网是二层网络方案,是分层组网中最边缘的接入网络。

无线网状网桥接到有线网络之后,可借助有线网络的丰富、成熟的组网技术与城域网进行组网互联。桥接型无线网状网通过桥接型 MAP 对无线网状网进行统一管理,包括配置管理、告警管理、性能管理、拓扑管理和安全管理等功能。

2) 三层无线网状网结构

三层无线网状网拓扑如图 A-2 所示,其中多个节点的流量汇集到光纤网络,能有效地提高光纤资源的利用率。

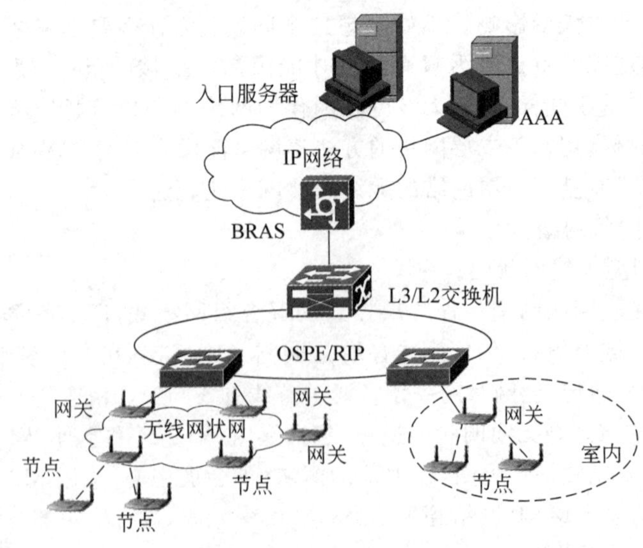

图 A-2　三层无线网状网

网状组网方式组建的是网状结构的网络。大部分节点上都存在一条以上的 WLAN 回传链路,提供路径备份。多网关设备同时工作,互为备份,从而实现负载分担。

三层无线网状网内部路由的变化可以传递到有线动态路由(如 OSPF 动态路由)中,可以用来及时调整有线网络的路由信息。

三层无线网状网主要应用在室外大范围区域。三层无线网状网内有多个节点可以接入有线网络,实现负载均衡,每个节点有多条回传链路提供路径备份。对于小范围的室内区域,可以使用接入有线网络的 AP 进行覆盖。三层有线网状网也可应用于会展中心等室内大范围区域。采用三层无线网状网方式,所有 AP 都可以进行统一操作和管理。

附录B　重置 AP、AC 管理密码

配置无线 AP、AC 设备时，首先要知道它们的默认管理地址和密码。如果修改了管理密码，但将其忘记了，就不能进入系统对无线 AP、AC 设备进行配置和管理。解决问题的办法是重置这些密码。

1. 锐捷设备的管理地址、用户名和密码

AC：10. x 版本没有默认管理地址、用户名和密码；11. x 版本默认管理地址是 192. 168. 110. 1，Web、Console、Telnet 管理默认用户名和密码都是 admin。

胖 AP：默认管理地址 192. 168. 110. 1，Telnet 管理密码是 admin，没有默认 enable 密码。

📖 默认 vty 0 4(Telnet 线路)登录后直接进入 Ruijie# 模式，不需要 enable 密码。

瘦 AP：Console 管理密码是 ruijie，默认 enable 密码为 apdebug。

2. 启用 Windows 的 Telnet 客户端功能

在 Windows 7 系统运行 telnet 命令时报错，提示“'telnet'不是内部或外部命令，也不是可运行的程序”，如图 B-1 所示。这是由于 Windows 7/8 默认 Telnet 客户端功能没有启用，需要先启用该功能。

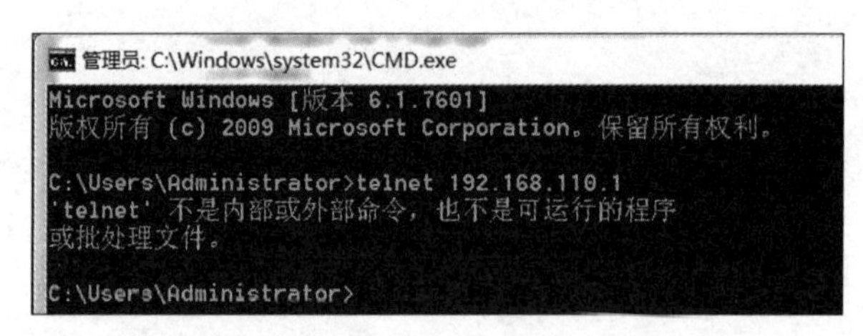

图 B-1　运行 telnet 命令时报错

以 Windows 7 为例，解决的步骤如下：

(1) 在控制面板中找到“程序和功能”图标，如图 B-2 所示。

图 B-2　控制面板

(2) 单击该图标后打开如图 B-3 所示的窗口，在窗口中单击“打开或关闭 Windows 功能”项。

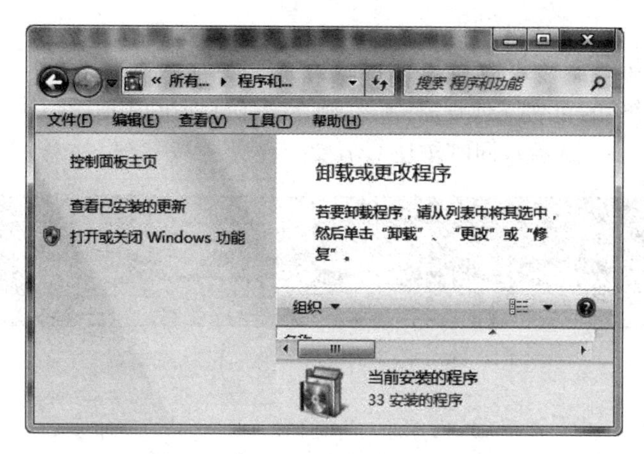

图 B-3　打开或关闭 Windows 功能

(3) 弹出如图 B-4 所示的“Windows 功能”对话框，勾选其中的“Telnet 客户端”复选框，最后单击“确定”按钮。

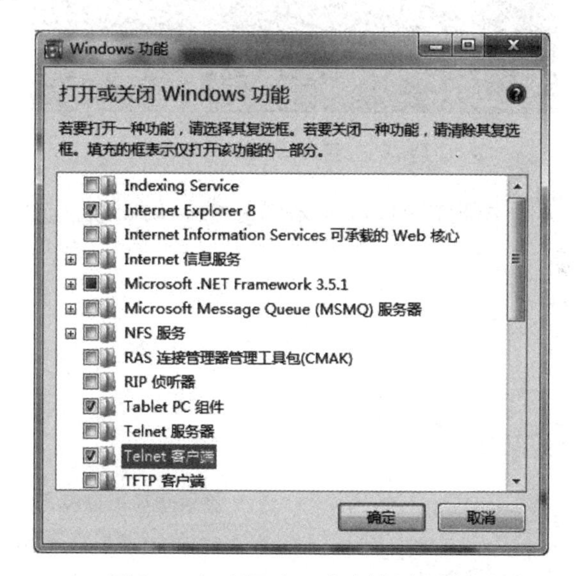

图 B-4　勾选“Telnet 客户端”复选框

这样就启用了 Telnet 客户端，在 Windows 7 系统中就可以运行 telnet 命令了。

3. 恢复 11.x 版 AC、AP 密码

1) 组网需求

如果管理员忘记登录密码，那么可通过配置线进入 CTRL 层进行密码重置。

2) 配置要点

(1) 密码重置前需要准备好配置线(Console 线)，密码恢复过程中需要重启设备，在 CTRL 层操作完成。

(2) 11.x 版无线 AC 的密码重置只在当次生效。进入命令行界面后，如果 10min 内没有任何按键输入,超时后仍然需要密码。如果进入命令行界面后没有修改密码,设备下一次重启后仍使用原来的密码。

3) 配置步骤

(1) 使用Console方式连接计算机和AC。

(2) 运行超级终端,重启无线设备,在超级终端屏幕中出现Press Ctrl+C to enter Boot Menu提示时(如图B-5所示),同时按住Ctrl键并不停地按C键(注意,不是按住C键)。

```
System bootstrap ...
Boot Version: RGOS 10.4(1b18), Release(147910)
Nor Flash ID: 0x01490000, SIZE: 2097152Bytes
Using 750.000 MHz high precision timer.
MTD_DRIVER-5-MTD_NAND_FOUND: 1 NAND chips(chip size : 536870912) detected
Press Ctrl+C to enter Boot Menu ..
```

图B-5　按Ctrl+C键进入BootLoader菜单

(3) 进入BootLoader菜单后,再按Ctrl+Q键,进入uboot命令行。在uboot命令行状态下,输入清除密码命令main_config_password_clear,如图B-6所示。

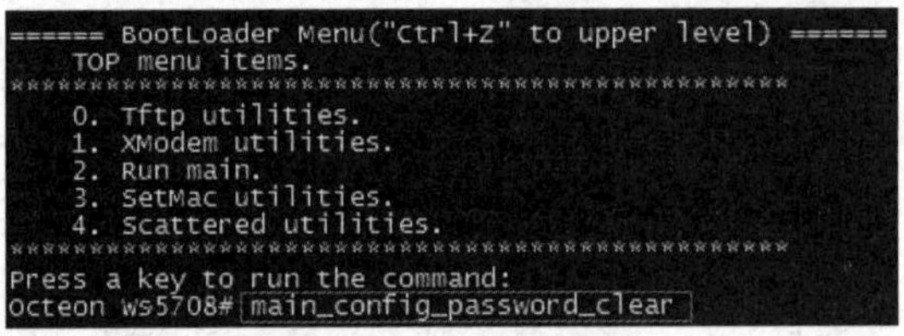

```
====== BootLoader Menu("Ctrl+Z" to upper level) ======
    TOP menu items.
**************************************************
    0. Tftp utilities.
    1. XModem utilities.
    2. Run main.
    3. SetMac utilities.
    4. Scattered utilities.
**************************************************
Press a key to run the command:
Octeon ws5708# main_config_password_clear
```

图B-6　输入清除密码命令

按回车键后,设备将自动重启,重启后不需要密码即可进入配置命令行界面。输入enable进入Ruijie模式

```
Ruijie>
Ruijie> enable
Ruijie#
```

(4) 及时修改密码并保存。

```
Ruijie# config terminal                    /*进入全局配置模式*/
Ruijie(config)# enable secret ruijie       /*enable密码重置为ruijie*/
Ruijie(config)# line vty 0 4
Ruijie(config-line)# password ruijie       /*Telnet登录的密码重置为ruijie*/
Ruijie(config-line)# login
Ruijie(config-line)# end
Ruijie# write                              /*保存设备配置*/
```

注意:这里如未及时重置密码,再次进入命令行界面的时候就需要原来的密码了。默认的超时时间是10min,要在超时前及时修改密码。

4. 重置11.X版AC的Eweb网管系统登录密码

AC的Eweb网管系统是AC的配置管理基础,如果管理员忘记其Eweb网管系统的登录密码,不能登录Web系统实施配置管理时,可通过命令行重置密码。

在重置密码时，要确认能够通过 Telnet 方式控制设备或者用配置线连接设备的 Console 口，并且要知道设备的 Telnet 管理密码或者 enable 密码。

配置步骤如下：

（1）将计算机连接到 AC 上。在 Windows 中，使用 telnet 192.168.110.1 命令登录到设备控制台。

（2）输入对应的 Telnet 管理密码和 enable 密码。

```
Ruijie>
Ruijie> enable
Ruijie#
Ruijie# config terminal                        /* 进入全局配置模式 */
Ruijie(config)# enable service web-server     /* 开启 Web 服务 */
Ruijie(config)# vlan 1                         /* 创建管理 VLAN,默认是 VLAN 1 */
Ruijie(config-vlan)# exit
Ruijie(config)# interface vlan 1               /* 默认 AC 的所有接口属于 VLAN 1 */
Ruijie(config-if-VLAN 1)# ip address 192.168.1.1 255.255.255.0 /* 配置 VLAN 1 网关 */
Ruijie(config-if-VLAN 1)# exit
Ruijie(config)# webmaster level 0 username test123 password 123456
/* 创建 Web 用户,用户名为 test123,密码为 123456 */
Ruijie(config)# ip route 0.0.0.0 0.0.0.0 192.168.1.254       /* 配置默认路由 */
Ruijie(config)# end
Ruijie# write                                                 /* 保存配置 */
```

附录C　思科 WLC 的配置举例

1. 配置任务和实验拓扑

1）配置任务

（1）构建一个 Open 或 WEP 的无线局域网。

（2）构建一个简单 Web 认证的无线局域网。

（3）构建一个支持本地 EAP 认证的无线局域网。

2）实验拓扑

实验拓扑如图 C-1 所示。

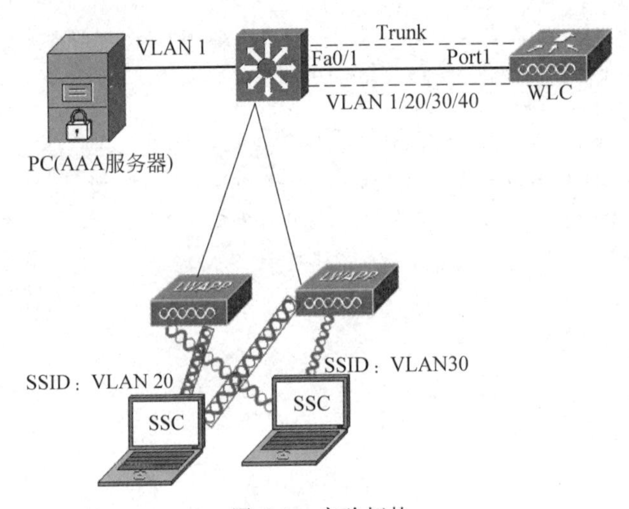

图 C-1　实验拓扑

说明：

（1）VLAN 1 用于连接控制器、AP 和 ACS。

（2）VLAN 20 用于 WPA/WPA2 认证，认证服务器使用 ACS。

（3）VLAN 30 用于 OPEN/WEP/GUEST 客户接入。

（4）VLAN 40 用于 WPA/PWA2 认证，认证服务器使用本地 EAP。

（5）所有 3 层网关均设置在 3 层交换机上，地址为 192.168.10.254。

3）实验设备

（1）WLC：Cisco AIR-WLC2106-K9(带电源适配器)。

（2）AP：1130 或 1240 系列(带电源适配器或 PoE 供电)。

（3）以太网交换机：最好是 3560 PoE 交换机(带电源线)。

（4）笔记本电脑或台式机(安装有线网卡和无线网卡)。

（5）一根 Console 接口配置线(一端是 RJ-45 接口，另一端是 RS-232 接口)，多根两端带 RJ-45 连接器的网线。

2. WLC 的配置

下面以 Cisco AIR-WLC2106-K9 为例介绍 WLC 的配置过程。

图 C-2 是 Cisco AIR-WLC2106-K9 的外观。它有一个 Console 接口、一个 RESET 按钮、8 个 FE 接口、2 个上联接口、6 个下联接口，其中 7 和 8 两个 FE 接口由以太网供电。另外，它还有 2 个 USB 接口和一个扩展槽留作将来扩展用。它使用专用的电源适配器供电。它支持 IEEE 802.11a/b/g/n。

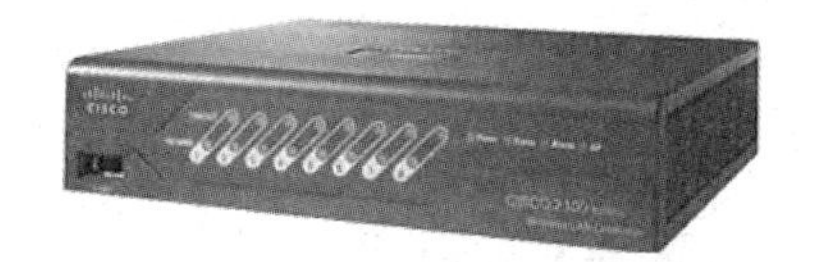
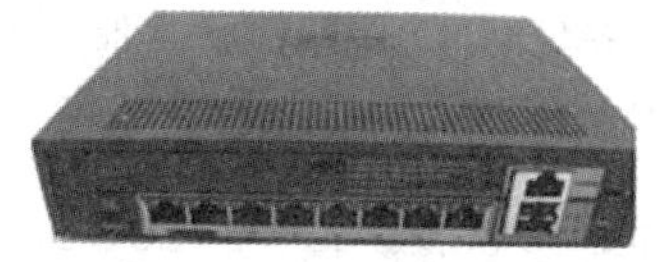

图 C-2　Cisco AIR-WLC2106-K9 外观

用配置线连接计算机的串口(COM 口)和 WLC 的 Console 接口。在 Windows 中运行通信软件“超级终端”，对 WLC 进行配置。

在 WLC 通电启动过程中，会出现按 Esc 键的提示。及时按下 Esc 键，就会出现如图 C-3 所示的启动选项，按 5 键可以清除原有的配置，重新进行配置。

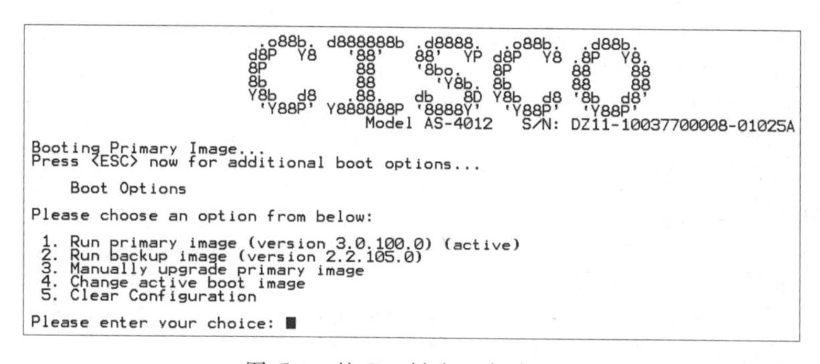

图 C-3　按 Esc 键出现启动选项

1) 系统基本配置

清除 WLC 原有的配置后，重新启动 WLC，开始进行新的配置，具体过程如下：

```
Would you like to terminate autoinstall? [yes][no]: yes
//是否终止自动安装
System Name [Cisco_51:2b:60] (31 characters max): 2106-demo
AUTO-INSTALL: process terminated -no configuration loaded
//自动安装：过程终止，没有载入的配置
Enter Administrative User Name (24 characters max): cisco
//输入管理员的用户名(最多 24 个字符)
Enter Administrative Password (24 characters max): cisco
//输入管理员密码(最多 24 个字符)
Re-enter Administrative Password: cisco
//重新输入管理员密码
Management Interface IP Address: 192.168.10.1
//输入管理接口的 IP 地址，即控制器的 IP 地址
Management Interface Netmask: 255.255.255.0
```

```
//输入管理接口的子网掩码
Management Interface Default Router: 192.168.10.254
//输入管理接口的默认路由
Management Interface VLAN Identifier (0=untagged): 0
//输入管理接口 VLAN 号(0=未标记的)
Management Interface Port Num [1 to 8]: 1
//输入管理接口端口号
Management Interface DHCP Server IP Address: 192.168.10.254
//输入管理接口 DHCP 服务器 IP 地址
AP Manager Interface IP Address: 192.168.10.2
//输入 AP 管理员接口 IP 地址
AP-Manager is on Management subnet, using same values
//输入 AP 管理员在管理子网,使用相同的值
AP Manager Interface DHCP Server: 192.168.10.254
//输入 AP 管理员接口 DHCP 服务器 IP 地址
Virtual Gateway IP Address: 1.1.1.1
//输入虚拟网关 IP 地址
Mobility/RF Group Name: demo
//输入移动性/ RF 组名称
Enable Symmetric Mobility Tunneling [yes][ no]: yes
//启用对称移动性隧道
Network Name (SSID): open
//输入网络名称(SSID)
Allow Static IP Addresses [yes][no]: yes
//是否允许静态 IP 地址
Configure a RADIUS Server now? [yes][no]: no
//是否现在配置 RADIUS 服务器
Warning! The default WLAN security policy requires a RADIUS server.
//警告! 默认的 WLAN 安全策略需要 RADIUS 服务器
Please see documentation for more details.
//更多细节请参阅文档
Enter Country Code list (enter 'help' for a list of countries) [US]: CN
//输入国家代码列表
Enable 802.11b Network [yes][no]: yes
//启用 IEEE 802.11b 网络
Enable 802.11a Network [yes][no]: yes
//启用 IEEE 802.11a 网络
Enable 802.11g Network [yes][no]: yes
//启用 IEEE 802.11g 网络
Enable Auto-RF [yes][no]: yes
//启用自动射频
Configure a NTP server now? [yes][no]: no
//是否现在配置 NTP 服务器
Configure the system time now? [yes][no]: yes
//是否现在配置系统时间
Enter the date in MM/DD/YY format: 09/28/08
//按月/日/年格式输入日期
Enter the time in HH:MM:SS format: 17:11:00
```

```
//按时:分:秒格式输入时间
Configuration correct? If yes, system will save it and reset. [yes][ no]: yes
//配置是否正确?如果是,系统会保存配置并重启
Configuration saved!
//已保存配置
Resetting system with new configuration...
//以新的配置重启系统
```

2) 配置 Web 访问

步骤如下：

(1) 使用直通网线连接交换机的 Trunk 接口到 WLC 的 1 接口。

(2) 配置 PC 的 IP 地址(192.168.10.100/24)和网关(192.168.10.254),也可以通过 DHCP 获得这两项。

(3) 测试 PC 能否 ping 通 WLC 的地址(192.168.10.1)。

(4) 使用 IE 浏览器进行 Web 访问。用 https://192.168.10.1 访问 WLC,如果要开启 HTTP 访问,需要在系统中启用该项功能。在如图 C-4 所示的对话框中输入正确的用户名和密码。

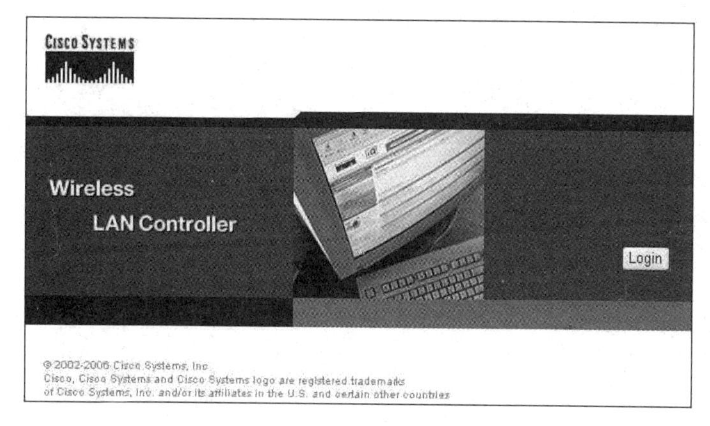

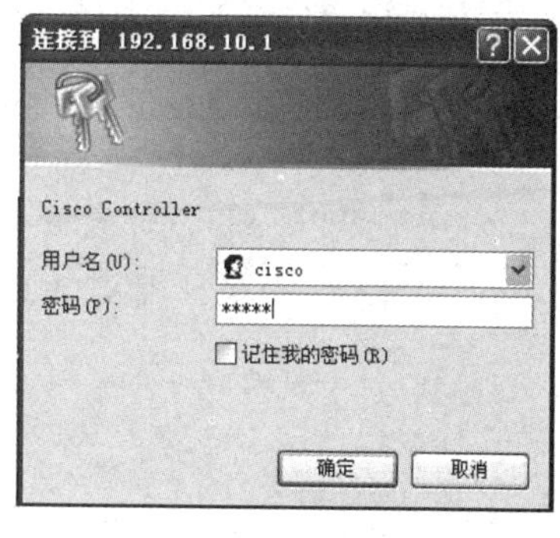

图 C-4　WLC 的启动画面和登录界面

接着出现 WLC 的 Web 配置、管理主界面,如图 C-5 所示。

3) 配置三层交换机

由于 AP 和 WLC 都连接着三层交换机,因此也可以为三层交换机设置 DHCP 服务器,给连接的 AP 动态分配地址。下面给出部分配置。

(1) 排除已留给 WLC 的地址,不再将这些地址分配给 AP。

```
ip dhcp excluded-address 192.168.10.1
ip dhcp excluded-address 192.168.10.254
ip dhcp excluded-address 192.168.10.2
```

(2) 配置 AP DHCP 地址池。

```
ip dhcp pool AP
network 192.168.10.0 255.255.255.0
default-router 192.168.10.254
```

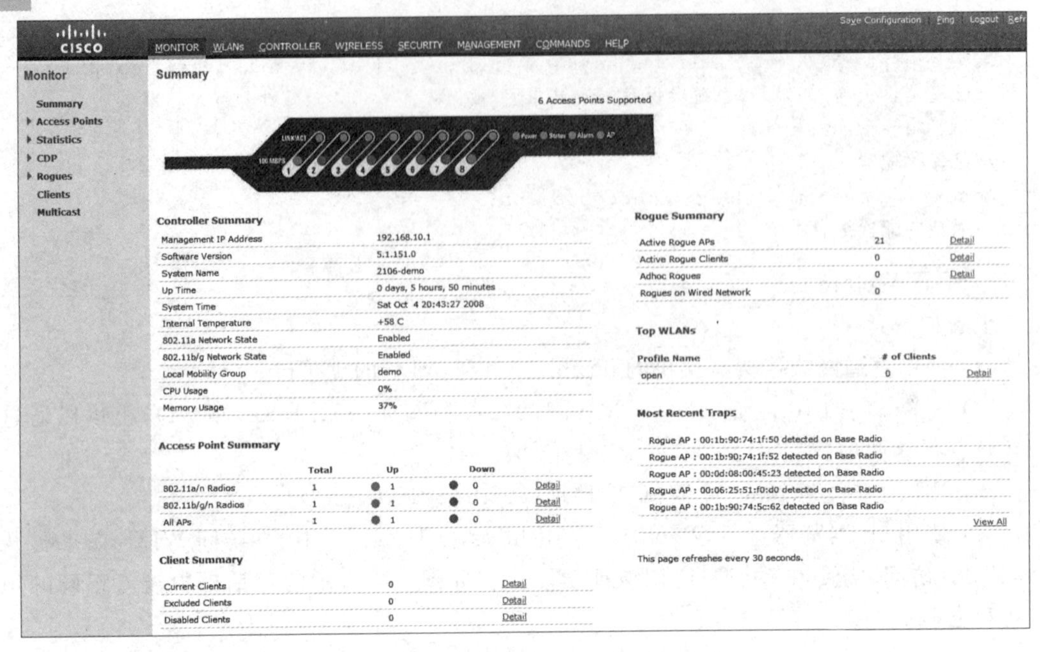

图 C-5 WLC 的 Web 配置、管理主界面

(3) 指定中继封装为 dot1q。

```
interface FastEthernet0/1
switchport trunk encapsulation dot1q
switchport mode trunk
```

(4) 设置 VLAN 虚接口。

```
interface vlan 1
ip address 192.168.10.254 255.255.255.0
interface vlan 20
ip address 192.168.20.254 255.255.255.0
interface vlan 30
ip address 192.168.30.254 255.255.255.0
interface vlan 40
ip address 192.168.40.254 255.255.255.0
```

(5) 在路由器或三层交换机上设置 DHCP。

当 AP 和 WLC 不在同一网段时,建立能够让 AP 获取 IP 地址的地址池,同时要配置 Option 43。通过 Option 43 可以让 AP 在获取和 WLC 不同网段 IP 地址的时候知道 WLC 的所在。如果 AP 和 WLC 在同一个网段和广播域,则可以不配置 Option 43。

```
WLC-router(config)# ip dhcp pool LWAPP-AP
WLC-router(dhcp-config)# network 192.168.10.0 255.255.255.0
WLC-router(dhcp-config)# default-router 192.168.0.254
WLC-router(dhcp-config)# option 43 ascii "192.168.10.1"
WLC-router(dhcp-config)# exit
WLC-router(config)# ip dhcp excluded-address 192.168.0.254
```

假设要连接的 AP 是 1240，控制器地址为 192.168.10.5 和 192.168.10.20，则配置命令如下：

```
ip dhcp pool AP
network 192.168.10.0/24
default-router 192.168.10.254
dns-server 192.168.10.100
option 60 ascii "Cisco AP c1240"      //如果连接 1130，则 VCI 字符串为 Cisco AP c1130
option 43 hex f108c0a80a05c0a80a14
```

这里，f1 为类型，08 为长度，c0a80a05 为 192.168.10.5，c0a80a14 为 192.168.10.20。

4）确认 AP 连接到 WLC

图 C-6 是通过 Web 管理界面显示的 AP 连接到 WLC 的情况。

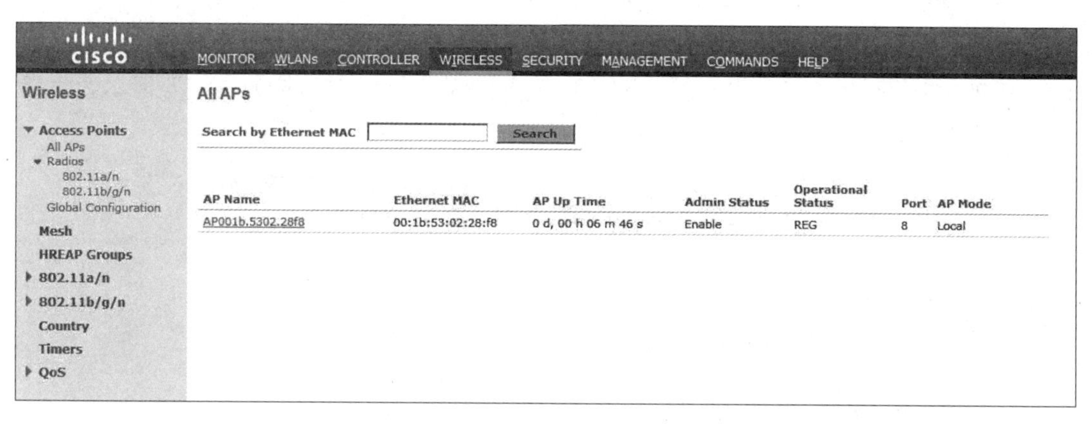

图 C-6　通过 Web 管理界面显示的 AP 连接到 WLC 的情况

图 C-7 是通过命令显示的 AP 连接到 WLC 的情况。

```
(Cisco Controller) >show ap summary

Number of APs.................................... 1
Global AP User Name.............................. Not Configured
Global AP Dot1x User Name........................ Not Configured

AP Name             Slots  AP Model             Ethernet MAC       Location          Port  Country  Priority
------------------  -----  -------------------  -----------------  ----------------  ----  -------  ------
AP001b.5302.28f8     2     AIR-LAP1131AG-C-K9   00:1b:53:02:28:f8  default location  8     CN       1
```

图 C-7　通过命令显示的 AP 连接到 WLC 的情况

如果 AP 未连接到 WLC，主要检查 AP 是否获得了 IP 地址，确认 WLC 与 AP 的国家代码是否一致，时间是否配置无误。

5）构建访客 WLAN 或 WEP 的 WLAN

本环节完成以下任务：

（1）配置无线客户端的 DHCP 服务器。

（2）配置一个无线接口。

（3）配置一个无线业务 WLAN。

具体过程如下：

(1) 初始化 AP。

把 AP 连接在 InterSwitch 模块上,在 WLC 上可以通过按 Ctrl+Shift+6 组合键切换到 ISR 路由器的界面。

```
WLC-router(config)# int vlan 1
WLC-router(config-if)# no shut
WLC-router(config-if)# ip add 192.168.0.254 255.255.255.0
WLC-router(config-if)# exit
WLC-router(config)# int range fast
WLC-router(config)# int range fastEthernet 0/1/0 -8
WLC-router(config-if-range)# switchport
WLC-router(config-if-range)# switchport access vlan 1
WLC-router(config-if-range)# no shut
```

(2) 为无线客户端建立一个无线接口。

新建一个无线接口。单击 CONTROLLER 页面的 New 按钮,按如图 C-8 所示为无线客户端建立一个无线接口,单击 Apply 按钮。

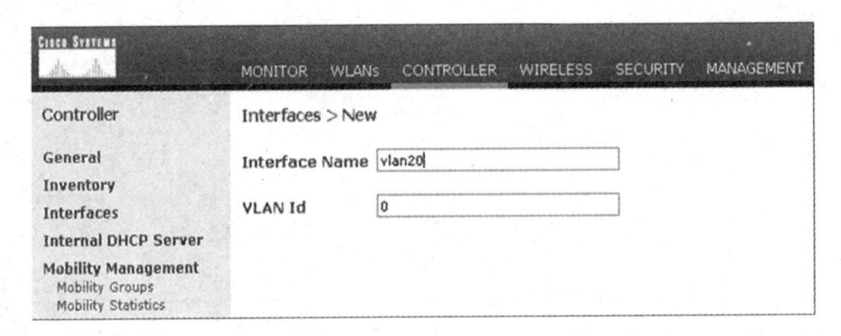

图 C-8 为无线客户端建立一个无线接口

按如图 C-9 所示设置无线接口 vlan20 的参数。

CISCO MONITOR WLANs CONTROLLER WIRELESS SECURITY MANA

Controller: General, Inventory, Interfaces, Multicast, Internal DHCP Server, Mobility Management, Ports, NTP, CDP, Advanced

Interfaces > Edit

General Information
Interface Name vlan20
MAC Address 00:1e:13:51:2b:60

Configuration
Quarantine
Quarantine Vlan Id 0

Physical Information
Port Number 1

Interface Address
VLAN Identifier 20
IP Address 192.168.20.1
Netmask 255.255.255.0
Gateway 192.168.20.254

DHCP Information
Primary DHCP Server 192.168.10.1

图 C-9 设置无线接口 vlan20 的参数

查看建立的无线接口，如图 C-10 所示。

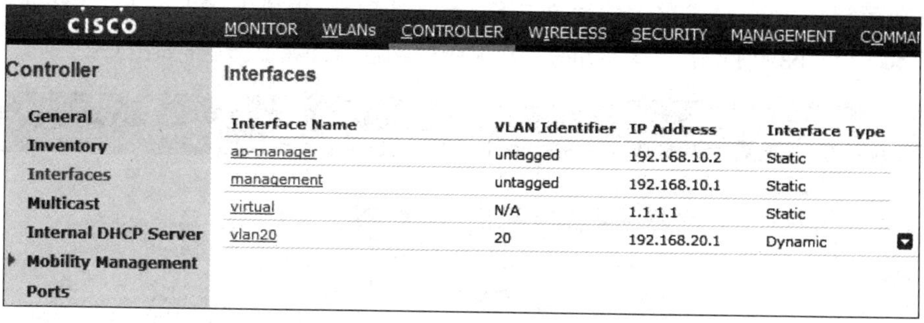

CISCO　MONITOR　WLANs　CONTROLLER　WIRELESS　SECURITY　MANAGEMENT　COMMA

Controller: General, Inventory, Interfaces, Multicast, Internal DHCP Server, Mobility Management, Ports

Interfaces

Interface Name	VLAN Identifier	IP Address	Interface Type
ap-manager	untagged	192.168.10.2	Static
management	untagged	192.168.10.1	Static
virtual	N/A	1.1.1.1	Static
vlan20	20	192.168.20.1	Dynamic

图 C-10　查看建立的无线接口

(3) 为客户端建立 DHCP 服务器。

图 C-11 是在 WLC 为客户端建立 DHCP 服务器的配置。

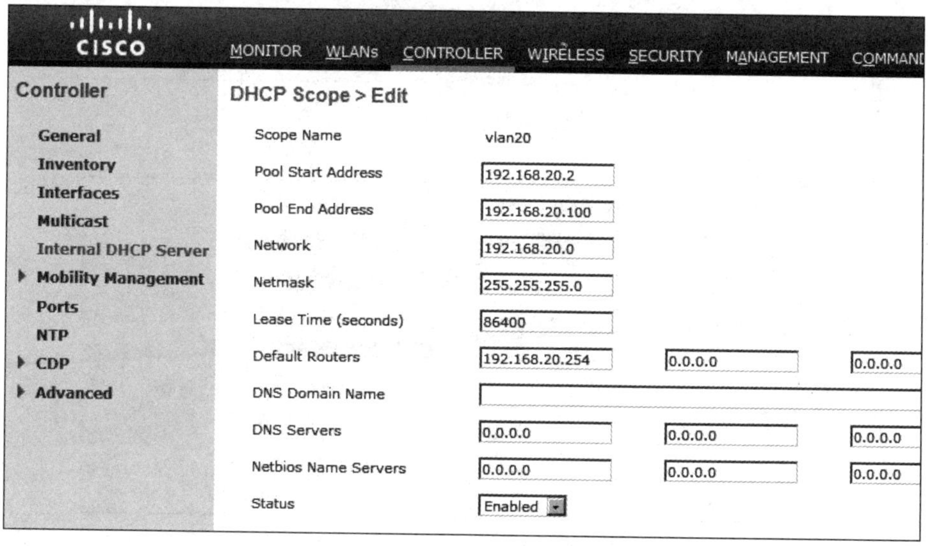

CISCO　MONITOR　WLANs　CONTROLLER　WIRELESS　SECURITY　MANAGEMENT　COMMAND

Controller: General, Inventory, Interfaces, Multicast, Internal DHCP Server, Mobility Management, Ports, NTP, CDP, Advanced

DHCP Scope > Edit

Scope Name	vlan20		
Pool Start Address	192.168.20.2		
Pool End Address	192.168.20.100		
Network	192.168.20.0		
Netmask	255.255.255.0		
Lease Time (seconds)	86400		
Default Routers	192.168.20.254	0.0.0.0	0.0.0.0
DNS Domain Name			
DNS Servers	0.0.0.0	0.0.0.0	0.0.0.0
Netbios Name Servers	0.0.0.0	0.0.0.0	0.0.0.0
Status	Enabled		

图 C-11　为客户端建立 DHCP 服务器的配置

(4) 建立名为 open 的访客 WLAN。

单击 WLANs 页面的 New 按钮，建立名为 open 的访客 WLAN 后，单击 Apply 按钮，如图 C-12 所示。

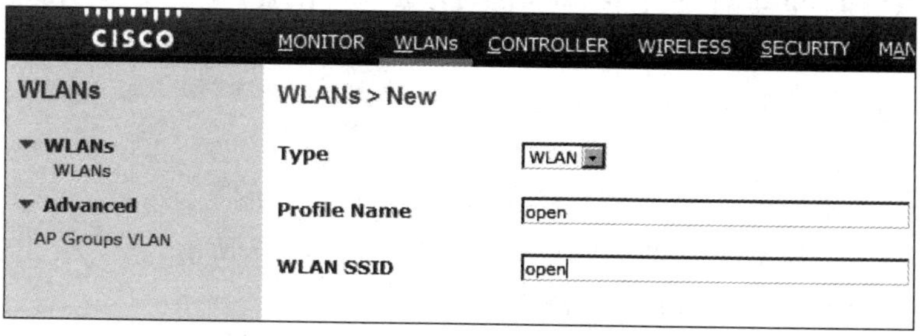

CISCO　MONITOR　WLANs　CONTROLLER　WIRELESS　SECURITY　MAN

WLANs: WLANs (WLANs), Advanced (AP Groups VLAN)

WLANs > New

Type	WLAN
Profile Name	open
WLAN SSID	open

图 C-12　建立名为 open 的访客 WLAN

在WLANs页面,选择WLANs选项,出现Edit页面。先单击其中的General选项卡,按如图C-13所示配置General参数。然后单击Security选项卡,再单击其下的Layer 2选项卡,在Layer 2 Security下拉列表中选择None,不对无线网络进行加密和限制,如图C-14所示。

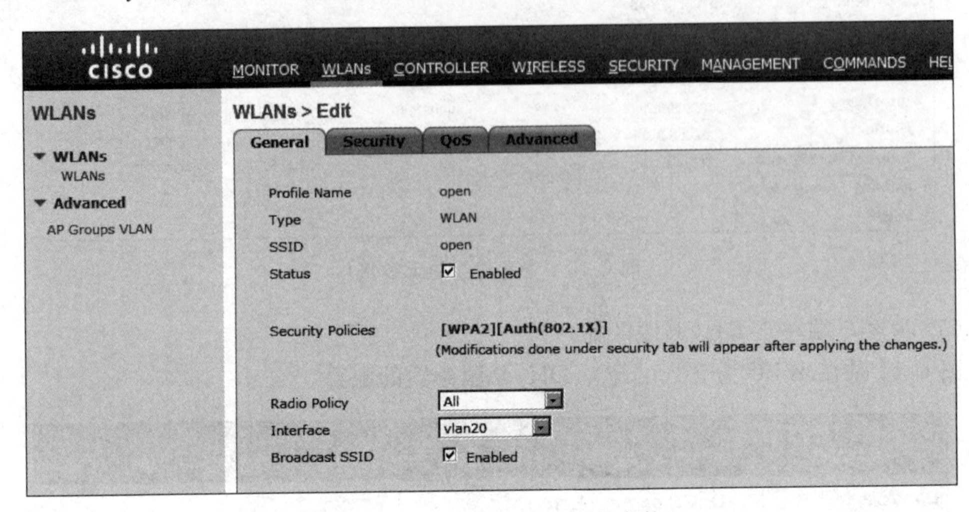

图C-13　配置访客WLAN的参数

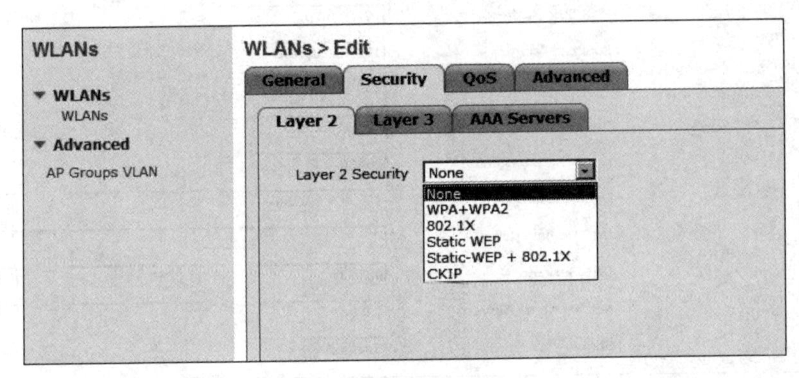

图C-14　配置安全选项

如果在Layer 2 Security下拉列表中选择Static WEP,则40位WEP要求5位ASCII字符密码,104位WEP要求13位ASCII字符密码;Cisco Aironet 1100/1200/1300不支持128位WEP。配置页面如图C-15所示。

最后,单击Advanced标签对WLAN进行增强特性配置,如图C-16所示。

配置结束,保存配置信息。在工作站进行无线连接测试。

6) 构建一个简单Web认证的WLAN

步骤如下:

(1) 新建一个用于Web认证用户的地址池,如图C-17所示。

(2) 添加一个名为vlan30的接口并设置参数,如图C-18所示。

(3) 新建一个名为web-auth的WLAN。

单击WLANs页面的New按钮,建立名为web-auth的WLAN,并按如图C-19所示配置General参数。

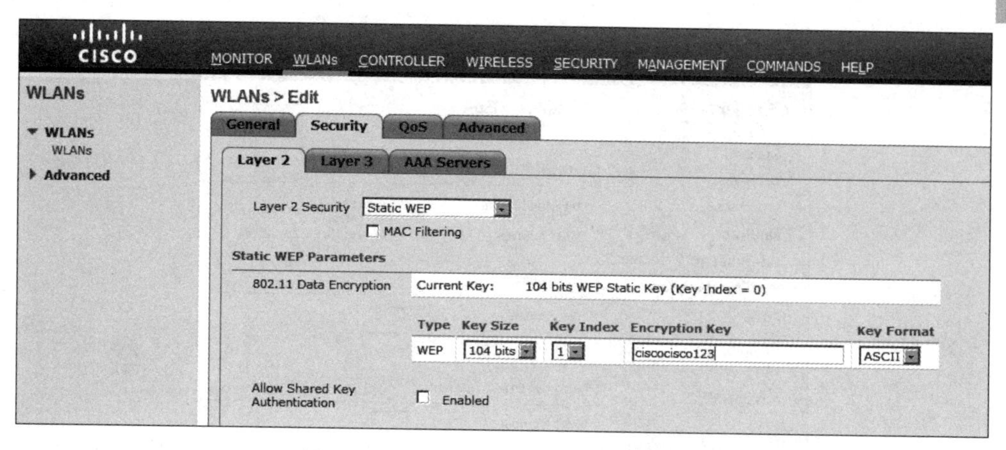

图 C-15 Static WEP 安全选项配置页面

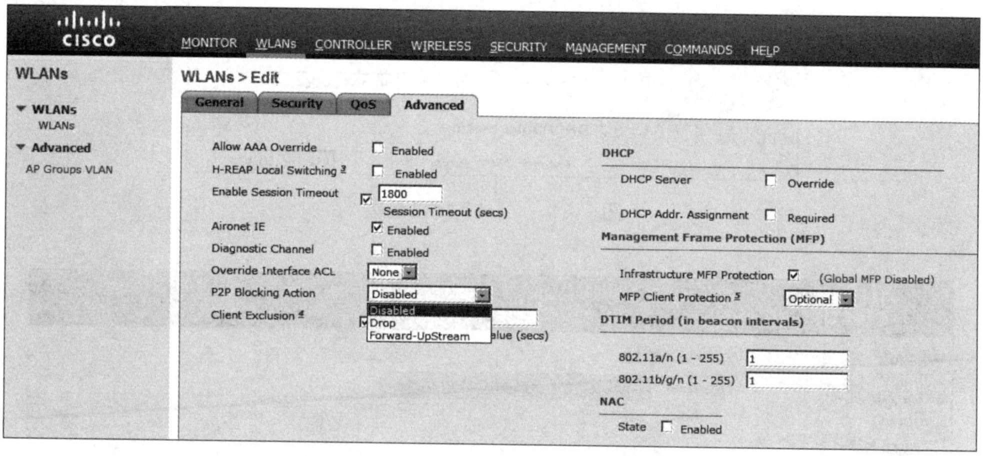

图 C-16 对 WLAN 进行增强特性配置

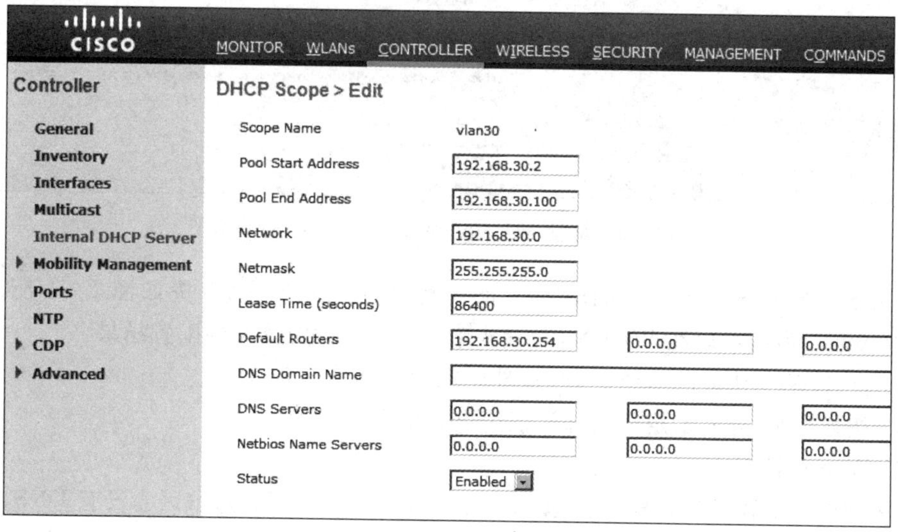

图 C-17 新建用于 Web 认证用户的地址池

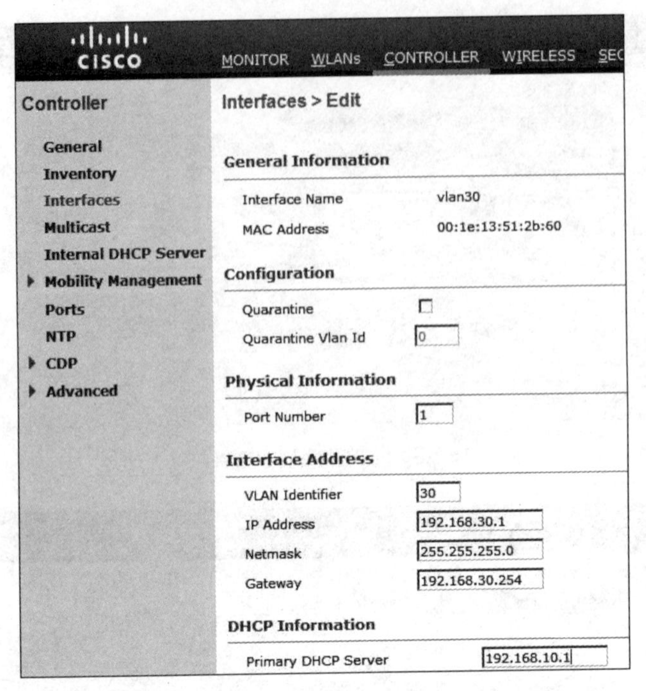

图 C-18 vlan30 接口参数

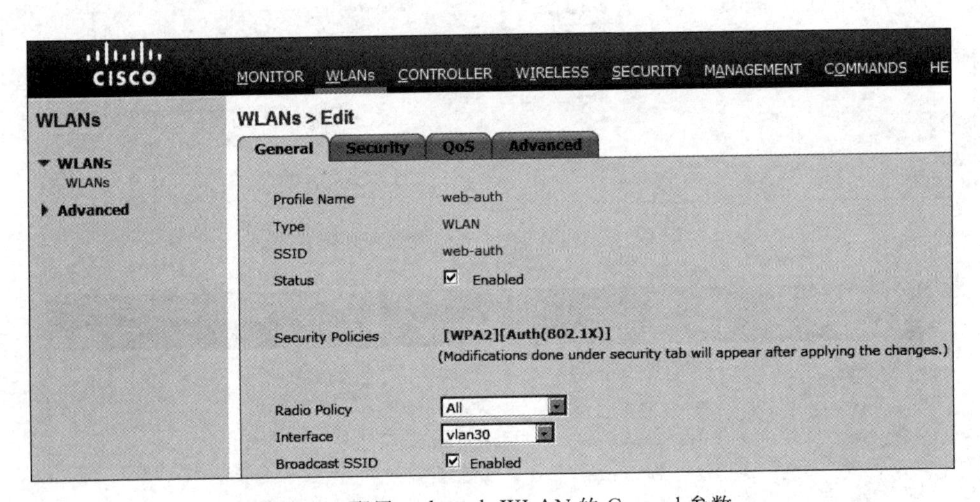

图 C-19 配置 web-auth WLAN 的 General 参数

单击 Security 选项卡,按如图 C-20 所示配置 Layer 2 参数,按如图 C-21 所示配置 Layer 3 参数。最后可以在 WLANs 页面查看 web-auth WLAN 的配置结果。

(4) 配置 Web 认证的本地页面,如图 C-22 所示。

(5) 按如图 C-23 所示定义内部认证用户数据库。

(6) Web 认证界面。

在客户端浏览器地址栏输入类似 https://10.10.10.10 的地址(因为没有 DNS,所以不能输入网址),将出现 Web 认证界面,如图 C-24 所示,输入用户名和密码,单击 Submit 按钮,如果通过系统认证,就会接入 WLAN。

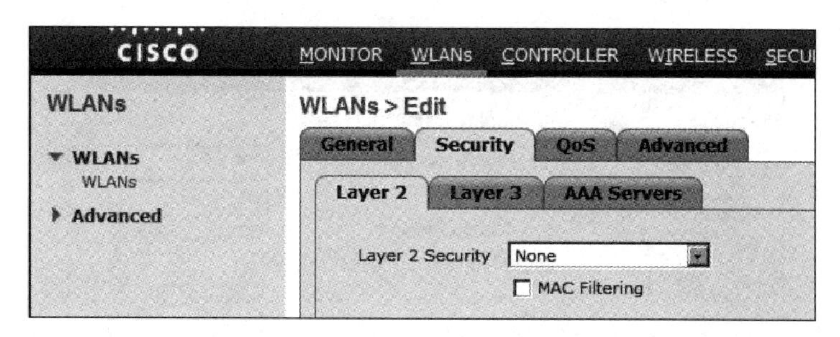

图 C-20　Layer 2 参数

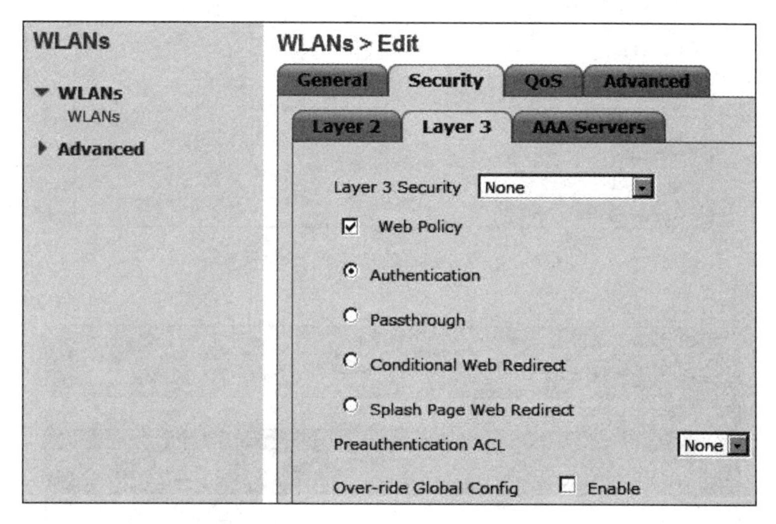

图 C-21　Layer 3 参数

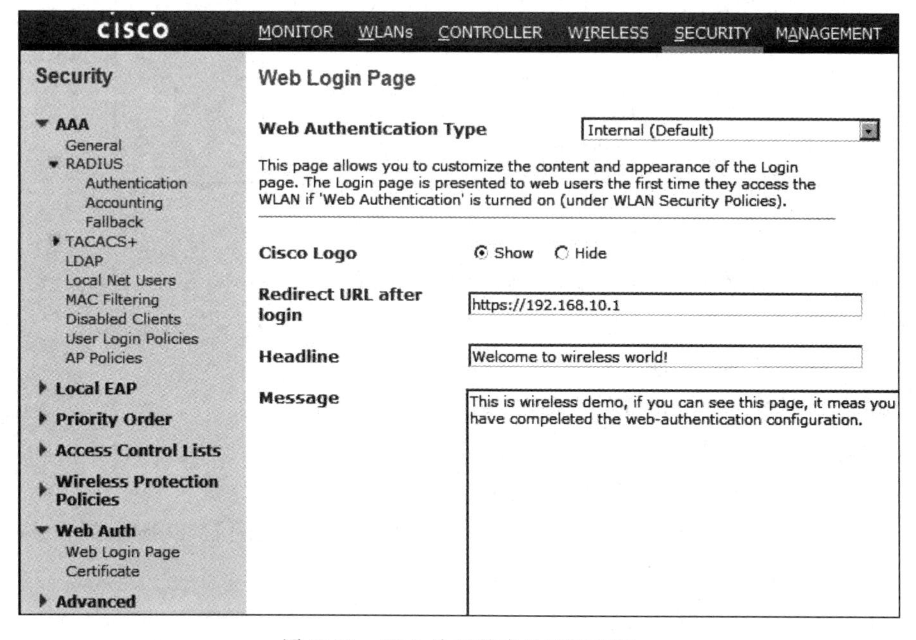

图 C-22　Web 认证的本地页面配置

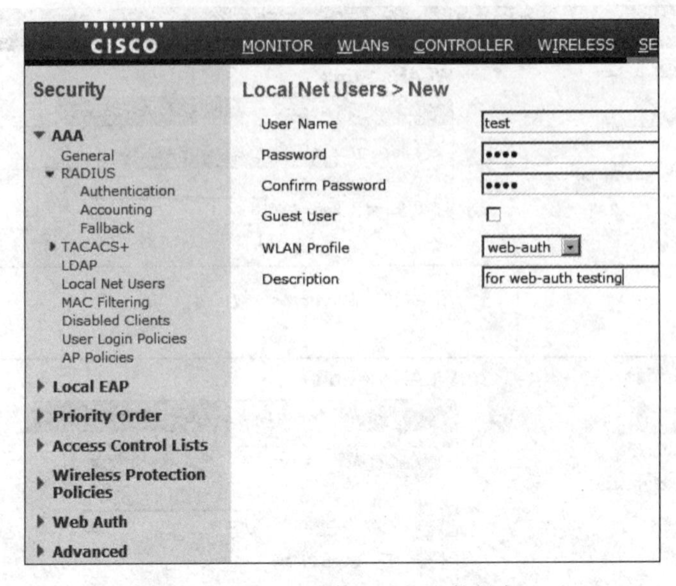

图 C-23　定义内部认证用户数据库

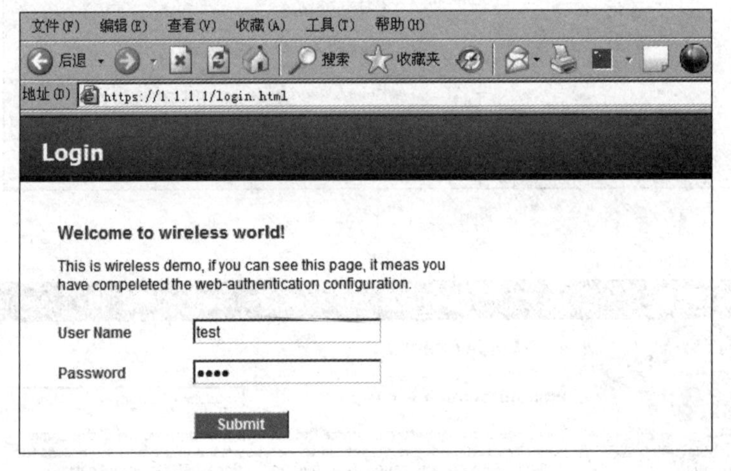

图 C-24　Web 认证界面

7) 构建一个支持本地 EAP 认证的 WLAN

步骤如下：

(1) 增加一个新的地址池，如图 C-25 所示。

(2) 增加一个 ID 为 40 的 VLAN 接口，如图 C-26 所示。

(3) 建立一个新的 WLAN SSID，如图 C-27 所示。

(4) 配置 WPA/WPA2 认证参数，如图 C-28 所示。

(5) 新建本地 EAP，配置本地 EAP 的 profile，如图 C-29 和图 C-30 所示。

(6) 配置结束，保存配置信息。

(7) 在工作站进行无线连接测试。

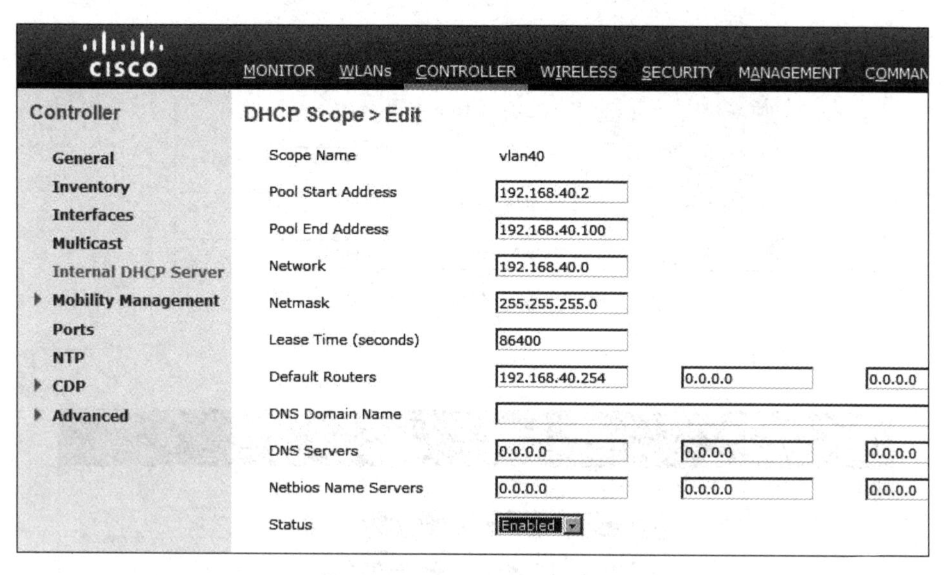

图 C-25　增加一个新的地址池

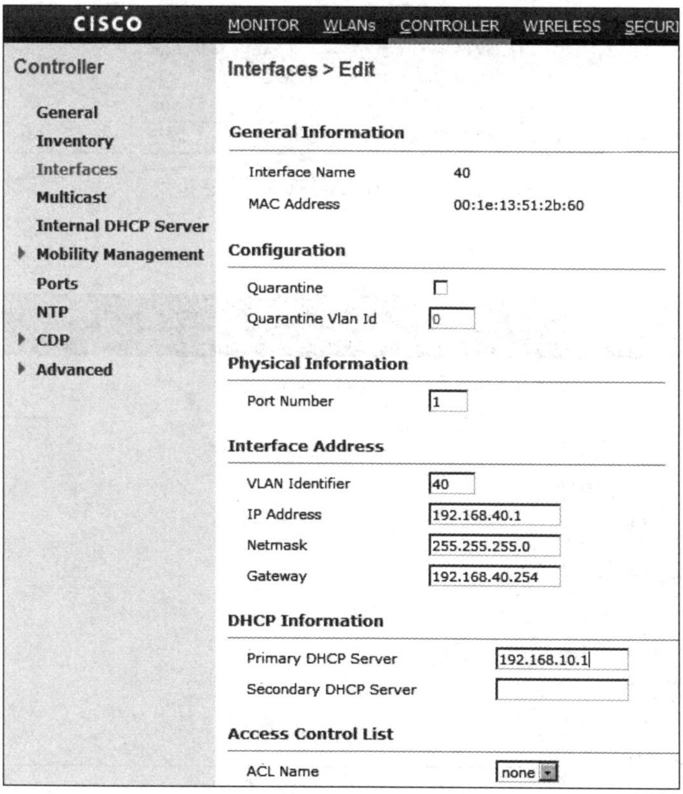

cisco

MONITOR WLANs CONTROLLER WIRELESS SECURI

Controller

General
Inventory
Interfaces
Multicast
Internal DHCP Server
Mobility Management
Ports
NTP
CDP
Advanced

Interfaces > Edit

General Information

Interface Name 40
MAC Address 00:1e:13:51:2b:60

Configuration

Quarantine
Quarantine Vlan Id 0

Physical Information

Port Number 1

Interface Address

VLAN Identifier 40
IP Address 192.168.40.1
Netmask 255.255.255.0
Gateway 192.168.40.254

DHCP Information

Primary DHCP Server 192.168.10.1
Secondary DHCP Server

Access Control List

ACL Name none

图 C-26　增加一个 VLAN 接口

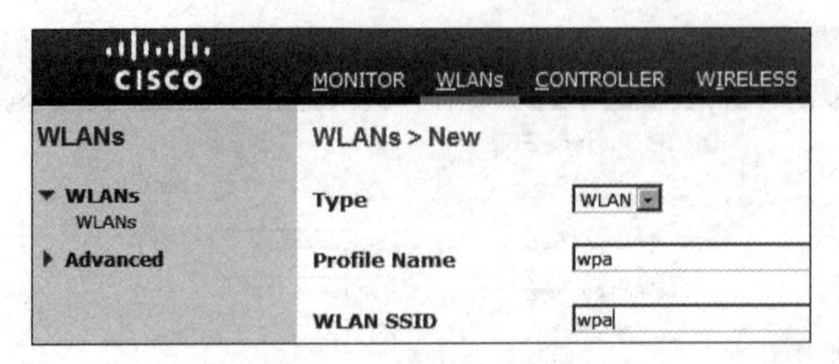

图 C-27 建立一个新的 WLAN SSID

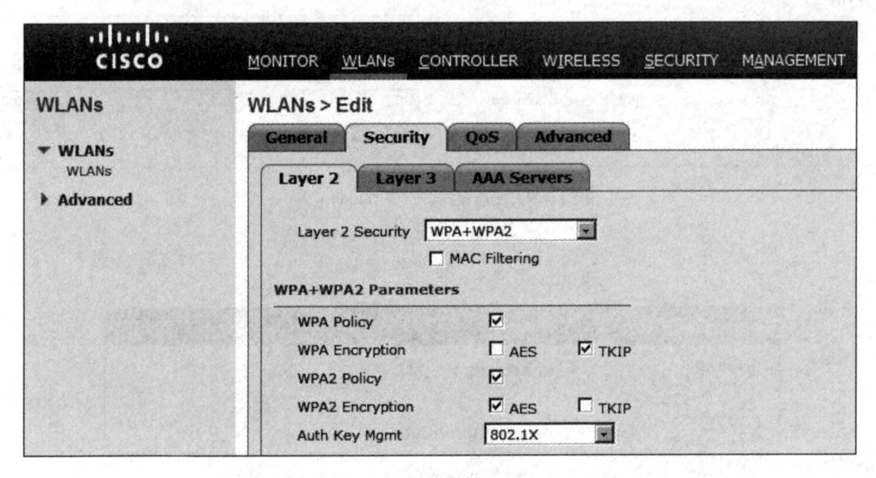

图 C-28 配置 WPA/WPA2 认证参数

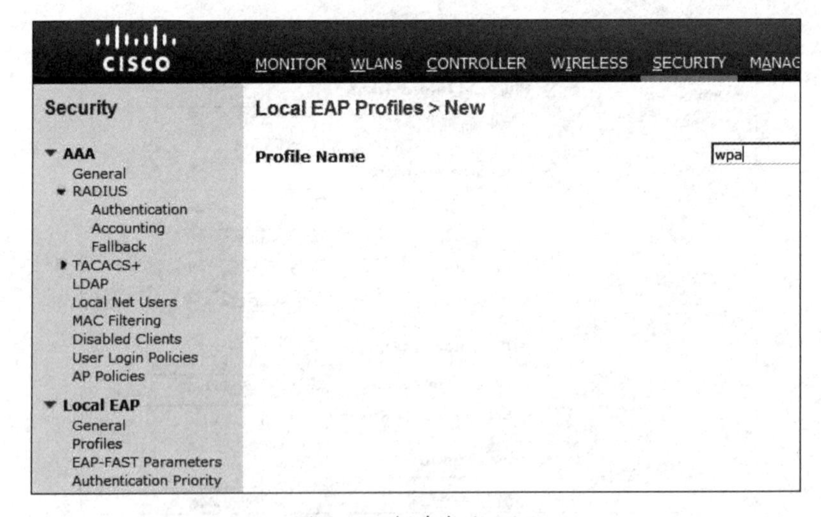

图 C-29 新建本地 EAP

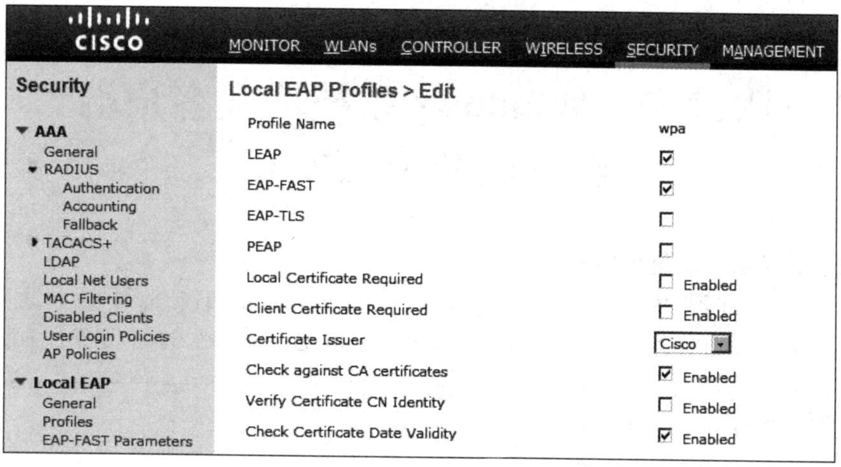

cisco

MONITOR WLANs CONTROLLER WIRELESS SECURITY MANAGEMENT

Security

▼ AAA
General
▼ RADIUS
Authentication
Accounting
Fallback
▶ TACACS+
LDAP
Local Net Users
MAC Filtering
Disabled Clients
User Login Policies
AP Policies

▼ Local EAP
General
Profiles
EAP-FAST Parameters

Local EAP Profiles > Edit

Profile Name	wpa
LEAP	☑
EAP-FAST	☑
EAP-TLS	☐
PEAP	☐
Local Certificate Required	☐ Enabled
Client Certificate Required	☐ Enabled
Certificate Issuer	Cisco
Check against CA certificates	☑ Enabled
Verify Certificate CN Identity	☐ Enabled
Check Certificate Date Validity	☑ Enabled

图 C-30　配置本地 EAP 的 profile

附录 D　Windows 系统认证客户端软件的获取与安装

1. 安装锐捷客户端管理中心

（1）在锐捷官网的 http://www.ruijie.com.cn/fw/rj/37486/页面下载安全代理(Security Agent,SA)软件 RG-SA For Windows 1.60_Build20130410，如图 D-1 所示。

图 D-1　下载 RG-SA For Windows 1.60_Build20130410

（2）下载后，解压可得到“锐捷客户端管理中心 V1.3_build20130410.zip”压缩文件包，如图 D-2 所示。

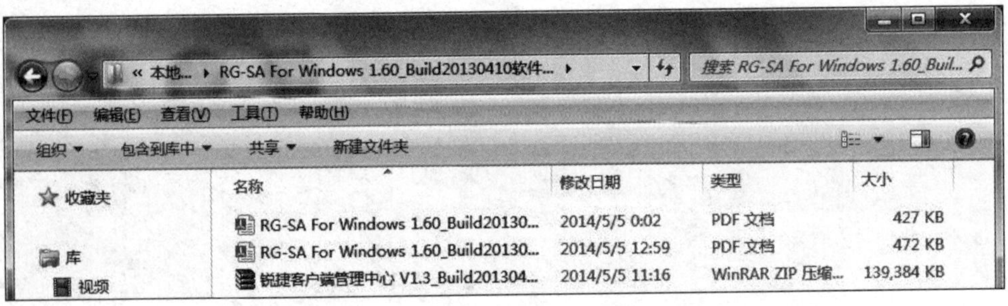

图 D-2　压缩文件“锐捷客户端管理中心 V1.3_build20130410.zip”

（3）解压压缩文件包“锐捷客户端管理中心 V1.3_build20130410.zip”，然后安装“锐捷客户端管理中心”软件。安装完成后单击“锐捷客户端管理中心”快捷图标，启动“锐捷客户端管理中心”，如图 D-3 所示。

图 D-3　“锐捷客户端管理中心”快捷图标

（4）在打开的“锐捷客户端管理中心”窗口中单击“客户端定制”按钮，然后在打开的“客户端定制”页面中单击“客户端管理中心”选项卡，设置客户端管理中心服务器的 IP 地址和端口，单击“保存”按钮，完成设置，如图 D-4 所示。

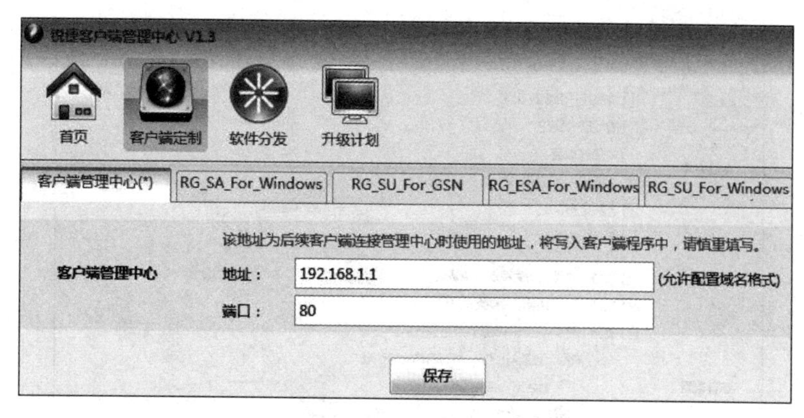

图 D-4　设置客户端管理中心的 IP 地址和端口

2. 制作在 Windows 系统中使用的认证客户端软件安装包

(1) 单击 RG_SA_For_Windows 选项卡，为制作和发布认证客户端软件安装包做相关设置，如图 D-5 所示。

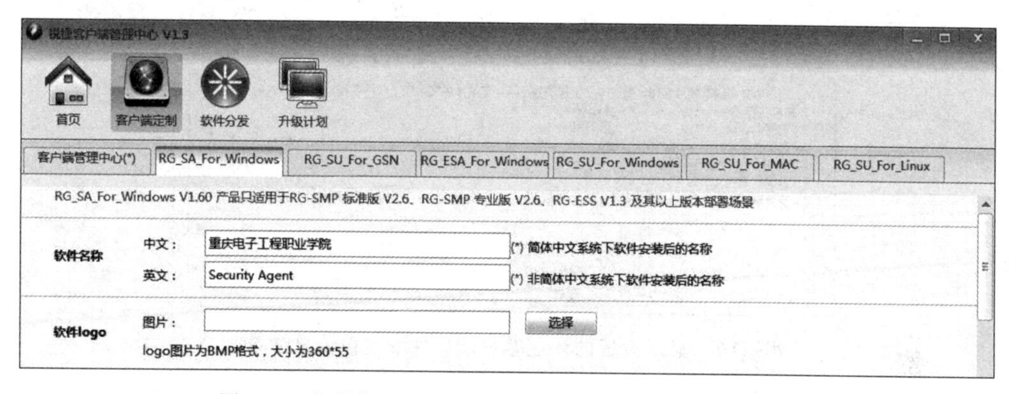

图 D-5　为制作和发布认证客户端软件安装包做相关设置

(2) 设置完成后，单击页面下方的 制作安装包 按钮，如图 D-6 所示，弹出刚才设置的认证客户端软件安装包信息清单，如图 D-7 所示，单击“继续”按钮，系统开始制作认证客户端软件安装包，直到完成。

3. 认证客户端软件分发

单击“软件分发”按钮，弹出如图 D-8 所示的页面。在此页面中单击“测试”按钮，弹出如图 D-9 所示的页面，修改下载的认证客户端软件安装包的保存位置，然后单击“下载”按钮，下载认证客户端软件安装包文件。

4. 认证客户端软件的安装

在客户端计算机上找到分发的认证客户端软件安装包 Security_Agent_For_Windows_V1.60.exe 文件，双击该文件，弹出选择安装路径的对话框，选择安装路径后单击 开始安装 按钮进行安装，如图 D-10 所示。

安装完成后，客户机桌面上将有定制的认证客户端软件快捷图标，双击该图标，弹出认证客户端软件界面，如图 D-11 所示。

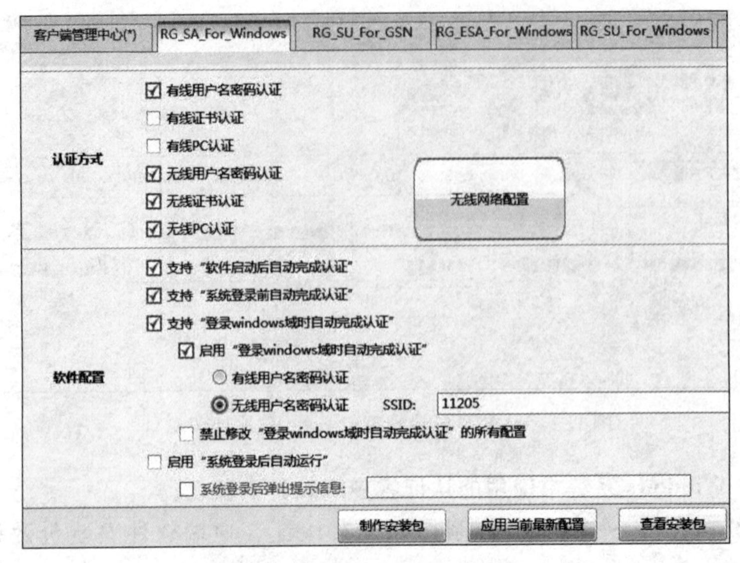

图 D-6 制作认证客户端软件安装包

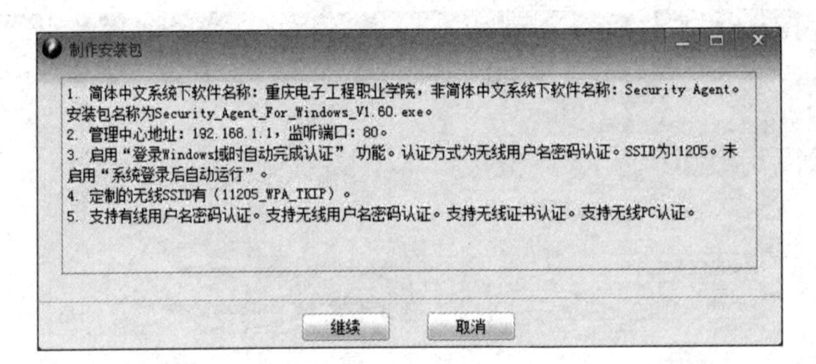

图 D-7 显示设置的认证客户端软件安装包信息清单

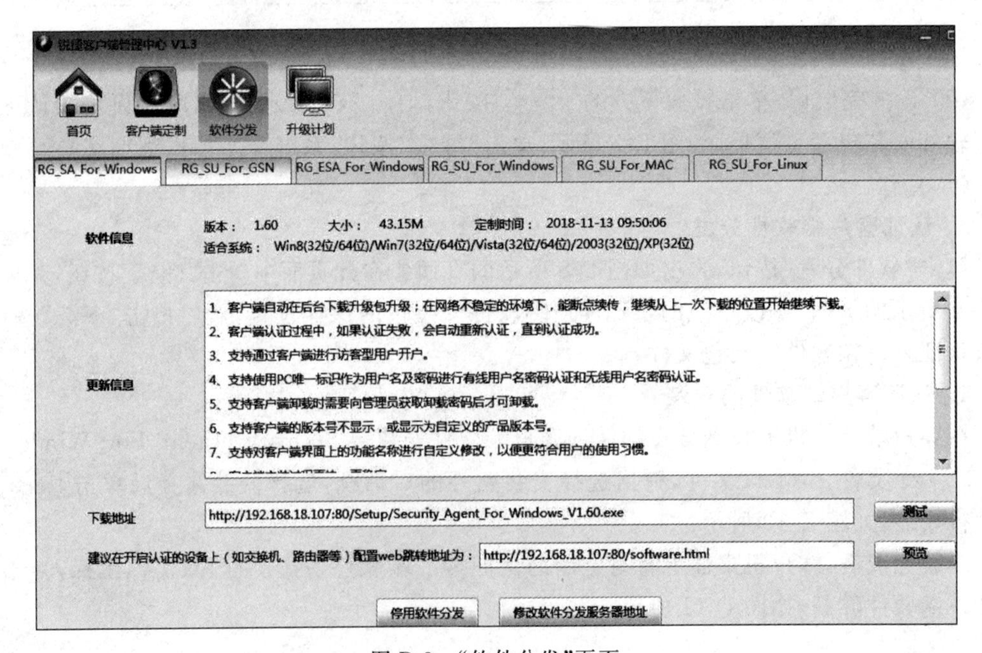

图 D-8 “软件分发”页面

图 D-9　设置下载的认证客户端软件包的保存位置

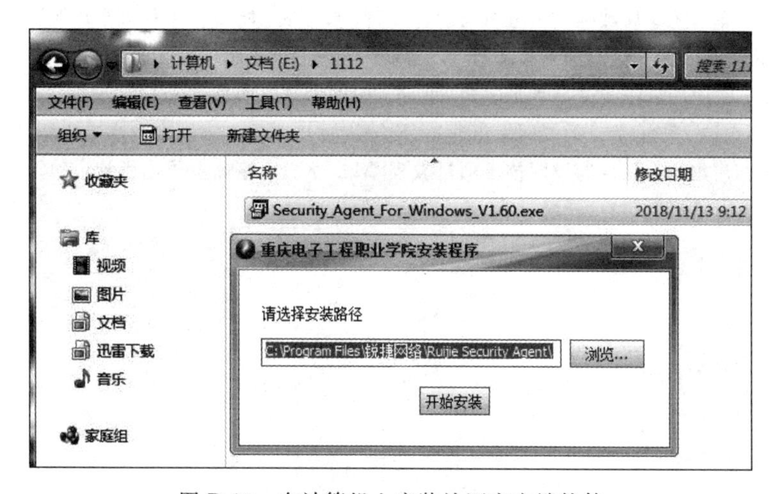

重庆电子工程职业学院 V1.60.20130403
Ruijie
认证方式　无线用户名密码认证
用户名
密码
网卡　802.11n USB Wireless LAN Card
无线网络　11205 (信号强度:0%)
保存密码　自动认证
设置　认证

图 D-11　定制的认证客户端软件界面

图 D-10　在计算机上安装认证客户端软件

参考文献

[1] Rackley S. 无线网络技术原理与应用[M]. 吴怡,朱晓荣,宋铁成,等译. 北京：电子工业出版社,2008.

[2] Price R. 无线网络原理与应用[M]. 冉晓旻,王彬,王锋,译. 北京：清华大学出版社,2008.

[3] 汪涛. 无线网络技术导论[M]. 北京：清华大学出版社,2008.

[4] 段水福,历晓华,段炼. 无线局域网(WLAN)设计与实践[M]. 杭州：浙江大学出版社,2008.

[5] 麻信洛,李晓中. 无线局域网构建及应用[M]. 北京：国防工业出版社,2009.

[6] 郭渊博,杨奎武. 无线局域网安全：设计及实现[M]. 北京：国防工业出版社,2010.

[7] 李贤玉,吴小华. 无线局域网安全分析与防护[M]. 哈尔滨：哈尔滨工程大学出版社,2009.

[8] 朱建明. 无线局域网安全方法与技术[M]. 北京：机械工业出版社,2009.

[9] 汪坤,李巍. 无线局域网测试与维护[M]. 北京：中国劳动出版社,2009.

[10] 唐继勇,张选波,童均,等. 无线网络组建项目教程[M]. 北京：中国水利水电出版社,2009.

[11] 胡云,童均,唐继勇. 无线局域网技术项目教程[M]. 大连：东软电子出版社,2012.

[12] 胡云. 无线局域网项目教程[M]. 北京：清华大学出版社,2014.

图书资源支持

感谢您一直以来对清华版图书的支持和爱护。为了配合本书的使用，本书提供配套的资源，有需求的读者请扫描下方的“书圈”微信公众号二维码，在图书专区下载，也可以拨打电话或发送电子邮件咨询。

如果您在使用本书的过程中遇到了什么问题，或者有相关图书出版计划，也请您发邮件告诉我们，以便我们更好地为您服务。

我们的联系方式：

地　　址：北京市海淀区双清路学研大厦 A 座 701

邮　　编：100084

电　　话：010－62770175－4608

资源下载：http://www.tup.com.cn

客服邮箱：tupjsj@vip.163.com

QQ：2301891038（请写明您的单位和姓名）

资源下载、样书申请

书圈

扫一扫，获取最新目录

用微信扫一扫右边的二维码，即可关注清华大学出版社公众号“书圈”。